高级大数据人才培养丛书

大 数 据 库

主　编：刘　鹏
副主编：张　燕

U0281055

电子工业出版社

Publishing House of Electronics Industry

北京·BEIJING

内 容 简 介

本书是全国高校标准教材《大数据》的姊妹篇，是中国大数据专家委员会刘鹏教授联合国内多位专家历时两年的心血之作。本书系统地介绍了大数据库的理论知识和实战应用，包括大数据库概述、分布式数据库 HBase、数据仓库工具 Hive、大数据查询系统 Impala、内存数据库 Spark、Spark SQL、键值数据库、流式数据库和大数据应用托管平台 Docker 等。本书紧跟大数据的发展前沿，既有理论深度，又有实践价值。刘鹏教授创办的网站中国大数据（thebigdata.cn）、中国云计算（chinacloud.cn）和微信公众号刘鹏看未来（lpoutlook）将免费提供 PPT 和其他资料，为本书的学习提供技术支撑。

"让学习变得轻松"是本书的初衷。本书适合作为相关专业本科和研究生教材，高职高专学校也可以选用部分内容开展教学，同时也可作为大数据研发人员和爱好者的学习和参考资料。

图书在版编目（CIP）数据

大数据库 / 刘鹏主编. —北京：电子工业出版社，2017.6
（高级大数据人才培养丛书）
ISBN 978-7-121-31619-7

Ⅰ. ①大… Ⅱ. ①刘… Ⅲ. ①数据库系统 Ⅳ.①TP311.13

中国版本图书馆 CIP 数据核字（2017）第 107715 号

策划编辑：董亚峰
责任编辑：董亚峰　　　　特约编辑：刘广钦　刘红涛
印　　　刷：北京七彩京通数码快印有限公司
装　　　订：北京七彩京通数码快印有限公司
出版发行：电子工业出版社
　　　　　北京市海淀区万寿路 173 信箱　邮编：100036
开　　本：787×1 092　1/16　印张：18.25　字数：427 千字
版　　次：2017 年 6 月第 1 版
印　　次：2024 年 2 月第 9 次印刷
定　　价：49.00 元

凡所购买电子工业出版社图书有缺损问题，请向购买书店调换。若书店售缺，请与本社发行部联系，联系及邮购电话：(010) 88254888，88258888。

质量投诉请发邮件至 zlts@phei.com.cn，盗版侵权举报请发邮件至 dbqq@phei.com.cn。

本书咨询联系方式：(010) 88254694。

编 写 组

主　编：刘　鹏

副主编：张　燕

编　委：陈留锁　潘永东　张　鑫　翟洪军

　　　　武郑浩　叶晓江　桂文明　张志立

　　　　张晓民　郭东恩　于继明　周　端

　　　　张佩云　杨震宇　顾才东　张重生

　　　　程　浩　邓　鹏

基金支持：

国家自然科学基金（61472005）资助

2015 年度江苏高校优秀科技创新团队"大数据智能挖掘信息技术研究"

金陵科技学院高层次人才科研启动基金资助，项目编号：40610186

江苏省高校软件工程品牌专业建设项目系列教材

总　序

短短几年间，大数据就以一日千里的发展速度，快速实现了从概念到落地，直接带动了相关产业并喷式发展。全球多家研究机构统计数据显示，大数据产业将迎来发展黄金期：IDC 预计，大数据和分析市场将从 2016 年的 1300 亿美元增长到 2020 年的 2030 亿美元以上；中国报告大厅发布的大数据行业报告数据也说明，自 2017 年起,我国大数据产业将迎来发展黄金期，未来 2~3 年的市场规模增长率将保持在 35% 左右。

数据采集、数据存储、数据挖掘、数据分析等大数据技术在越来越多的行业中得到应用，随之而来的就是大数据人才问题的凸显。麦肯锡预测，每年数据科学专业的应届毕业生将增加 7%，然而仅高质量项目对于专业数据科学家的需求每年就会增加 12%，完全供不应求。根据《人民日报》的报道，未来 3~5 年，中国需要 180 万数据人才，但目前只有约 30 万人，人才缺口达到 150 万之多。

以贵州大学为例，其首届大数据专业研究生就业率就达到 100%，可以说"一抢而空"。急切的人才需求直接催热了大数据专业，国家教育部正式设立"数据科学与大数据技术"本科新专业。目前已经有两批共计 35 所大学获批，包括北京大学、中南大学、对外经济贸易大学、中国人民大学、北京邮电大学、复旦大学等。估计 2018 年会有几百所高校获批。

不过，就目前而言，在大数据人才培养和大数据课程建设方面，大部分高校仍然处于起步阶段，需要探索的还有很多。首先，大数据是个新生事物，懂大数据的老师少之又少，院校缺"人"；其次，尚未形成完善的大数据人才培养和课程体系，院校缺"机制"；再次，大数据实验需要为每位学生提供集群计算机，院校缺"机器"；最后，院校没有海量数据，开展大数据教学科研工作缺"原材料"。

其实，早在网格计算和云计算兴起时，我国科技工作者就曾遇到过类似的挑战，我有幸参与了这些问题的解决过程。为了解决网格计算问题，我在清华大学读博期间，于 2001 年创办了中国网格信息中转站网站，每天花几个小时收集和分享有价值的资料给学术界，此后我也多次筹办和主持全国性的网格计算学术会议，进行信息传递与知识分享。2002 年，我与其他专家合作的《网格计算》教材也正式面世。

2008 年，当云计算开始萌芽之时，我创办了中国云计算网站（chinacloud.cn）（在各大搜索引擎"云计算"关键词中排名第一），2010 年出版了《云计算（第一版）》、2011 年出版了《云计算（第二版）》、2015 年出版了《云计算（第三版）》，每一版都花费了大量成本制作并免费分享对应的几十个教学 PPT。目前，这些 PPT 的下载总量达到了几百万次之多。同时，《云计算》教材也成为国内高校的首选教材，在 CNKI 公布的高被引图书名单中，对于 2010 年以来出版的所有图书，《云计算（第一版）》在自动化和计算机领域排名全国第一。除了资料分享，在 2010 年，我也在南京组织了全国高校云计算师资培训班，培养了国内第一批云计算老师，并通过与华为、中兴、360 等知名企业合作，输出云计算技术，培养云计算研发人才。这些工作获得了大家的认可与好评，此后我接连担任了工信部云计算研究中心专家、中国云计算专家委员会云存储组组长等职位。

近几年，面对日益突出的大数据发展难题，我也正在尝试使用此前类似的办法去应对这些挑战。为了解决大数据技术资料缺乏和交流不够通透的问题，我于 2013 年创办了中国大数据网站（thebigdata.cn），投入大量的人力进行日常维护，该网站目前已经在各大搜索引擎的"大数据"关键词排名中位居第一；为了解决大数据师资匮乏的问题，我面向全国院校陆续举办多期大数据师资培训班。2016 年末至今，在南京多次举办全国高校/高职/中职大数据免费培训班，基于《大数据》《大数据实验手册》以及云创大数据提供的大数据实验平台，帮助到场老师们跑通了 Hadoop、Spark 等多个大数据实验，使他们跨过了"从理论到实践，从知道到用过"的门槛。2017 年 5 月，还举办了全国千所高校大数据师资免费讲习班，盛况空前。

其中，为了解决大数据实验难的问题而开发的大数据实验平台，正在为越来越多高校的教学科研带去方便：2016 年，我带领云创大数据（www.cstor.cn，股票代码：835305）的科研人员，应用 Docker 容器技术，成功开发了 BDRack 大数据实验一体机，它打破虚拟化技术的性能瓶颈，可以为每一位参加实验的人员虚拟出 Hadoop 集群、Spark 集群、Storm 集群等，自带实验所需数据，并准备了详细的实验手册（包含 42 个大数据实验）、PPT 和实验过程视频，可以开展大数据管理、大数据挖掘等各类实验，并可进行精确营销、信用分析等多种实战演练。目前，大数据实验平台已经在郑州大学、西京学院、郑州升达经贸管理学院、镇江高等职业技术学校等多所院校成功应用，并广受校方好评。该平台也以云服务的方式在线提供（大数据实验平台，https://bd.cstor.cn），帮助师生通过自学，用一个月左右成为大数据动手的高手。

同时，为了解决缺乏权威大数据教材的问题，我所负责的南京大数据研究院，联合金陵科技学院、河南大学、云创大数据、中国地震局等多家单位，历时两年，编著出版了适合本科教学的《大数据》《大数据库》《大数据实验手册》等教材。另外，《数据挖掘》《虚拟化与容器》《大数据可视化》《深度学习》等本科教材也将于近期出版。在大数据教学中，本科院校的实践教学应更加系统性，偏向新技术的应用，且对工程实践能力要求更高。而高职、高专院校则更偏向于技术性和技能训练，理论以够用为主，学生将主要从事数据清洗和运维方面的工作。基于此，我们还联合多家高职院校专家准备了《云计算基础》《大数据基础》《数据挖掘基础》《R 语言》《数据清洗》《大数据系统运维》《大数据实践》系列教材，目前也已经陆续进入定稿出版阶段。

此外，我们也将继续在中国大数据（thebigdata.cn）和中国云计算（chinacloud.cn）等网站免费提供配套 PPT 和其他资料。同时，持续开放大数据实验平台（https://bd.cstor.cn）、免费的物联网大数据托管平台万物云（wanwuyun.com）和环境大数据免费分享平台环境云（envicloud.cn），使资源与数据随手可得，让大数据学习变得更加轻松。

在此，特别感谢我的硕士导师谢希仁教授和博士导师李三立院士。谢希仁教授所著的《计算机网络》已经更新到第 7 版，与时俱进且日臻完美，时时提醒学生要以这样的标准来写书。李三立院士是留苏博士，为我国计算机事业做出了杰出贡献，曾任国家攀登计划项目首席科学家。他的严谨治学带出了一大批杰出的学生。

本丛书是集体智慧的结晶，在此谨向付出辛勤劳动的各位作者致敬！书中难免会有不当之处，请读者不吝赐教。我的邮箱：gloud@126.com，微信公众号：刘鹏看未来（lpoutlook）。

刘鹏　教授
于南京大数据研究院

前　言

　　面对大数据时代产生的海量数据，传统的关系型数据库和数据处理技术在使用中遇到了前所未有的难题，如海量数据快速访问能力受到束缚，海量数据访问缺乏灵活性，对非结构化数据处理能力薄弱，海量数据导致存储成本、维护管理成本不断增加等。如何对海量数据进行查询分析已成为所有数据库研发人员亟待解决的问题，大数据库因此应运而生。所谓的大数据库是针对传统数据库在存储、管理海量数据时显现的不足，逐渐衍生出能存储管理多种数据类型，并适用于海量数据处理的数据库技术。

　　《大数据》这本书于 2017 年 1 月出版，承蒙大家的喜爱，自出版以来受到广大读者的关注和好评。由于大数据技术发展迅猛，我们的大数据研发团队经过长期的研究和紧密跟踪，及时推出了《大数据库》这本教材。《大数据库》是全国高校标准教材《大数据》的姊妹篇，在内容上进行了全面互补，以确保能够更准确地反映大数据技术的最新面貌。

　　正如在小数据时代我们应该学习《数据库》一样，在大数据时代我们应该学习《大数据库》。本书系统地介绍了目前业界主流的四种大数据库技术，分别是列式数据库、内存数据库、键值数据库以及流式数据库。列式数据库通常用来应对海量数据的分布式存储，典型列式数据库有 HBase；内存数据库是指将全部内容存放在内存中，而非像传统数据库那样存放在外部存储器中的数据库，这种数据库的读写性能很高，主要用在对性能要求极高的环境中，典型内存数据库有 Spark；键值数据库主要使用一个哈希表，这个表中有一个特定的键和一个指针指向特定的数据，该模型对于 IT 系统的优势在于简单、易部署、高并发，典型键值数据库有 Memcached、Redis；流式数据库的处理模式是将源源不断的数据视为数据流，它总是尽可能快速地分析最新的数据，并给出分析结果，也就是尽可能实现实时计算，典型流式数据库有 Spark Streaming、Storm。

　　大数据库技术可以对海量数据进行分析处理，采用不同的技术手段挖掘价值信息并投入到应用中。因此，期望读者可以从本书中学会主流大数据库技术的理论知识和实战应用；也期望本书为大数据"创新人才"培养目标提供新思路。

　　本书是集体智慧的结晶，在此谨向付出辛勤劳动的各位作者致敬！书中难免会有不当之处，请读者不吝赐教。我的邮箱：gloud@126.com，微信公众号：刘鹏看未来（lpoutlook）。

刘鹏　教授

于南京大数据研究院

2017 年 6 月 6 日

目　录

第1章　大数据库概述

随着互联网时代的到来，各行各业都开始走向与互联网融合的道路，导致行业应用系统的数量及种类呈现快速增长，各类软件、网站也不断融入人们的生活，互联网的普及使行业应用系统产生的数据呈现出爆炸式增长的趋势。海量数据具有数量多、结构复杂等特点，数据价值极高，因此，人们可以根据海量数据的特点采取不同的技术手段对其进行各种处理，挖掘出更精确的有价值信息，并将其投入到商业应用中。

面对互联网时代产生的海量数据，传统的数据处理技术是否依旧合适？传统的关系型数据库是否依旧游刃有余？诸如此类疑问都是传统数据处理技术遇到了前所未有的难题。

1.1　传统关系型数据库面临的问题

传统关系型数据库在计算机数据管理的发展史上是一个重要的里程碑，这种数据库具有数据结构化、最低冗余度、较高的程序与数据独立性、易于扩充、易于编制应用程序等优点，目前较大的信息系统都是建立在结构化数据库设计之上的。

传统关系型数据库在数据存储上主要面向结构化数据，聚焦于便捷的数据查询分析能力、按照严格规则快速处理事务的能力、多用户并发访问能力及数据安全性的保证。其以结构化的数据组织形式、严格的一致性模型、简单便捷的查询语言、强大的数据分析能力及较高的程序与数据独立性等优点而获得广泛应用。但是面向结构化数据存储的关系型数据库已经不能满足当今互联网数据快速访问、大规模数据分析挖掘的需求。

随着越来越多企业海量数据的产生，特别是 Internet 和 Intranet 技术的发展，使得非结构化数据的应用以及对海量数据快速访问、有效的备份恢复机制、实时数据分析等的需求日趋扩大。传统的关系数据库从 1970 年发展至今，虽功能日趋完善，但在应对海量数据处理上仍有许多不足。

（1）关系模型束缚对海量数据的快速访问能力。关系模型是一种按内容访问的模型，即在传统的关系型数据库中，根据列的值来定位相应的行。这种访问模型，会在数据访问过程中引入耗时的输入/输出，从而影响快速访问的能力。虽然，传统的数据库系统可以通过分区的技术（水平分区和垂直分区），来减少查询过程中数据输入/输出的次数以缩减响应时间，提高数据处理能力，但是在海量数据的规模下，这种分区所带来的性能改善并不显著。

（2）缺乏海量数据访问灵活性。在现实情况中，用户在查询时希望具有极大的灵活性。用户可以提任何问题，可以针对任何数据提问题，可以在任何时间提问题。无论提的是什么问题，都能快速得到回答。传统的数据库不能提供灵活的解决方法，不能对随机性的查询做出快速响应，因为它需要等待系统管理人员对特殊查询进行调优，这导致很多公司不具备这种快速反应能力。

（3）对非结构化数据处理能力薄弱。传统的关系型数据库对数据类型的处理只局限于数字、字符等，对多媒体信息的处理只是停留在简单的二进制代码文件的存储。然而，随着用户应用需求的提高、硬件技术的发展和 Internet 提供的多彩的多媒体交流方式，用户对多媒体处理的要求从简单的存储上升为识别、检索和深入加工，因此，如何处理占信息总量 85%的声音、图像、时间序列信号和视频、E-mail 等复杂数据类型，是很多数据库厂家正面临的问题。

（4）海量数据导致存储成本、维护管理成本不断增加。大型企业都面临着业务和 IT 投入的压力，与以往相比，系统的性能/价格比更加受关注。GIGA 研究表明，ROI（投资回报率）越来越受到重视。海量数据使得企业因为保存大量在线数据及数据膨胀而需要在存储硬件上大量投资，虽然存储设备的成本在下降，但存储的总体成本却在不断增加，并且正在成为最大的一笔 IT 开支之一。另外，海量数据使 DBA 陷入持续的数据库管理维护工作当中。

如何对海量数据进行查询分析是所有数据库研发人员亟待解决的问题之一。因此，大数据库技术应运而生。

1.2　大数据库技术

随着大数据技术的日趋完善，各大公司及开源社区都陆续发布了一系列新型数据库来解决海量数据的组织、存储及管理问题。目前，工业界主流的处理海量数据的数据库有四种，分别是列式数据库、内存数据库、键值数据库及流式数据库。

1.2.1　列式数据库

列式数据库将数据存储在列族中，一个列族存储经常被一起查询的相关数据，例如，人类，我们经常会查询某个人的姓名和年龄，而不是薪资。这种情况下姓名和年龄会被放到一个列族中，薪资会被放到另一个列族中。这种数据库通常用来应对分布式存储海量数据。

典型列式数据库：HBase。

1.2.2　内存数据库

内存数据库是指一种将全部内容存放在内存中，而非像传统数据库那样存放在外部存储器中的数据库。内存数据库指的是所有的数据访问控制都在内存中进行，这是与磁盘数据库相对而言的，磁盘数据库虽然也有一定的缓存机制，但都不能避免从外设到内存的交换，而这种交换过程对性能的损耗是致命的。由于内存的读/写速度极快，随机访问时间可以以纳秒计，所以，这种数据库的读/写性能很高，主要用在对性能要求极高的环境中。

典型内存数据库：Spark。

1.2.3　键值数据库

键值数据库类似于传统语言中使用的哈希表。可以通过 Key 来添加、查询或者删除数据库，因为使用 Key 主键访问，所以，会获得很高的性能及扩展性。

键值数据库主要使用一个哈希表，这个表中有一个特定的键和一个指针指向特定的数据。Key/Value 模型对于 IT 系统来说，优势在于简单、易部署、高并发。

典型键值数据库：Memcached、Redis、MemcacheDB。

1.2.4　流式数据库

流式数据库的基本理念是数据的价值会随着时间的流逝而不断减少，因此，需要使用流式数据库来实现流式计算。流式计算处理模式是将源源不断的数据视为数据流，它总是尽可能快速地分析最新的数据，并给出分析结果，也就是尽可能实现实时计算。

典型流式数据库：Spark Streaming、Storm。

1.3　大数据 SQL

大数据查询分析是云计算中的核心问题之一，自从 Google 在 2006 年之前的几篇论文奠定云计算领域基础，尤其是 GFS、Map-Reduce、Bigtable 被称为云计算底层技术三大基石。

GFS、Map-Reduce 技术直接支持了 Apache Hadoop 项目的诞生。Hadoop[1]由 Apache Lucene 的创始人 Doung Cutting 创建，是一个能够对大量数据进行分布式处理的软件框架。Hadoop 技术无处不在，几乎成为大数据的代名词，其发展得益于 Google 发表的关于 GFS 和 MapReduce 的论文。在开源世界中，Apache Hadoop 的分布式文件系统（Hadoop Distributed File System，HDFS）和 Hadoop MapReduce 完全是谷歌文件系统（Google File System， GFS）和谷歌 MapReduce（Google MapReduce，GMR）的开源实现。Hadoop 项目已经发展成为一个生态圈，触及了大数据领域的各个方面。

Bigtable 和 Amazon Dynamo 直接催生了 NoSQL 这个崭新的数据库领域，撼动了 RDBMS 在商用数据库和数据仓库方面几十年的统治性地位。Facebook 的 Hive 项目是建立在 Hadoop 上的数据仓库基础构架，提供了一系列用于存储、查询和分析大规模数据的工具。

在 Google 的第二波技术浪潮中，基于 Hive 和 Dremel，新兴的大数据公司 Cloudera 开源了大数据查询分析引擎 Impala，Hortonworks 开源了 Stinger，Fackbook 开源了 Presto。类似于 Pregel，UC Berkeley AMPLAB 实验室开发了 Spark 图计算框架，并以 Spark 为核心开源了大数据查询分析引擎 Shark。

目前大数据的 SQL 引擎主要有 Google MapReduce、Impala、Spark SQL，用于处理数据的查询与检索。当前数据查询主要面临的问题是并行化、单节点失败处理、动态资源分配问题，Google 的 MapReduce 适用于简单通用和自动容错的批处理计算模型，对于交互式与流式计算，并不适合。Storm、Impala 和 GraphLab 等具有重复工作、组合问题、适用范围或资源分配等方面的问题，具有一定的局限性。Spark 大数据处理采用 RDD 概念（一种新的抽象弹性数据集），在并行计算阶段能有效地进行数据共享，可以实现许多通用的数据库引擎特性，获得非常好的性能。

接下来，由于篇幅的原因，本章挑选 Hive、Impala、Shark、Spark SQL 这四类主流的开源大数据查询分析引擎进行简要介绍，让大家对大数据 SQL 有一个初步了解，以便在后面的章节中进行深入学习。

1.4 当前主流大数据 SQL 简介

SQL 语言是高级的非过程化编程语言，允许用户在高层数据结构上工作。目前，所有主要的关系数据库管理系统支持某些形式的 SQL，大部分数据库遵守 ANSI SQL89 标准。但是，传统的 SQL 语言主要支持单机运行，不适应基于集成环境、多用户查询。随着大数据的广泛应用，基于大数据的 SQL 迅速发展。

大数据 SQL 与传统的 SQL 有很大的差别。与传统的 SQL 查询不同，大数据 SQL 要查询的数据量大、数据类型多、数据分布广，而且还要适应集成环境中单点失败、单节点宕机或效率低下、多用户资源调度的应用需求，因此，大数据 SQL 与传统的 SQL 在应用、架构等方面有本质的变化，当前主流的大数据 SQL 有 Shark/Spark SQL、Implama、Hive 等。

在大数据的应用环境中，因数据的查询、检索、存储、管理等均和传统的单机或者数量不大的关注点有所不同，所以，本节从其架构、实现机制上进行介绍。

1.4.1 Hive

Hive[2]是建立在 Hadoop 上的数据仓库基础构架。它提供了一系列的工具，可以用来进行数据提取转化加载（ETL），这是一种可以存储、查询和分析存储在 Hadoop 中的大规模数据的机制。

Hive 是基于 Hadoop 构建的一套数据仓库分析系统，它提供了丰富的 SQL 查询方式来分析存储在 Hadoop 分布式文件系统中的数据，可以将结构化的数据文件映射为一张数据库表，并提供完整的 SQL 查询功能，可以将 SQL 语句转换为 MapReduce 任务进行运行，通过自己的 SQL 去查询分析需要的内容，这套 SQL 简称为 Hive SQL，使不熟悉 MapReduce 的用户很方便地利用 SQL 语言查询、汇总、分析数据。与 MapReduce 相比，Hive 是为方便用户使用 Map-Reduce 而在外面封装了一层 SQL，由于 Hive 采用了 SQL，它的问题域比 Map-Reduce 更窄，因为很多问题 SQL 表达不出来，如一些数据挖掘算法、推荐算法、图像识别算法等，这些仍只能通过编写 Map-Reduce 完成。而 MapReduce 开发人员可以把已写的 mapper 和 reducer 作为插件来支持 Hive 进行更复杂的数据分析。

Hive 与关系型数据库的 SQL 略有不同，但支持了绝大多数的语句，如 DDL、DML 及常见的聚合函数、连接查询、条件查询。Hive 不适合用于联机事务处理，也不提供实时查询功能。它最适合应用在基于大量不可变数据的批处理作业。Hive 的技术架构如图 1-1 所示，Hadoop 和 Map-Reduce 是 Hive 架构的根基。Hive 架构包括如下组件：CLI（Command Line Interface）、JDBC/ODBC、Thrift Server、Meta Store 和 Driver（Complier、Optimizer 和 Executor）。

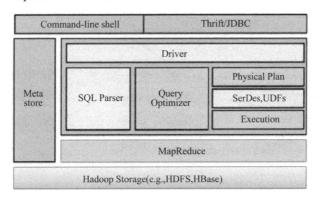

图 1-1　Hive 技术架构

1.4.2　Impala

Impala[3]是 Cloudera 在受到 Google 的 Dremel 启发下开发的实时交互 SQL 大数据查询工具，可以把它看做 Google Dremel 架构和 MPP （Massively Parallel Processing）结构的结合体。Impala 没有再使用缓慢的 Hive&Map-Reduce 批处理，而是使用与商用并行关系数据库中类似的分布式查询引擎（由 Query Planner、Query Coordinator 和 Query Exec Engine 三部分组成），可以直接从 HDFS 或 HBase 中用 SELECT、JOIN 和统计函数查询数据，从而大大降低了延迟。同时为了保护用户在技能和查询设计方面的已有投资，Impala 提供与 Hive 查询语言（HiveQL）的高度兼容。

因为使用与 Hive 记录表结构和属性信息相同的元数据存储，所以，Impala 既可以访问在 Impala 中创建的表，也可以访问使用 Hive 数据定义语言（DDL）创建的表。Impala 支持的数据操作语言（DML）语句与 HiveQL 中的 DML 组件类似，Impala 提供了许多内置函数（built-in functions），与 HiveQL 中对应的函数具有相同的函数名与参数类型。

Impala 支持大多数 HiveQL 中的语句与子句，包括但不限于 JOIN、AGGREGATE、DISTINCT、UNION ALL、ORDER BY、LIMIT 和（不相关的）FROM 子句中的子查询。Impala 同样支持 INSERT INTO 和 INSERT OVERWRITE 语句。Impala 还能查询存储在 Hadoop 的 HDFS 和 HBase 中的 PB 级大数据。Impala 是在 Hadoop 的 Dremel 的基础上设计的，技术亮点主要有两个：一是实现了嵌套型数据的列存储；二是使用了多层查询树，使得任务可以在数千个节点上并行执行和聚合结果。

Impala 使用了 Hive 的 SQL 接口（包括 Select、Insert、Join 等操作），其系统架构如图 1-2 所示。

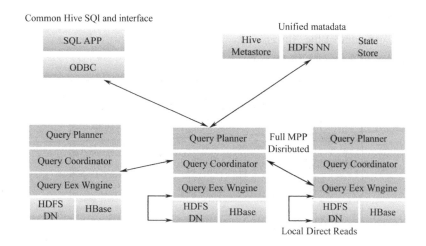

图 1-2　Impala 系统架构

目前只实现了 Hive 的 SQL 语义的子集（例如，尚未对 UDF 提供支持），表的元数据信息存储在 Hive 的 Metastore 中。StateStore 是 Impala 的一个子服务，用来监控集群中各个节点的健康状况，提供节点注册、错误检测等功能。Impala 在每个节点运行了一个后台服务 Impalad，Impalad 用来响应外部请求，并完成实际的查询处理。Impalad 主要包含 Query Planner、Query Coordinator 和 Query Exec Engine 三个模块。QueryPalnner 接收来自 SQL APP 和 ODBC 的查询，然后将查询转换为许多子查询，Query Coordinator 将这些子查询分发到各个节点上，由各个节点上的 Query Exec Engine 负责子查询的执行，最后返回子查询的结果，这些中间结果经过聚集之后最终返回给用户。

1.4.3　Shark

Shark[4]是伯克利实验室 Spark 生态环境的组件之一，是基于 Spark 计算框架之上且兼容 Hive 语法的 SQL 执行引擎，由于底层的计算采用了 Spark，性能比 MapReduce 的 Hive 普遍快。Shark 覆盖了 Hive 的所有功能，在运行时，依赖于 Hive，能做到完全兼容/支持 Hive 的 SQL。Shark 技术架构如图 1-3 所示。可以看出，它们的架构非常相似，Shark 复用了 Hive 的大部分组件，如下所述。

（1）SQL Parser&Plan generation：Shark 完全兼容 Hive 的 HQL 语法，而且 Shark 使用了 Hive 的 API 来实现 query Parsing 和 query Plan generation，仅仅最后的 Physical Plan execution 阶段用 Spark 代替 Hadoop Map-Reduce。

（2）Metastore：Shark 采用和 Hive 一样的 meta 信息，Hive 中创建的表用 Shark 可无缝访问。

（3）SerDe：Shark 的序列化机制及数据类型与 Hive 完全一致。

（4）UDF：Shark 可重用 Hive 中的所有 UDF。通过配置 Shark 参数，Shark 可以自动在内存中缓存特定的 RDD（Resilient Distributed Dataset），实现数据重用，进而加快特定数据集的检索。同时，Shark 通过 UDF 用户自定义函数实现特定的数据分析学习算法，使得 SQL 数据查询和运算分析能结合在一起，最大化 RDD 的重复使用。

（5）Driver：Shark 在 Hive 的 CliDriver 基础上进行了一个封装，生成一个 SharkCliDriver，这是 Shark 命令的入口。

（6）ThriftServer：Shark 在 Hive 的 ThriftServer（支持 JDBC/ODBC）基础上，做了一个封装，生成了一个 SharkServer，也提供 JDBC/ODBC 服务。

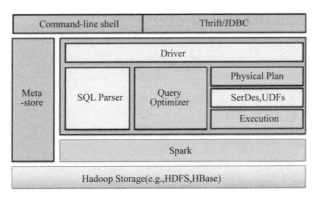

图 1-3　Shark 技术架构

1.4.4　Spark SQL

Spark SQL[5]于 2013 年 3 月面世，其前身是 Shark。Spark SQL 是 Spark Core 以外最大的 Spark 组件，为 Spark 用户提供高性能的 SQL on Hadoop 解决方案，为 Spark 带来了通用、高效、多元一体的结构化数据处理能力。Spark SQL 使得用户使用他们最擅长的语言查询结构化数据，DataFrame 位于 Spark SQL 的核心，DataFrame 将数据保存为行的集合，对应行中的各列都被命名，通过使用 DataFrame，可以非常方便地查询、绘制和过滤数据。Spark SQL 支持多语言编程，包括 Java、Scala、Python 及 R 语言，开发人员可以根据自身喜好进行选择。

Spark SQL 抛弃原有 Shark 的代码，汲取了 Shark 的一些优点，如内存列存储（In-Memory Columnar Storage）、Hive 兼容性等，重新开发了 Spark SQL 代码；由于摆脱了对 Hive 的依赖性，Spark SQL 在数据兼容、性能优化、组件扩展方面都得到了极大的方便。Spark SQL 与传统 DBMS 的查询优化器+执行器的架构较为相似，只不过其执行器是在分布式环境中实现的，并采用 Spark 作为执行引擎。Spark SQL 的查询优化是 catalyst，其基于 Scala 语言开发，可以灵活利用 Scala 原生的语言特性方便地扩展功能，奠定了 Spark SQL 的发展空间。Catalyst 将 SQL 翻译成最终的执行计划，并在这个过程中进行查询优化。这里和传统不太一样的地方就在于，SQL 经过查询优化器最终转换为可执行的查询计划，传统数据库就可以执行这个查询计划。而 Spark SQL 在 Spark 内执行计划时最后还是会转换为 Spark 有向无环图 DAG 后执行。

Catalyst 的整体架构如图 1-4 所示。

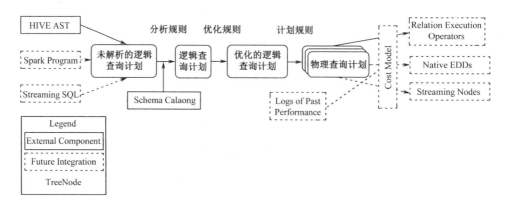

图 1-4　Catalyst 的整体架构

从图 1-4 中可以看到整个 Catalyst 是 Spark SQL 的调度核心，遵循传统数据库的查询解析步骤，对 SQL 进行解析，转换为逻辑查询计划和物理查询计划，最终转换为 Spark 的 DAG 执行。Catalyst 的执行流程如图 1-5 所示。

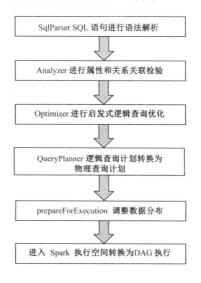

图 1-5　Catalyst 的执行流程

SqlParser 将 SQL 语句转换为逻辑查询计划，Analyzer 对逻辑查询计划进行属性和关系关联检验，之后 Optimizer 通过逻辑查询优化将逻辑查询计划转换为优化的逻辑查询计划，queryplanner 将优化的逻辑查询计划转换为执行计划进入 Spark 执行任务。

SQL 引擎包含 4 个处理步骤：解析（Parse）、绑定（Bind）、优化（Optimization）、执行（Excution），Catalyst 的解析、绑定和执行阶段均是可扩展架构。

1.5　本章总结

对大数据分析的项目来说，技术往往不是最关键的，关键在于谁的生态系统更强，技术上一时的领先并不足以保证项目的最终成功。对于 Hive、Impala、Spark SQL 来讲，最后哪一款产品会成为事实上的标准还很难说，但我们唯一可以确定并坚信的一点是，大数据分析将随着新技术的不断推陈出新而不断普及开来。

当然，像 Oracle、EMC 等传统数据库厂商也没有坐以待毙等着自己的市场被开源软件侵吞。EMC 就推出了 HAWQ 系统，并号称其性能比 Impala 快上十几倍，而 Amazon 的 Redshift 也提供了比 Impala 更好的性能。虽然说开源软件因为其强大的成本优势而拥有极其强大的力量，但是传统数据库厂商仍会尝试推出性能、稳定性、维护服务等指标上更加强大的产品与之进行差异化竞争，并同时参与开源社区，借力开源软件来丰富自己的产品线，提升自己的竞争力，并通过更多的高附加值服务来满足某些消费者需求。毕竟，这些厂商往往已在并行数据库等传统领域积累了大量的技术和经验，这些底蕴还是非常深厚的。总的来看，未来的大数据分析技术将会变得越来越成熟、越来越便宜、越来越易用；相应地，用户将会更容易更方便地从自己的大数据中挖掘出有价值的商业信息。

习题

1. 主流的大数据 SQL 引擎有哪几种？
2. 简述大数据 SQL 的实现机制。
3. 为什么 MapReduce 不适合实时数据处理？
4. Spark SQL 常用的基本操作有哪些？
5. 简述 Impala 在大数据处理中的位置。
6. 简述 Impala 的工作原理及其特点。
7. 查阅相关资料，实例演示 Impala 环境搭建。
8. 安装好 Impala 环境后，演示 Impala 操作实例。
9. 简述 Impala 数据库基本操作指令。
10. 简述 Spark SQL 的逻辑架构。
11. Spark SQL 查询引擎 Catalyst 有哪些规则和策略？
12. 查阅相关资料，实例演示 Spark SQL 开发环境搭建。

参考文献

[1] Tom White. Hadoop 权威指南（第 3 版）[M]. 华东师范大学数据科学与工程学院，译. 北京：清华大学出版社，2015.

[2] https://hive.apache.org/.

[3] 贾传青. 开源大数据分析引擎 Impala 实战[M]. 北京：清华大学出版社，2015.

[4] http://www.defenders.org/sharks/basic-facts.

[5] http://spark.apache.org/docs/latest/sql-programming-guide.html.

第 2 章　分布式数据库 HBase

2006 年谷歌发表论文 BigTable，年末，微软旗下自然语言搜索公司 Powerset 出于处理大数据的需求，按论文思想，开启了 HBase 项目并于 2008 年将其捐赠给 Apache，2010 年 HBase 成为 Apache 顶级项目。

HBase[1]是基于 Hadoop 的开源分布式数据库，它以 Google 的 BigTable 为原型，设计并实现了具有高可靠性、高性能、列存储、可伸缩、实时读/写的分布式数据库系统。HBase 不仅仅在其设计上不同于一般的关系型数据库，在功能上区别更大，表现在其适合于存储非结构化数据，而且 HBase 是基于列的而不是基于行的模式。就像 BigTable 利用 GFS（Google 文件系统）所提供的分布式存储一样，HBase 在 Hadoop 之上提供了类似于 BigTable 的能力。

2.1　HBase 基础

2.1.1　体系架构

显然数据库应具有的核心功能是数据存储和访问，作为分布式数据库，HBase 提供了横向扩展机制，HBase 的体系架构[2]中，能够充分体现这几大功能。

1. 集群成员

HBase 采用 master/slave 架构[3]，主节点运行的服务称为 HMaster，从节点服务称为 HRegionServer，底层采用 HDFS 存储数据。HMaster 负责管理多个 HRegionServer、恢复 HRegionServer 的故障等。HRegionServer 负责多个区域的管理及相应客户端请求。HRegionServer 还负责区域划分并通知 HMaster 有了新的子区域，如图 2-1 所示。

HBase 需要 ZooKeeper 集群服务，默认情况下，它管理一个 ZooKeeper 实例，作为"权威机构"。ZooKeeper 会记录 HMaster 位置、根目录表位置等核心数据，此时若有 HRegionServer 崩溃，就可以通过 ZooKeeper 来进行分配协调。此外，当 HBaseClient 连接到 HBase 时，其必须首先访问 ZooKeeper，在获取 HMaster、HRegionServer、-ROOT-等核心数据后，方可连接到 HRegionServer。

1）Region 服务器

HBase 在行的方向上将表分成了多个 Region，每个 Region 包含了一定范围内（根据行键进行划分）的数据。每个表最初只有一个 Region，随着表中的记录数不断增加直到超过某个阈值时，Region 就会被分割形成两个新的 Region。所以，一段时间后，一个表通常会含有多个 Region。Region 是 HBase 中分布式存储和负载均衡的最小单位，即一个表的所有 Region 会分布在不同的 Region 服务器上，但一个 Region 内的数据只会存储在一个服务器上。物理上所有数据都存储在 HDFS 上，并由 Region 服务器来提供数据服务，通常一台计算机只运行一个 Region 服务器程序（HRegionServer），每个 HRegionServer 管理多个 Region 的实例（HRegion），如图 2-2 所示。

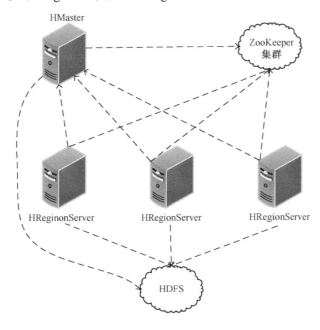

图 2-1　HBase 集群成员

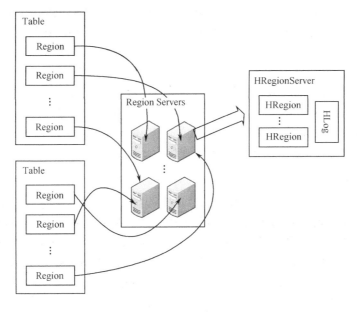

图 2-2　Region 服务器

其中，HLog 是用来做灾难备份的，它使用的是预写式日志（Write-Ahead Log，WAL）。每个 Region 服务器只维护一个 HLog，所以，来自不同表的 Region 日志是混合在一起的，这样做的目的是不断追加单个文件，相对于同时写多个文件而言，可以减少磁盘寻址次数，因此可以提高对表的写性能。带来的麻烦是，如果一台 Region 服务器下线，为了恢复其上的 Region，需要将 Region 服务器上的 Log 进行拆分，然后分发到其他 Region 服务器上进行恢复。

每个 Region 由一个或多个 Store 组成，每个 Store 保存一个列族的所有数据。每个 Store 又是由一个 MemStore 和零个或多个 StoreFile 组成，StoreFile 则是以 HFile 的格式存储在 HDFS 上的，如图 2-3 所示。

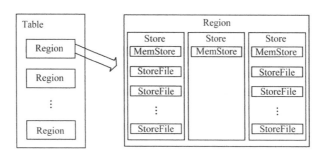

图 2-3   Region 示意

当客户端进行更新操作时，先连接有关的 HRegionServer，然后向 Region 提交变更。提交的数据会首先写入 WAL（Write-Ahead Log）和 MemStore 中，当 MemStore 中的数据累计到某个阈值时，HRegionServer 就会启动一个单独的线程将 MemStore 中的内容刷新到磁盘，形成一个 StoreFile。当 StoreFile 文件的数量增长到一定阈值后，就会将多个 StoreFiles 合并（Compact）成一个 StoreFile，合并过程中会进行版本合并和数据删除，因此，可以看出 HBase 其实只有增加数据，所有的更新和删除操作都是在后续的合并过程中进行的。StoreFiles 在合并过程中会逐步形成更大的 StoreFile，当单个 StoreFile 大小超过一定阈值后，会把当前的 Region 分割（Split）成两个 Regions，并由 HMaster 分配到相应的 Region 服务器上，实现负载均衡。

2）主服务器

HBase 每个时刻只有一个 HMaster（主服务器程序）在运行，HMaster 将 Region 分配给 Region 服务器，协调 Region 服务器的负载并维护集群的状态。HMaster 不会对外（Region 服务器和客户端）提供数据服务，而是由 Region 服务器负责所有 Regions 的读/写请求及操作。如果 HRegionServer 发生故障终止后，HMaster 会通过 ZooKeeper 感知到，并处理相应的 Log 文件，然后将失效的 Regions 进行重新分配。此外，HMaster 还负责管理表的 schema 和对元数据的操作。

由于 HMaster 只维护表和 Region 的元数据，而不参与数据的输入/输出过程，所以，HMaster 失效仅会导致所有的元数据无法被修改，但表的数据读写还是可以正常进行的。

3）元数据表

用户表的 Regions 元数据被存储在.META.表中，随着 Region 的增多，.META.表中的数据也会增大，并分裂成多个 Regions。为了定位.META.表中各个 Regions 的位置，把.META.表中所有 Regions 的元数据保存在-ROOT-表中，最后由 ZooKeeper 记录-ROOT-表的位置信息。所以，客户端访问用户数据前，需要首先访问 ZooKeeper 获得-ROOT-的位置，然后访问-ROOT-表获得.META.表的位置，最后根据.META.表中的信息确定用户数据存放的位置，如图 2-4 所示。

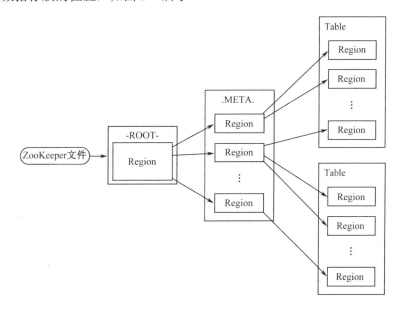

图 2-4　Region 定位示意

-ROOT-表永远不会被分割，它只有一个 Region，这样可以保证最多需要三次跳转就可以定位任意一个 Region。为了加快访问速度，.META. 表的 Regions 全都保存在内存中，如果.META.表中的每一行在内存中大约占 1KB，且每个 Region 限制为 128MB，那么图 2-4 所示的三层结构可以保存的 Regions 数目为 (128MB/1KB)×(128/1KB) = 234 个。客户端会将查询过的位置信息缓存起来，且缓存不会主动失效。如果客户端根据缓存信息还访问不到数据，则询问持有相关.META.表的 Region 服务器，试图获取数据的位置，如果还是失效，则询问-ROOT-表相关的.META.表在哪里。最后，如果前面的信息全部失效，则通过 ZooKeeper 重新定位 Region 的信息。所以，如果客户端上的缓存全部失效，则需要进行 6 次网络来回，才能定位到正确的 Region。

2．运行 HBase

如图 2-5 所示为 HBase 典型的物理拓扑图，cmaster2 上部署了 HMaster，各 slave 上均部署了 HRegionServer，iclient0 上部署了 Client 接口，底层采用 HDFS 存储数据。

1）Client

Client 端使用 HBase 的 RPC 机制与 HMaster 和 HRegionServer 进行通信，对于管理

类操作，Client 与 HMaster 进行 RPC；对于数据读/写类操作，Client 与 HRegionServer 进行 RPC。

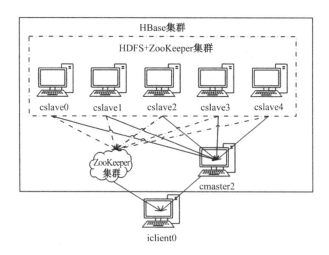

图 2-5　HBase 典型物理拓扑图

2）ZooKeeper

ZooKeeper 中存储了-ROOT-表的地址、HMaster 的地址和 HRegionServer 地址，通过 ZooKeeper，HMaster 可以随时感知到各个 HRegionServer 的健康状态。此外，ZooKeeper 也避免了 HMaster 的单点故障问题，HBase 中可以启动多个 HMaster，通过 ZooKeeper 的选举机制能够确保只有一个为当前整个 HBase 集群的 master。

3）HMaster

HMaster 即 HBase 主节点，集群中每个时刻只有一个 HMaster 运行，HMaster 将 Region 分配给 HRegionServer，协调 HRegionServer 的负载并维护集群状态，HMaster 对外不提供数据服务，HRegionServer 负责所有 Regions 读/写请求。如果 HRegionServer 发生故障终止后，HMaster 会通过 ZooKeeper 感知到，HMaster 会根据相应的 Log 文件，将失效的 Regions 重新分配，此外，HMaster 还管理用户对 Table 的增、删、改、查操作。

4）HRegionServer

HRegionServer 主要负责响应用户 I/O 请求，向 HDFS 文件系统中读/写数据，其内部管理了一系列 HRegion 对象，当 StoreFile 大小超过一定阈值后，会触发 Split 操作，即将当前 Region 拆成两个 Region，父 Region 会下线，新 Split 出的两个子 Region 会被 HMaster 分配到相应的 HRegionServer 上。

3. 数据存储过程

当 HBase 对外提供服务时，其内部存储着名为-ROOT-和.META.的特殊目录表，它们维护着当前集群上所有区域的列表、状态和位置信息。-ROOT-表包含.META.表的区域列表，.META.包含所有用户空间区域列表，表中的项则使用区域名作为键。当区域变化时，目录表会进行相应更新，这样，集群上所有区域信息就能保持最新。

新连接到 ZooKeeper 集群上的客户端首先查找-ROOT-的位置，然后客户端通过-ROOT-获取请求行所在范围所属.META.区域位置；接着，客户端查找.META.区域位置来获取用户空间区域所在节点及其位置；最后，客户端即可直接与管理该区域的 HRegionServer 进行交互。

一旦 Client 知道了数据的实际位置（某 HRegionServer 位置），该 Client 会直接和该 HRegionServer 进行交互，此时 HRegionServer 会打开并创建对应的 HRegion 实例。当 HRegion 被打开后，它会为每个表的 HColumnFamily 创建一个 Store 实例，这些列族是用户之前创建表时定义的。每个 Store 实例包含一个或多个 StoreFile 实例，它们是实际数据存储文件 HFile 的轻量级封装，每个 Store 还持有一个 MemStore，一个 HRegionServer 共享一个 HLog 实例，如图 2-6 所示。

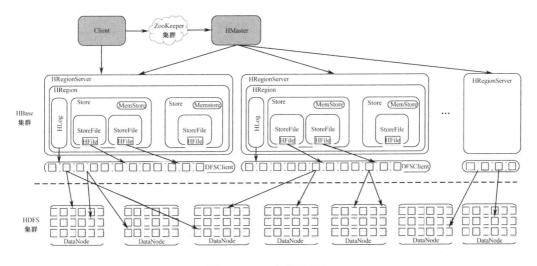

图 2-6　HBase 体系架构

当 Client 向 HRegionServer 发起 HTable.put(put)请求时，该 HRegionServer 会将请求交给对应的 HRegion 实例来处理。此时，第一步是要决定数据是否需要写到由 HLog 类实现的预写日志（WAL）中，当采用预习机制时，服务器崩溃时可回滚还没有持久化的数据。

一旦数据被写入 WAL 中，数据就会被放到 MemStore（内存）中，同时还会检查 MemStore 是否已经写满，如果满了，就会请求刷新到磁盘中。刷新请求由 HRegionServer 的一个新线程处理，它会把数据写成 HDFS 中的一个新 HFile，同时还会保存最后写入的序号，这样，系统可知道哪些数据被持久化到了 HDFS 中。

2.1.2　数据模型

数据库一般以表的形式存储结构化数据，HBase 也以表的形式存储数据，我们称用户对数据的组织形式为数据的逻辑模型，HBase 中数据在 HDFS 上的具体存储形式则称为数据的物理模型[4]。

1．逻辑模型

HBase 以表的形式存储数据，每个表由行和列组成，每个列属于一个特定的列族（Column Family）。表中的行和列确定的存储单元称为一个元素（Cell），每个元素保存了同一份数据的多个版本，由时间戳（Time Stamp）来标识。表 2-1 给出了 www.cnn.com 网站的数据存放逻辑视图，表中仅有一行数据，行的唯一标识为 com.cnn.www，对这行数据的每一次逻辑修改都有一个时间戳关联对应。表中共有四列：contents:html、anchor:cnnsi.com、anchor:my.look.ca、mime:type，每一列以前缀的方式给出其所属的列族。

表 2-1　HBase 表逻辑视图示例

行键	时间戳	列族 contents	列族 anchor	列族 mime
"com.cnn.www"	t9		anchor:cnnsi.com= "CNN"	
	t8		anchor:my.look.ca = "CNN.com"	
	t6	contents:html="<html>…"		mime:type="text/html"
	t5	contents:html="<html>…"		
	t6	contents:html="<html>…"		

行键是数据行在表中的唯一标识，并作为检索记录的主键。在 HBase 中访问表中的行只有三种方式：通过单个行键访问、给定行键的范围访问、全表扫描。行键可以是任意字符串，默认按字段顺序进行存储。

表中的列定义为：<family>:<qualifier>（<列族>:<限定符>），如 contents:html。通过列族和限定符两部分可以唯一指定一个数据的存储列。

时间戳对应着每次数据操作所关联的时间，可以由系统自动生成，也可以由用户显示地赋值。如果应用程序需要避免数据版本冲突，则必须显示地生成时间戳。HBase 提供了两个版本的回收方式：一是对每个数据单元，只存储指定个数的最新版本；二是保存最近一段时间内的版本（如七天），客户端可以按需查询。

元素由行键、列（<列族>:<限定符>）和时间戳唯一确定，元素中的数据以字节码的形式存储，没有类型之分。

2．物理模型

HBase 是按照列存储的稀疏行/列矩阵，其物理模型实际上就是把概念模型中的一个行进行分割，并按照列族存储，如表 2-2 所示。从表中可以看出表中的空值是不被存储的，所以，查询时间戳为 t8 的 contents:html 将返回 null。如果没有指明时间戳，则返回指定列的最新数据值，如不指明时间戳时查询 contents:，将返回 t6 时刻的数据。容易看出，可以随时向表中的任何一个列添加新列，而不需要事先声明。

表 2-2　HBase 表物理存储示例

行键	时间戳	列族 contents
"com.cnn.www"	t6	contents:html="<html>…"
	t5	contents:html="<html>…"
	t3	contents:html="<html>…"

续表

行键	时间戳	列族 anchor
"com.cnn.www"	t9	anchor:cnnsi.com= "CNN"
	t8	anchor:my.look.ca= "CNN.com"

行键	时间戳	列族 mime
"com.cnn.www"	t6	mime:type="text/html"

2.2 HBase 操作简介

2.2.1 HBase 接口简介

HBase 提供了诸多访问接口[5]，下面简单罗列各种访问接口。

①Native Java API：最常规和高效的访问方式，适合 Hadoop MapReduce Job 并行批处理 HBase 表数据。

②HBase Shell：HBase 的命令行工具，最简单的接口，适合管理、测试时使用。

③Thrift Gateway：利用 Thrift 序列化技术，支持 C++、PHP、Python 等多种语言，适合其他异构系统在线访问 HBase 表数据。

④REST Gateway：支持 REST 风格的 HTTP API 访问 HBase，解除了语言限制。

⑤Pig：可以使用 Pig Latin 流式编程语言操作 HBase 中的数据，和 Hive 类似，本质上最终也是编译成 MR Job 来处理 HBase 表数据，适合做数据统计。

⑥Hive：同 Pig 类似，用户可以使用类 SQL 的 HiveQL 语言处理 HBase 表中数据，当然最终本质依旧是 HDFS 与 MR 操作。

2.2.2 HBase Shell 实战

1. status

启动 HBase 后，通过 Shell 命令连接到 HBase，并使用 status 命令查看 HBase 的运行状态，确保 HBase 正常运行，代码如下：

```
[allen@iclient0 ~]$ cd hbase-1.1.2/
[allen@iclient0 hbase-1.1.2]$ bin/hbase shell
hbase(main):001:0> status
4 servers, 0 dead, 0.7500 average load
hbase(main):002:0>
```

2. help

输入 help 命令可以查看有哪些 Shell 命令及参数选项，从图 2-7 中可以看出表名、行和列名等都要用单引号扩起来，并以逗号隔开。

```
[allen@iclient0 hbase-1.1.2]$ bin/hbase shell                    进入HBase命令行接口
hbase(main):001:0> help
HBase Shell, version 1.1.2, rcc2b70cf03e3378800661ec5cab11eb43fafe0fc, Wed Aug 26 20:11:27 PDT 2015
Type 'help "COMMAND"', (e.g. 'help "get"'    the quotes are necessary) for help on a specific command.
Commands are grouped. Type 'help "COMMAND_GROUP"', (e.g. 'help "general"') for help on a command group.

COMMAND GROUPS:                        普通操作
  Group name: general                                    help选项，查看所有支持命令
  Commands: status, table_help, version, whoami
                                       ddl类操作
  Group name: ddl
  Commands: alter, alter_async, alter_status, create, describe, disable, disable_all, drop, drop_all, enable, ena
ble_all, exists, get_table, is_disabled, is_enabled, list, show_filters

  Group name: namespace
  Commands: alter_namespace, create_namespace, describe_namespace, drop_namespace, list_namespace, list_namespace
_tables

  Group name: dml
  Commands: append, count, delete, deleteall, get, get_counter, get_splits, incr, put, scan, truncate, truncate_p
reserve
  Group name: tools          常用工具集
  Commands: assign, balance_switch, balancer, balancer_enabled, catalogjanitor_enabled, catalogjanitor_run, catal
ogjanitor_switch, close_region, compact, compact_rs, flush, major_compact, merge_region, move, split, trace, unas
sign, wal_roll, zk_dump

  Group name: replication
  Commands: add_peer, append_peer_tableCFs, disable_peer, disable_table_replication, enable_peer, enable_table_re
plication, list_peers, list_replicated_tables, remove_peer, remove_peer_tableCFs, set_peer_tableCFs, show_peer_ta
bleCFs

  Group name: snapshots
  Commands: clone_snapshot, delete_all_snapshot, delete_snapshot, list_snapshots, restore_snapshot, snapshot

  Group name: configuration
  Commands: update_all_config, update_config
                                       配额类操作
  Group name: quotas
  Commands: list_quotas, set_quota

  Group name: security
  Commands: grant, revoke, user_permission

  Group name: visibility labels
  Commands: add_labels, clear_auths, get_auths, list_labels, set_auths, set_visibility

SHELL USAGE:
Quote all names in HBase Shell such as table and column names.  Commas delimit
command parameters.  Type <RETURN> after entering a command to run it.
command parameters.  Type <RETURN> after entering a command to run it.
Dictionaries of configuration used in the creation and alteration of tables are
Ruby Hashes. They look like this:

  {'key1' => 'value1', 'key2' => 'value2', ...}

and are opened and closed with curley-braces.  Key/values are delimited by the
'=>' character combination.  Usually keys are predefined constants such as
NAME, VERSIONS, COMPRESSION, etc.  Constants do not need to be quoted.  Type
'Object.constants' to see a (messy) list of all constants in the environment.

If you are using binary keys or values and need to enter them in the shell, use
double-quote'd hexadecimal representation. For example:

  hbase> get 't1', "key\x03\x3f\xcd"                      实例
  hbase> get 't1', "key\003\023\011"
  hbase> put 't1', "test\xef\xff", 'f1:', "\x01\x33\x40"

The HBase shell is the (J)Ruby IRB with the above HBase-specific commands added.
For more on the HBase Shell, see http://hbase.apache.org/book.html
hbase(main):002:0> quit                                       退出HBase
[allen@iclient0 hbase-1.1.2]$
```

图 2-7 help 命令结果的部分截图

3. create

创建一个只包含一个列族 fam1 的表 tab1，并通过 list 指令查看表是否创建成功，如图 2-8 所示。

```
hbase(main):003:0> create 'tab1', 'fam1'
0 row(s) in 1.7720 seconds
```

```
=> Hbase::Table - tab1
hbase(main):004:0>
```

4．put

使用 put 命令向表中插入数据，参数分别为表名、行名、列名和值，其中列名前需要列族作为前缀，时间戳由系统自动生成，插入成功后通过 scan 命令查看表中的信息，如图 2-8 所示。

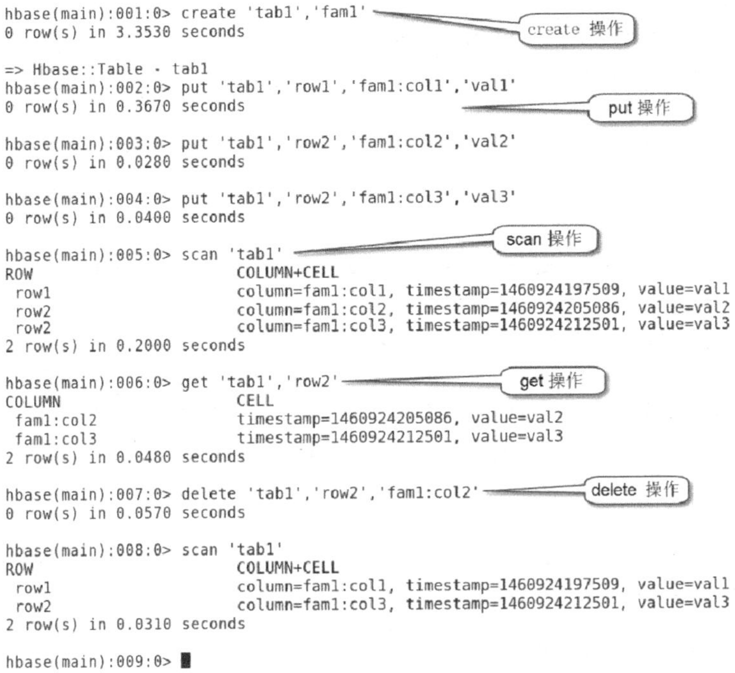

图 2-8　常用表操作

5．get/delete

get 操作用来获取表中的一行数据，通过 delete 删除一行的数据。

6．通过 disable 和 drop 命令删除 tab1 表

如图 2-9 所示，删除某张表，必须先 disable 之后才能执行 drop 命令。

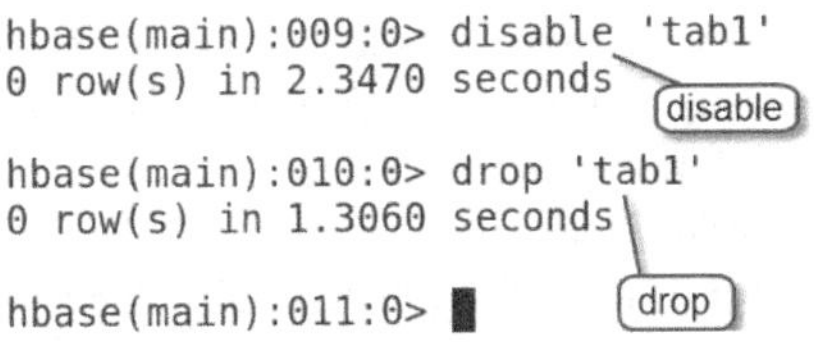

图 2-9　删除表操作

19

2.2.3　HBase API

通过 Eclipse 创建一个新工程，并新建一个类 HBasicOperation，写代码前还要引入 Hadoop 开发所需要的 jar 包及 HBase 包，完成上述操作后即可开发 HBase 应用[6]。

①使用 HBaseConfiguration.create()初始化 HBase 的配置文件，并指定 HBase 使用的 ZooKeeper 的地址。然后实例化 HBaseAmin，该类用于对表的元数据进行操作并提供了基本的管理操作，代码如下：

```
Configuration conf = HBaseConfiguration.create();
conf.set("HBase.zookeeper.quorum","UbuntuSlave1,UbuntuSlave2,UbuntuSlave3");
HBaseAdmin admin = new HBaseAdmin(conf);
```

②HBaseAdmin.Create()可以用于创建一张新表，该方法的参数为 HTableDescription 类，用于描述表名和相关的列族。该方法的返回值为 HTable 类，用于对表进行相关操作，代码如下：

```
HTableDescriptor tableDescripter = new HTableDescriptor("tab1".getBytes());
tableDescripter.addFamily(new HColumnDescriptor("fam1"));
admin.createTable(tableDescripter);
HTable table = new HTable(conf, "tab1");
```

③使用 HTable.put()可以向表中插入数据，该方法的参数为 Put 类，该类初始化时可以传递一个行键，表示向哪一行插入数据，并通过 Put.add()添加需要插入表中的数据，代码如下：

```
Put putRow1 = new Put("row1".getBytes());
putRow1.add("fam1".getBytes(), "col1".getBytes(), "val1".getBytes());
table.put(putRow1);

System.out.println("add row2");
Put putRow2 = new Put("row2".getBytes());
putRow2.add("fam1".getBytes(), "col2".getBytes(), "val2".getBytes());
putRow2.add("fam1".getBytes(), "col3".getBytes(), "val3".getBytes());
table.put(putRow2);
```

④使用 HTable.getScanner()可以获得某一个列族的所有数据（其他重载详见 HBase 的 API 文档），该方法返回 Result 类，Result.getFamilyMap()可以获得以列名为 Key、值为 Value 的映射表，然后就可以依次读取相关的内容了。

```
for (Result row : table.getScanner("fam1".getBytes())) {
    System.out.format("ROW\t%s\n", new String(row.getRow()));
    for (Map.Entry<byte[], byte[]> entry : row.getFamilyMap("fam1".getBytes()). entrySet()) {
        String column = new String(entry.getKey());
        String value = new String(entry.getValue());
        System.out.format("COLUMN\tfam1:%s\t%s\n", column, value);
    }
}
```

⑤使用 HBaseAdmin.disableTable()和 HBaseAmind.deleteTable()可以删除一张表。

```
admin.disableTable("tab1");
admin.deleteTable("tab1");
```

2.3　HBase 实战

2.3.1　实战 HBase 之综例

假定有如下场景：①假定 MySQL 中有 member 表（见表 2-3），要求使用 HBase 的 Shell 接口，在 HBase 中新建并存储此表。②简述 HBase 是否适合存储问题①中的结构化数据，并简单叙述 HBase 与关系型数据库的区别。

表 2-3　结构化表 member

身份 ID	姓名	性别	年龄	教育	职业	收入
201401	aa	0	21	e0	p3	m
201402	bb	1	22	e1	p2	l
201403	cc	1	23	e2	p1	m

HBase 是按列存储的分布式数据库，它有一个列族的概念，对应表 2-3，这里的列族应当是什么呢？这需要做进一步抽象，下面将姓名、性别、年龄这三个字段抽象为个人属性（personalAttr），教育、职业、收入抽象为社会属性（socialAttr），personalAttr 列族包含 name、gender 和 age 三个限定符；同理 socialAttr 下包含 edu、prof、inco 三个限定符，表 2-4 是针对表 2-3 的进一步逻辑抽象。

表 2-4　HBase 里 member 表的逻辑模型

Key（行键）	Value（列键）					
	列族（personalAttr）			列族（socialAttr）		
身份（ID）	姓名	性别	年龄	教育	职业	收入
201401	aa	0	21	e0	p3	m
201402	bb	1	22	e1	p2	l
201403	cc	1	23	e2	P1	m

按上述思路，iclient0 上依次执行如下命令：

```
[allen@iclient0 hbase-1.1.2]$ bin/hbase shell                              #进入 HBase 命令行
HBase(main):001:0> list                                                     #查看所有表
HBase(main):002:0> create 'member','id','personalAttr','socialAttr'         #创建 member 表
HBase(main):003:0> list
HBase(main):004:0> scan 'member'                                            #查看 member 内容
HBase(main):005:0> put 'member','201401','personalAttr:name','aa'           #向 member 表中插入数据
HBase(main):006:0> put 'member','201401','personalAttr:gender','0'
HBase(main):007:0> put 'member','201401','personalAttr:age','21'
HBase(main):008:0> put 'member','201401','socialAttr:edu','e0'
HBase(main):009:0> put 'member','201401','socialAttr:job','p3'
HBase(main):010:0> put 'member','201401','socialAttr:imcome','m'
```

```
HBase(main):011:0> scan 'member'
HBase(main):012:0> disable 'member'                              #废弃 member 表
HBase(main):013:0> drop 'member'                                 #删除 member 表
HBase(main):014:0> quit
```

其实 HBase 中的数据依旧可以看成<Key,Value>对，只是它的 Value 可以是一个 List，即 <Key,ValueList>，<Key,Value1,…,ValueN>，如表中的<ID，[personalAttr，socialAttr]>，而每个列族也是一个 List，如列族 personalAttr 包含 3 个限定符：name，gender，age。读者也可以只定义一个列族，如列族 info，此列族下包含:6 个限定符。

显然表 2-4 中键 ID 数量众多，且其结构定义完整，事实上 HBase 并不适合存储这类结构化数据，HBase 设计之初是为了存储互联网上大量的半结构化数据，本例中用户甚至都可以 put 'member','201401','socialAttr:country','china'，而表中并没有定义 country 字段，但 HBase 中可以随意插入，这是它的巨大优势，这是本节开头问题②前一问的答案，针对后一问，下面简单罗列 HBase 和关系型数据库的区别。

HBase 只提供字符串这一种数据类型，其他数据类型的操作只能靠用户自行处理，而关系型数据库有丰富的数据类型；HBase 数据操作只有很简单的插入、查询、删除、修改、清空等操作，不能实现表与表关联操作，而关系型数据库有大量此类 SQL 语句和函数；HBase 基于列式存储，每个列族都由几个文件保存，不同列族的文件是分离的，关系型数据库基于表格设计和行模式保存；HBase 修改和删除数据实现上是插入带有特殊标记的新记录，而关系型数据库是数据内容的替换和修改；HBase 为分布式而设计，可通过增加机器实现性能和数据增长，而关系型数据库很难做到这一点。

2.3.2　实战 HBase 之使用 MapReduce 构建索引

1. 索引表蓝图

HBase 索引主要用于提高 HBase 中表数据的访问速度，有效地避免了全表扫描（多数查询可以仅扫描少量索引页及数据页，而不是遍历所有的数据页）。HBase 中的表根据行键被分成了多个 Regions，通常一个 Region 的一行都会包含较多的数据，如果以列值作为查询条件，就只能从第一行数据开始往下查找，直到找到相关数据为止，这显然很低效。相反，如果将经常被查询的列作为行键、行键作为列重新构造一张表，即可实现根据列值快速定位相关数据所在的行，这就是索引。显然索引表仅需要包含一个列，所以，索引表的大小和原表比起来要小得多，如图 2-10 所示为索引表与原表之间的关系。从图 2-10 中可以看出，由于索引

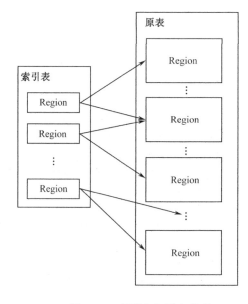

图 2-10　索引表与原表关系

表的单条记录所占空间比原表要小，所以，索引表的一个 Region 与原表相比，能包含更多条记录。

假设 HBase 中存在一张表 heroes，如表 2-5 所示。则根据列 info:name 构建的索引表如图 2-11 所示。

表 2-5　heroes 表的逻辑视图

行键	列族（info）		
	name	email	power
1	peter	peter@heroes.com	absorb abilities
2	hiro	hiro@heroes.com	bend time and space
3	sylar	sylar@heroes.com	know how things work
4	claire	claire@heroes.com	heal
5	noah	noah@heroes.com	cath the people with abilities

HBase 会自动将生成的索引表加入图 2-11 所示的结构中，从而提高搜索的效率。

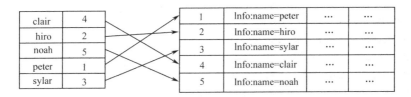

图 2-11　heroes 索引表示意

2. HBase 和 MapReduce

HBase 中的表通常是非常大的，并且还可以不断增大，所以，为表建立索引的工作量也是相当大的。为了解决类似的问题，HBase 集成了 MapReduce 框架，用于对表中的大量数据进行并行处理。前文已经对 MapReduce 的处理过程进行了详细的介绍，根据这些处理过程，HBase 为每个阶段提供了相应的类用来处理表数据。

1）InputFormat 类

HBase 实现了 TableInputFormatBase 类，该类提供了对表数据的大部分操作，其子类 TableInputFormat 则提供了完整的实现，用于处理表数据并生成键值对。TableInputFormat 类将数据表按照 Region 分割成 split，即有多少个 Regions 就有多个 splits。然后将 Region 按行键分成<key, value>对，key 值对应于行键，value 值为该行所包含的数据。

2）Mapper 类和 Reducer 类

HBase 实现了 TableMapper 类和 TableReducer 类，其中 TableMapper 类并没有实现具体的功能，只是将输入的<key, value>对的类型分别限定为 ImmutableBytesWritable 和 Result。IdentityTableMapper 类和 IdentityTableReducer 类则是上述两个类的具体实现，其和 Mapper 类及 Reducer 类一样，只是简单地将输入<key, value>对输出到下一个阶段。

3）OutputFormat 类

HBase 实现的 TableOutputFormat 将输出的<key, value>对写到指定的 HBase 表中，该类不会对 WAL（Write-Ahead Log）进行操作，即如果服务器发生故障，将面临丢失数据的风险。可以使用 MultipleTableOutputFormat 类解决这个问题，该类可以对是否写入 WAL 进行设置。

3．实现索引

构建索引表的完整源代码如下，对代码的详细分析将以注释的形式给出。运行程序需要设置运行参数，分别为表名、列族和需要建索引的列（列必须属于前面给出的列族）。如要对 heroes 中的 name 和 email 列构建索引，则运行参数应设为 heroes info name email。

```
import java.io.IOException;
import java.util.HashMap;
import org.apache.hadoop.conf.Configuration;
import org.apache.hadoop.HBase.HBaseConfiguration;
import org.apache.hadoop.HBase.client.Put;
import org.apache.hadoop.HBase.client.Result;
import org.apache.hadoop.HBase.client.Scan;
import org.apache.hadoop.HBase.io.ImmutableBytesWritable;
import org.apache.hadoop.HBase.util.Bytes;
import org.apache.hadoop.io.Writable;
import org.apache.hadoop.mapreduce.Job;
import org.apache.hadoop.mapreduce.Mapper;
import org.apache.hadoop.util.GenericOptionsParser;
public class IndexBuilder {
    //索引表唯一的一列为 INDEX:ROW，其中 INDEX 为列族
    public static final byte[] INDEX_COLUMN = Bytes.toBytes("INDEX");
    public static final byte[] INDEX_QUALIFIER = Bytes.toBytes("ROW");
    public static class Map extends Mapper<ImmutableBytesWritable, Result, ImmutableBytesWritable, Writable> {
        private byte[] family;
        //存储了"列名"到"表名-列名"的映射
        //前者用于获取某列的值，并作为索引表的键值；后者用于作为索引表的表名
        private HashMap<byte[], ImmutableBytesWritable> indexes;
        protected void map(ImmutableBytesWritable rowKey, Result result, Context context) throws IOException, InterruptedException {
            for(java.util.Map.Entry<byte[], ImmutableBytesWritable> index : indexes.entrySet()) {
                byte[] qualifier = index.getKey();       //获得列名
                ImmutableBytesWritable tableName = index.getValue();   //索引表的表名
                byte[] value = result.getValue(family, qualifier);        //根据"列族:列名"获得元素值
                if (value != null) {
                    //以列值作为行键，在列"INDEX:ROW"中插入行键
```

```
        Put put = new Put(value);
        put.add(INDEX_COLUMN, INDEX_QUALIFIER, rowKey.get());
        //在 tableName 表上执行 put 操作
        //使用 MultiOutputFormat 时，第二个参数必须是 Put 或 Delete 类型
        context.write(tableName, put);
      }
    }
  }
  //setup 为 Mapper 中的方法，该方法只在任务初始化时执行一次
  protected void setup(Context context) throws IOException,InterruptedException {
    Configuration configuration = context.getConfiguration();
    //通过 configuration.set()方法传递参数，详见下面的 configureJob 方法
    String tableName = configuration.get("index.tablename");
    String[] fields = configuration.getStrings("index.fields");
    //fields 内为需要做索引的列名
    String familyName = configuration.get("index.familyname");
    family = Bytes.toBytes(familyName);
    //初始化 indexes 方法
    indexes = new HashMap<byte[], ImmutableBytesWritable>();
    for(String field : fields) {
      // 如果给 name 做索引，则索引表的名称为"heroes-name"
indexes.put(Bytes.toBytes(field),new   ImmutableBytesWritable(Bytes.toBytes(tableName   +   "-"   +
field)));
    }
  }
}
public static Job configureJob(Configuration conf, String [] args) throws IOException {
  String tableName = args[0];
  String columnFamily = args[1];
  System.out.println("****" + tableName);
  //通过 Configuration.set()方法传递参数
  conf.set(TableInputFormat.SCAN, TableMapReduceUtil.convertScanToString(new Scan()));
  conf.set(TableInputFormat.INPUT_TABLE, tableName);
  conf.set("index.tablename", tableName);
  conf.set("index.familyname", columnFamily);
  String[] fields = new String[args.length - 2];
  for(int i = 0; i < fields.length; i++) {
    fields[i] = args[i + 2];
  }
  conf.setStrings("index.fields", fields);
  conf.set("index.familyname", "attributes");
```

```
//配置任务的运行参数
Job job = new Job(conf, tableName);
job.setJarByClass(IndexBuilder.class);
job.setMapperClass(Map.class);
job.setNumReduceTasks(0);
job.setInputFormatClass(TableInputFormat.class);
job.setOutputFormatClass(MultiTableOutputFormat.class);
return job;
}
public static void main(String[] args) throws Exception {
    Configuration conf = HBaseConfiguration.create();
    String[] otherArgs = new GenericOptionsParser(conf, args).getRemainingArgs();
    if(otherArgs.length < 3) {
        System.err.println("Only " + otherArgs.length + " arguments supplied, required: 3");
        System.err.println("Usage: IndexBuilder <NAME> " + "<FAMILY> <ATTR> [<ATTR> ...]");
        System.exit(-1);
    }
    Job job = configureJob(conf, otherArgs);
    System.exit(job.waitForCompletion(true) ? 0 : 1);
}
}
```

习题

1．既然已经有了 HDFS 来持久化"大数据"，为什么还要 HBase？

2．简述 HBase 功能作用及其体系架构。

3．在 HBase 中，".META.表"的作用是什么。

4．在 HBase 中，为什么需要 ZooKeeper？当 HMaster 宕机后，HBase 是否可继续提供读服务？

5．简述 HBase 访问接口。

6．简述使用 Maven 和不使用 Maven 时，HBase 开发环境搭建部署。

7．简述常见的 HBase 调优技术。

8．在大型系统中，HBase 最常使用的场景是什么？

9．在大型系统中，如何使用 HBase 提供在线实时服务？

10．在大型集群中，如何确保 HBase 集群本身安全性？如何确保 HBase 数据安全性？

11．简述 HRegionServer 分裂过程。

12．简述 HBase 和 Hive 区别。

参考文献

[1]　http://hbase.apache.org/.

[2]　http://hbase.apache.org/book.html.

[3]　刘鹏．云计算（第三版）[M]．北京：电子工业出版社，2015.

[4]　http://www.tbdata.org/archives/1509/.

[5]　Tom White．Hadoop 权威指南（第 3 版）[M]．华东师范大学数据科学与工程学院，译．北京：清华大学出版社，2015.

[6]　Tom White．Hadoop 权威指南（第 3 版）[M]．华东师范大学数据科学与工程学院，译．北京：清华大学出版社，2015.

第 3 章　数据仓库工具 Hive

Hive[1]是一个构建在 Hadoop 上的数据仓库平台，其设计目标是使 Hadoop 上的数据操作与传统 SQL 结合，让熟悉 SQL 编程的开发人员能够轻松向 Hadoop 平台迁移。Hive 是 Facebook 信息平台的重要组成部分，Facebook 在 2008 年将其贡献给 Apache，现已成为 Apache 旗下的一个独立的子项目。

Hive 可以在 HDFS 上构建数据仓库来存储结构化的数据，这些数据是来源于 HDFS 上的原始数据，Hive 提供了类似于 SQL 的查询语言 HiveQL，可以执行查询、变换数据等操作。通过解析，HiveQL 语句在底层被转换为相应的 MapReduce 操作。它还提供了一系列的工具进行数据提取转化加载，用来存储、查询和分析存储在 Hadoop 中的大规模数据集，并支持 UDF（User-Defined Function）、UDAF（User-Defined Aggregate Function）和 UDTF（User-Defined Table-Generating Function），也可以实现对 map 和 reduce 函数的定制，为数据操作提供了良好的伸缩性和可扩展性。

本章在介绍 Hive 的工作原理及其体系架构后，将重点讲述编写 HiveQL 完成大数据分析。

3.1　Hive 简介

Hive 是一个构建在 Hadoop 上的数据仓库框架，它起源于 Facebook 内部信息处理平台。由于需要处理大量社会网络数据，考虑到扩展性，Facebook 最终选择 Hadoop 作为存储和处理平台。Hive 的设计目的是让 Facebook 内精通 SQL（但 Java 编程相对较弱）的分析师能够以类 SQL 的方式查询存放在 HDFS 的大规模数据集。

3.1.1　工作原理

Hive 非常简单，本质上，其相当于一个 MapReduce 和 HDFS 的翻译终端。用户提交 Hive 脚本后，Hive 运行时环境会将这些脚本翻译成 MapReduce 和 HDFS 操作并向集群提交这些操作[2]。

如图 3-1 所示为 Hive 工作原理图。

当用户向 Hive 提交其编写的 HiveQL 后，首先，Hive 运行时环境会将这些脚本翻译成 MapReduce 和 HDFS 操作；紧接着，Hive 运行时环境使用 Hadoop 命令行接口向 Hadoop 集群提交这些 MapReduce 和 HDFS 操作；最后，Hadoop 集群逐步执行这些 MapReduce 和 HDFS 操作，整个过程可概括如下：

（1）用户编写 HiveQL 并向 Hive 运行时环境提交该 HiveQL（图 3-1 中 Step1）。

（2）Hive 运行时环境将该 HiveQL 翻译成 MapReduce 和 HDFS 操作（图 3-1 中 Step2）。

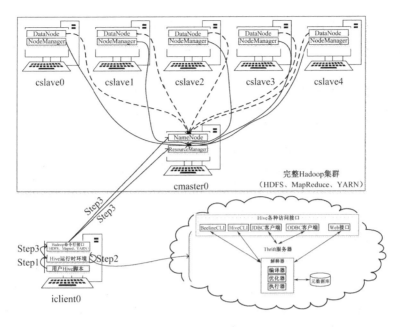

图 3-1 Hive 工作原理图

（3）Hive 运行时环境调用 Hadoop 命令行接口或程序接口，向 Hadoop 集群提交翻译后的 HiveQL（图 3-1 中 Step3）。

（4）Hadoop 集群执行 HiveQL 翻译后的 MapReduce-App 或 HDFS-App（图 3-1 中未标）。

由上述执行过程可知，Hive 的核心是其运行时环境，该环境能够将类 SQL 语句翻译成 MapReduce，下一节将深入 Hive 内部，剖析其执行机制。

3.1.2 体系架构

Hive 主要包含 Shell 环境、元数据库、解析器等组件，如图 3-2 所示，按功能，可将这些组件分成如下几大模块。

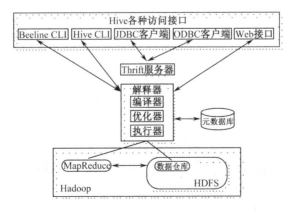

图 3-2 Hive 体系架构

用户接口：包括 Hive Shell、Thrift 客户端、Web 接口。

Thrift[3]服务器：当 Hive 以服务器模式运行时，可以作为 Thrift 服务器，供多个客户端同时使用 Hive。

元数据库：Hive 元数据（如表信息）的集中存放地。

解析器：包括解释器、编译器、优化器、执行器。其是将 HiveQL 翻译成 MapReduce 和 HDFS 的核心部件。

Hadoop：底层分布式存储和计算引擎。

需要注意的是，上述 Hadoop 集群并不属于 Hive 运行时环境。实际上，Hive 就相当于 Hadoop 的一个智能终端，该终端的核心作用是支持编写、翻译，并（向 Hadoop 集群）提交类 SQL 的大数据分析语句。

3.1.3 计算模型

Hive 的 SQL 称为 HiveQL，它与大部分的 SQL 语法兼容。不过，由于无论中间怎么"折腾"，其最终都是翻译成 MapReduce 和 HDFS，其必然有独特之处，比如 HiveQL 不支持更新操作，再比如 HiveQL 中有 MAP 和 REDUCE 子句等。目前，Hive 上已开发的函数集可满足绝大部分需求，下面简介 Hive 数据类型与常用函数，至于 Hive 表类型、桶和分区等这里不深入介绍。

1. 数据类型

Hive 支持基本类型和复杂类型，基本类型主要有数值型、布尔型和字符串，复杂类型为 ARRAY、MAP 和 STRUCT。

2. 操作和函数

HiveQL 操作符类似于 SQL 操作符，如关系操作（如 x='a'）、算术操作（如加法 x+1）、逻辑操作（如逻辑或 x or y），这些操作符使用起来和 SQL 一样。

Hive 提供了数理统计、字符串操作、条件操作等大量的内置函数，用户可在 Hive Shell 端中输入"SHOW FUNCTION"获取函数列表，此外，用户还可以自己编写函数。

3. 计算模型实例

以下为一个 Hive 计算模式实例，显然，其建表语句和 SQL 非常类似，简单明了。唯一不同的是，该建表语句的最后一行指定了分隔符和存储格式，这是由于在 HDFS 中存储数据时，必须指定字段间分割符和存储格式。

```
CREATE TABLE u_data(
    userid INT,
    movieid INT,
    rating INT,
    unixtime STRING
)ROW FORMAT DELIMITED FIELDS TERMINATED BY '\t' STORED AS TEXTFILE;
```

待建好表后，可使用下述语句，查询该表中的指定数据。

```
SELECT COUNT(*) FROM u_data;
```

由于新建的 u_data 中并无数据，上述语句执行结果应当为空，编者将会在实战环节再次讲述该语句。

3.1.4　Hive 部署模式

相对于其他组件，Hive 部署[4]要复杂得多，按 Metastore 存储位置的不同，其部署模式分为内嵌模式、本地模式和完全远程模式三种。当使用完全模式时，可以供很多用户同时访问并操作 Hive，并且此模式还提供各类接口（BeeLine、CLI 甚至是 Pig），下面简单介绍这三种模式。

1．内嵌模式

内嵌模式是安装时的默认部署模式，此时元数据存储在一个内嵌数据库 Derby 中，并且所有组件（如数据库、元数据服务）都运行在同一个进程内，这种模式下，一段时间内只支持一个活动用户。但这种模式配置简单，所需机器较少，限于集群规模，本节 Hive 部署即采用这种模式，如图 3-3 所示。

2．本地模式

此模式是 Hive 元数据服务依旧运行在 Hive 服务主进程中，但元数据存储在独立数据库中（可以是远程机器），当涉及元数据操作时，Hive 服务中的元数据服务模块会通过 JDBC 和存储于 DB 中的元数据数据库交互如图 3-4 所示。

图 3-3　内嵌模式示例　　　　　　图 3-4　本地模式示例

3．完全远程模式

此时，元数据服务以独立进程运行，并且元数据存储在一个独立的数据库中。此时 HiveServer2、Hhatalog、Pig 等其他进程可以使用 Thrift 客户端通过网络来获取元数据服务。而 Metastore service 则通过 JDBC 和存储在数据库（如 MySQL）中的 Metastore database 交互。其实，这也是典型的网站架构模式，前台页面给出查询语句，中间层使用 Thrift 网络 API 将查询传到 Metastore service，接着 Metastore service 根据查询得出相应结果，并给出回应，如图 3-5 所示，littleCstor 中的 Hive 即属于该模式。

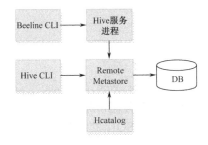

图 3-5　完全远程模式示例

3.2 Hive 的使用

3.2.1 Hive 的数据类型

Hive 支持基本类型和复杂类型，基本类型主要有数值型、布尔型和字符串型，复杂类型有三种：ARRAY、MAP 和 STRUCT，如表 3-1 所示。

表 3-1 数据类型

		大小	描述
基本类型	TINYINT	1 字节	有符号整数
	SMALLINT	2 字节	有符号整数
	INT	4 字节	有符号整数
	BIGINT	8 字节	有符号整数
	FLOAT	4 字节	单精度浮点数
	DOUBLE	8 字节	双精度浮点数
	BOOLEAN	~	取 true/false
	STRING	最大 2GB	字符串，类似于 sql 中的 varchar 类型
复杂类型	ARRAY	不限	一组有序字段，字段类型必须相同
	MAP	不限	无序键值对，键值内部字段类型必须相同
	STRUCT	不限	一组字段，字段类型可以不同

基本类型可以隐式向上转换，特别需要注意的是 STRING 类型可以转换为 DOUBLE。

3.2.2 Hive 接口汇总

Hive 接口指的是用户取得 Hive 服务的途径，作为大数据处理领域最常用的数据仓库，针对不同的上层应用，Hive 主要提供了如下多种接口：

- Hive Web 接口。
- Hive Shell 接口。
- Hive API 接口。
- Hcatalog 接口。
- Pig 接口。
- Beeline 接口。

Hive Web 接口简称为 HWI（Hive Web Interface），其是 Hive Shell 接口的一个替代方案，通过该界面，用户可在页面上管理常见的表。

既然 Hive 的核心功能是提供类 SQL 的运行时环境，则其 Shell 接口必然是重中之重，通过 Shell 接口，程序员和分析师很容易编写 HiveQL 来实现新建表和查询表操作，接下来的章节重点介绍 Hive 的 Shell 接口。

Hive API 面向使用 Java 或 Python 编程的数据分析师，通过该接口，分析师可编写函数库中没有的复杂查询语句。不过，当分析师编写好用户自定义函数后，执行时，一般依旧是在 Hive Shell 接口执行，接下来的章节中将会涉及用户自定义函数。

关于通过 Pig、Beeline 和 Hcatalog 获取 Hive 服务，限于篇幅，本章不再讲解。

3.3　实战 Hive Shell

对于要学习 Hive 的读者，官方有详细的学习文档，本节所有实例均来自该文档，其官方网址为"https://cwiki.apache.org/confluence/display/Hive/GettingStarted"。若该地址失效，读者可使用 Google、Bing 或 Baidu，直接搜索"Hive"，进入官网后，单击"Getting Started Guide"即可看到本文档[5]。

3.3.1　DDL 操作

常见的 DDL（Data Definition Language）操作包括新建表、显示表、更改表和删除表，下面分别给出实例。

1．创建 pokes 表

默认情况下，新建表的存储格式均为 Text 类型，字段间默认分隔符为键盘上的 Tab 键，下面为两个建表示例。

```
hive> CREATE TABLE pokes (foo INT, bar STRING);
```

上述命令创建有两个字段的 pokes 表，其中，第一个列名为 foo，数据类型为 INT，第二个列名为 bar，数据类型为 STRING。

```
hive> CREATE TABLE invites (foo INT, bar STRING) PARTITIONED BY (ds STRING);
```

上述命令创建有两个实体列和一个（虚拟的）分区字段的 invites 表，注意分区字段并不属于 invites 表，当向 invites 导入数据时，ds 字段会用来过滤导入的数据。

2．显示所有表

```
hive> SHOW TABLES;
```

显然，上述语句和 MySQL 中的 show 很类似，同 MySQL 中操作一样，Hive 也支持正则查询，比如命令只显示以 s 结尾的表：

```
hive> SHOW TABLES '.*s';
```

3．显示表列

```
hive> DESCRIBE invites;
```

上述命令用来显示表中定义的列项。

4．更改表

```
hive> ALTER TABLE events RENAME TO 3koobecaf;
hive> ALTER TABLE pokes ADD COLUMNS (new_col INT);
hive> ALTER TABLE invites ADD COLUMNS (new_col2 INT COMMENT 'a comment');
hive> ALTER TABLE invites REPLACE COLUMNS (foo INT, bar STRING, baz INT COMMENT 'baz
replaces new_col2');
```

上述第一条语句为将 events 表重命名为 3koobecaf，第二条语句实现向 pokes 中新增一列（列名为 new_col），第三条语句新增列时加了注解。

第四条语句则较为复杂，其会更换原来 invites 表中所有列名，不过，原有的数据并不会发生改变，显然对该语句稍加更改，可实现删除列操作，如：

hive> ALTER TABLE invites REPLACE COLUMNS (foo INT COMMENT 'only keep the first column');

上述语句实际上删除了 bar 和 baz 两列。

5. 删除表

hive> DROP TABLE pokes;

3.3.2 DML 操作

DML（Data Manipulation Language）操作指的是将数据导入 Hive 表。显然，要向 Hive 表中导入数据，首先需有数据，此处直接使用 Hive 提供的测试数据，其位于"/home/allen/apache-hive-1.2.1-bin/examples/files/"文件夹下。

hive> LOAD DATA LOCAL INPATH './examples/files/kv1.txt' OVERWRITE INTO TABLE pokes;

上述语句实现将 kv1.txt 导入 pokes 表，该命令执行时会覆盖 pokes 中的原有数据。其中，'LOCAL' 选项指明 kv1.txt 位于本地，若未加此项则默认文件位于 HDFS；'OVERWRITE' 选项表明删除 kv1.txt 表中之前已有数据。

需要注意的是，该语句执行时 Hive 并不会检测 kv1.txt 中到底有几列，第一列字段到底是不是 INT 类型，该语句就是一个申明语句，仅此而已。此外，若文件位于 HDFS，该命令实际上是一个移动操作，其会将 HDFS 中原路径移至 Hive 数据目录，比如编者此处 Hive 数据目录前缀为"/home/allen/hive/warehouse"，由于表名为 pokes，故完成 HDFS 中，完整路径为"/home/allen/hive/warehouse/pokes/kv1.txt"。

hive> LOAD DATA LOCAL INPATH './examples/files/kv2.txt' OVERWRITE INTO TABLE invites PARTITION (ds='2008-08-15');

hive> LOAD DATA LOCAL INPATH './examples/files/kv3.txt' OVERWRITE INTO TABLE invites PARTITION (ds='2008-08-08');

上述语句实现将数据导入 invites 表中两个不同分区。

hive> LOAD DATA INPATH '/user/allen/kv2.txt' OVERWRITE INTO TABLE invites PARTITION (ds='2008-08-15');

上述语句将 HDFS 中的"/user/allen/kv2.txt"文件导入 invites 表。

3.3.3 SQL 操作

常见 SQL 语句包括 SELECT、GROUP、JOIN 等，下面逐一以实例讲述。

1. SELECTS and FILTERS

hive> SELECT a.foo FROM invites a WHERE a.ds='2008-08-15';

查找 invites 表中 foo 列 ds 为 2008-08-15 的所有数据，Hive 会调用 MapReduce 执行该语句并将结果输出到控制台。

hive> INSERT OVERWRITE DIRECTORY '/tmp/hdfs_out' SELECT a.* FROM invites a WHERE a.ds='2008-08-15';

和第一条命令功能类似，不同的是，其将结果集存入了 HDFS 中的 "/tmp/hdfs_out"
目录。

```
hive> INSERT OVERWRITE LOCAL DIRECTORY '/tmp/local_out' SELECT a.* FROM pokes a;
```

将 pokes 表中所有列的数据都导入本地文件系统的 "/tmp/local_out" 目录下。

```
hive> INSERT OVERWRITE TABLE events SELECT a.* FROM profiles a;
hive> INSERT OVERWRITE TABLE events SELECT a.* FROM profiles a WHERE a.key < 100;
hive> INSERT OVERWRITE LOCAL DIRECTORY '/tmp/reg_3' SELECT a.* FROM events a;
hive> INSERT OVERWRITE DIRECTORY '/tmp/reg_4' select a.invites, a.pokes FROM profiles a;
hive> INSERT OVERWRITE DIRECTORY '/tmp/reg_5' SELECT COUNT(*) FROM invites a WHERE
a.ds='2008-08-15';
hive> INSERT OVERWRITE DIRECTORY '/tmp/reg_5' SELECT a.foo, a.bar FROM invites a;
hive> INSERT OVERWRITE LOCAL DIRECTORY '/tmp/sum' SELECT SUM(a.pc) FROM pc1 a;
```

上述命令演示了常见的函数，请读者逐一练习。

2. GROUP BY

```
hive> FROM invites a INSERT OVERWRITE TABLE events SELECT a.bar, count(*) WHERE a.foo > 0
GROUP BY a.bar;
hive> INSERT OVERWRITE TABLE events SELECT a.bar, count(*) FROM invites a WHERE a.foo > 0
GROUP BY a.bar;
```

3. JOIN

```
hive> FROM pokes t1 JOIN invites t2 ON (t1.bar = t2.bar) INSERT OVERWRITE TABLE events
SELECT t1.bar, t1.foo, t2.foo;
```

4. MULTITABLE INSERT

```
FROM src
INSERT OVERWRITE TABLE dest1 SELECT src.* WHERE src.key < 100
INSERT OVERWRITE TABLE dest2 SELECT src.key, src.value WHERE src.key >= 100 and src.key < 200
INSERT OVERWRITE TABLE dest3 PARTITION(ds='2008-04-08', hr='12') SELECT src.key WHERE
src.key >= 200 and src.key < 300
INSERT OVERWRITE LOCAL DIRECTORY '/tmp/dest4.out' SELECT src.value WHERE src.key >=
300;
```

5. STREAMING

```
hive> FROM invites a INSERT OVERWRITE TABLE events SELECT TRANSFORM(a.foo, a.bar) AS
(oof, rab) USING '/bin/cat' WHERE a.ds > '2008-08-09';
```

3.4　实战 Hive 之复杂语句

本节示例参考 "https://cwiki.apache.org/confluence/display/Hive/GettingStarted"，该示
例是 Hive 进阶的经典例题，若该地址失效，读者可使用 Google、Bing 或 Baidu，直接
搜索 "Hive"，进入官网后，单击 "Getting Started Guide" 即可看到本文档。

下面的语句主要完成新建表 u_data 并向其导入本地某数据，实际操作时，步骤
如下。

1. 创建表

以下语句为创建有四个字段的 u_data 表：

```
hive> CREATE TABLE u_data (
    >    userid INT,
    >    movieid INT,
    >    rating INT,
    >    unixtime STRING,
    > ) ROW FORMAT DELIMITED FIELDS TERMINATED BY '\t' STORED AS TEXTFILE;
```

2. 导入数据

建好表后，向表中导入数据，下面的操作实现向 u_data 表中导入大量数据。

1）准备数据

如下命令完成下载并解压一机器学习文件：

```
[allen@iclient0 ~]$ wget http://files.grouplens.org/datasets/movielens/ml-100k.zip
[allen@iclient0 ~]$ unzip ml-100k.zip
```

2）向 u_data 表中导入数据

下述命令实现将解压后的 u.data 内容导入 u_data 表中。

```
hive> LOAD DATA LOCAL INPATH '/home/allen/ml-100k/u.data' OVERWRITE INTO TABLE u_data;
```

3. Select 查询语句

如下语句实现统计表中数据有多少条，该语句执行时，Hive 运行时环境会将该语句翻译成 MapReduce 操作并向 Hadoop 集群提交该操作：

```
hive> SELECT COUNT(*) FROM u_data;
```

上述操作结束，下述命令完成新建 u_data_new 表，在建表时调用 Python 脚本并使用 u_data 中的数据，执行步骤如下：

（1）编写 weekday_mapper.py 脚本。

```
for line in sys.stdin:
    line = line.strip()
    userid, movieid, rating, unixtime = line.split('\t')
    weekday = datetime.datetime.fromtimestamp(float(unixtime)).isoweekday()
    print '\t'.join([userid, movieid, rating, str(weekday)])
```

（2）新建 u_data_new 表。

```
hive> CREATE TABLE u_data_new (
    >    userid INT,
    >    movieid INT,
    >    rating INT,
    >    weekday INT
    > ) ROW FORMAT DELIMITED FIELDS TERMINATED BY '\t';
```

（3）向 u_data_new 表中导入 u_data 表中的数据。

```
hive> add FILE weekday_mapper.py;
hive> INSERT OVERWRITE TABLE u_data_new
```

```
> SELECT
>     TRANSFORM (userid, movieid, rating, unixtime)
>     USING 'python weekday_mapper.py'
>     AS (userid, movieid, rating, weekday)
> FROM u_data;
```

（4）使用复杂 Select 语句查询 u_data_new 表中的数据。

```
hive> SELECT weekday, COUNT(*) FROM u_data_new GROUP BY weekday;
```

3.5　实战 Hive 之综合示例

本实战完成：①进入 Hive 命令行接口，获取 Hive 函数列表并单独查询 count 函数用法。②在 Hive 中新建 member 表，并将表 3-2 中的数据载入 Hive 的 member 表中。③查询 member 表中的所有记录，查询 member 表中 gender 值为 1 的记录，查询 member 表中 gender 值为 1 且 age 为 22 的记录，统计 member 中男性和女性出现次数。下面按问题顺序依次讲述。

表 3-2　结构化表 member

身份 ID	姓名	性别	年龄	教育	职业	收入
201401	aa	0	21	e0	p3	m
201402	bb	1	22	e1	p2	l
201403	cc	1	23	e2	p1	m

①该问题非常简单，参考下面两条命令即可，注意示例中所有操作均在 iclient0 上以 allen 用户执行。

```
[allen@iclient0 ~]# hive                          #进入 Hive 命令行
hive>show functions;                              #获取 Hive 所有函数列表
hive>describe function count;                      #查看 count 函数用法
```

②对于问题，显然应先为表准备数据，即在 iclient 目录"/home/allen"下新建文件 memberData 并写入如下内容，注意记录间为换行符，字段间以 Tab 键分隔。

```
201401 aa 0 21 e0 p3 m
201402 bb 1 22 e1 p2 l
201403 cc 1 22 e2 p1 m
```

下面建表时将赋予各个字段合适的含义与类型，由于较为简单，可直接参考下面的语句，这里不再赘述。

```
hive>show tables;                #查看当前 Hive 仓库中所有表（以确定当前无 member 表）
hive>create table member(id int,name string,gender tinyint,age tinyint,edu string,prof string,income
string)row format delimited fields terminated by '\t';        #使用合适字段与类型，新建 member 表
hive>show tables;                #再次查看，将显示 member 表
hive>load data local inpath '/home/allen/memberData' into table member;    #将本地文件 m..载入 HDFS
hive>select * from member;                        #查看表中所有记录
hive>select * from member where gender=1;          #查看表中 gender 值为 1 的记录
hive>select * from member where gender=1 AND age=23;#查看表中 gender 值为 1 且 age 为 23 的记录
```

hive>select gender,count(*) from member group by gender;	#统计男女出现总次数
hive>drop table member;	#删除 member 表
hive>quit;	#退出 Hive 命令行接口

统计表中"男女出现次数"是一个常见的 SQL 操作，其原理和 MapReduce 的 WordCount 相同，显然，Hive 将 Hadoop 抽象成了 SQL 类型的数据仓库。

3.6 实战 Hive API 接口

虽然 HiveQL 内置了 216 个函数[6]，但在某些特殊场景下，可能还是需要自定义函数。Hive 的 UDF 包括三种：UDF（User-Defined Function）、UDAF（User-Defined Aggregate Function）和 UDTF（User-Defined Table-Generating Function）。普通 UDF 支持一个输入产生一个输出，UDAF 支持多个输入一个输出，UDTF 支持一个输入多个输出。Hive 只支持 Java 编写的 UDF，其他的编程语言只能通过 select transform 转化为流来与 Hive 交互。下面通过两个编程示例说明如何编写 UDF，以及在 Hive 中如何使用 UDF。

3.6.1　UDF 编程示例

UDF 类[7]必须继承自 org.apache.Hadoop.hive.ql.exec.UDF 类，并且实现 evaluate 方法。下面编写一个对查询结果进行大小写转换的 UDF，步骤如下：

（1）在 Eclipse 中新建 Java 工程。

（2）导入 Hive 的 lib 目录下的 jar 包，本例用到 org.apache.hadoop.io 包，所以，也需要将 Hadoop 的 jar 包导入。

（3）新建包 com.cstore，在包下建立 lower_Or_UpperCase.java，可以有多个 evaluate 方法，依据参数的类型和个数来区分。

Lower_Or_UpperCase.java 代码如下：

```
package com.cstore;
import org.apache.hadoop.hive.ql.exec.UDF;
import org.apache.hadoop.io.Text;
//继承 UDF
public class lower_Or_UpperCase    extends UDF {
    //实现至少一个 evaluate 方法
    public Text evaluate(Text t,String up_or_lower){
        if (t == null){return null;}
        //依据标识参数，转换大小写
        else if (up_or_lower.equals("lowercase")){
            return new Text(t.toString().toLowerCase());}
        else if (up_or_lower.equals("uppercase")){
        return new Text(t.toString().toUpperCase());}
        else
            return null;
}}
```

（4）检查代码无误后打成 jar 包，jar 包名为 uporlower.jar，存放在/home/allen 目录下。

（5）进入 Hive 的 Shell，用 add jar 命令把 jar 包导入 Hive 的环境变量中，用 create temporary function as 命令基于 jar 包中的类创建临时函数，之后就可以在查询中使用函数了；这一过程执行的命令和部分输出如下：

```
hive> add jar /home/dengpeng/uporlower.jar;
Added /home/dengpeng/uporlower.jar to class path
Added resource: /home/dengpeng/uporlower.jar
hive> create temporary function uporlower as 'com.cstore.lower_Or_UpperCase';
OK
Time taken: 0.0030 seconds
hive> select uporlower(name,'uppercase') from userinfo;
OK
JACK
KAM
......
```

（6）最后可以把不再需要的函数销毁。

```
hive> drop temporary function uporlower;
```

3.6.2　UDAF 编程示例

UDAF 类必须继承自 org.apache.hadoop.hive.ql.exec.UDAF 类，并且在其内部类中必须实现 org.apache.hadoop.hive.ql.exec.UDAFEvaluator 接口，UDAFEvaluator 接口有五个方法，分别为：

① init 方法负责对中间结果实现初始化。

② iterate 接收传入的参数，并进行内部的轮转，其返回类型为 boolean。

③ terminatePartial 没有参数，负责返回 iterate 函数轮转后的数据。

④ merge 接收 terminatePartial 的返回结果，合并接收的中间值，返回类型为 boolean。

⑤ terminate 返回最终结果。

下面编写一个对查询结果求几何平均值的 UDAF，代码如下：

```
import org.apache.hadoop.hive.ql.exec.UDAF;
import org.apache.hadoop.hive.ql.exec.UDAFEvaluator;
import org.apache.hadoop.io.IntWritable;
public class GeometricMean extends UDAF    {
    public static class midResult {
        public long numCount;
        public double multSum;
    }
    public static class GMEvaluator implements UDAFEvaluator {
        midResult midr;
        public GMEvaluator() {
            super();
            midr = new midResult();
```

```
            init();
        }
        public void init() {
            midr.multSum = 1;
            midr.numCount = 0;
        }
        public boolean iterate(IntWritable a) {
            if (a != null) {
                midr.multSum*= a.get();
                midr.numCount++;
            }
            return true;
        }
        public midResult terminatePartial() {
            return    midr.numCount == 0 ? null :    midr;
        }
        public boolean merge(midResult b) {
            if (b != null) {
                midr.numCount*= b.numCount;
                midr.multSum += b.multSum;
            }
            return true;
        }
        public Double terminate() {
            return    midr.numCount == 0 ? null : Math.pow( midr.multSum, 1.0/midr.numCount);
        }
}}
```

UDAF 程序的使用方式与 UDF 是一样的，这里不再详述。

习题

1. 既然 Hive 任务最终还是翻译成了 MapReduce，为何需要 Hive？

2. 简述 Hive 功能作用及其体系架构。

3. 当 Hive 元数据存储在不同位置时，给 Hive 集群带来何种影响？

4. 简述手工部署 Hive、使用 Ambari 部署 Hive 的步骤。

5. 简述 Hive 访问接口。

6. 简述使用 Maven 和不使用 Maven 时，Hive 开发环境搭建部署。

7. 简述常见的 Hive 调优技术。

8. 在大型系统中，Hive 最常使用的场景是什么？

9. 在大型系统中，现有一个 Hive 工作流（如报表），如何定时触发该工作流？

10. 对相同的数据和业务逻辑，试编写使用桶分区的 HiveQL 和不使用桶分区的 HiveQL，试比较两者的执行效率。

11. 在大型集群中，如何确保 Hive 集群自身安全性？Hive 数据呢？

12. 在一个大型集群中，对于一个长期运行的 Hive，如何以后台方式运行该工作流？

参考文献

[1]　http://hive.apache.org/.

[2]　刘鹏. 云计算（第三版）[M]. 北京：电子工业出版社，2015.

[3]　http://baike.baidu.com/view/1698865.htm.

[4]　https://cwiki.apache.org/confluence/display/Hive/Home.

[5]　https://cwiki.apache.org/confluence/display/Hive/GettingStarted.

[6]　Edward Capriolo，Dean Wampler，Jason Rutherglen. Hive 编程指南[M]. 曹坤，译. 北京：人民邮电出版社，2013.

[7]　https://cwiki.apache.org/confluence/display/Hive/LanguageManual+UDF.

第 4 章　大数据查询系统 Impala

大数据处理是云计算中非常重要的领域，自 Google 公司提出 MapReduce 分布式处理框架以来，以 Hadoop 为代表的开源软件受到越来越多公司的重视和青睐。本章将讲述 Hadoop 系统中的一个新成员：Impala。

4.1　Impala 简介

本节主要介绍 Impala 的起源、特点及竞争对手。

4.1.1　Impala 的起源

Impala[1]起源于谷歌的 Dremel 大数据快速分析处理平台论文，是 Cloudera 公司发布的实时查询开源项目，在 Hadoop 生态圈中扮演着非常重要的角色。Impala 是一个开源的、可以进行快速查询的 Clouera 核心组件，能够对存储在 HDFS 或 HBase 中的 Hadoop PB 级大数据进行交互式实时查询。Impala 在大数据处理中的位置如图 4-1 所示。

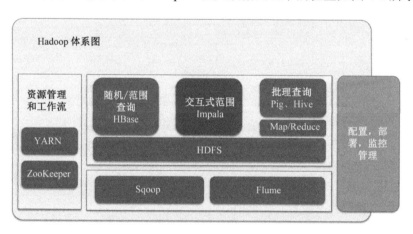

图 4-1　Impala 在大数据处理中的位置

4.1.2　Impala 的特点

Impala 是一种进行大数据查询的补充工具，并不是为了取代 Hive 或其他基于 MapReduce 的分布式处理框架。Hive 或其他基于 MapReduce 的计算框架非常适合长时间运行的批处理作业，而 Impala 专注于实时处理。Impala 没有使用 Hive+MapReduce 批处理，而是直接使用 Select、Join 和统计函数查询数据，其最大优点也是最大特点就是快速。

Impala 的特点如下：

- 提供了数据科学家、分析人员熟悉的 SQL 接口。
- 支持最常见的 HQL 语言，包括 Select、Join 和聚合函数。
- 支持 HDFS 和 Hbase 作为存储介质，可以交互式查询 Apache Hadoop 中的大数据，实时性强。
- 支持以下用户接口。
  —— JDBC Driver
  —— ODBC Driver
  —— Hue
  —— Impala-shell
- 支持 Kerberos 认证方式。
- 可同时进行大数据处理、分析的单一系统，用户可以避免为了分析进行昂贵的建模、ETL 操作。

总之，Impala 具备的特点为其在使用上带来极大的便利。

4.1.3　Impala 前辈及竞争对手

在 Impala 之前，主要存在两位重量级的"前辈"Hive 和 Dremel。

1. Hive

Hive 是一个构建在 Hadoop 上的数据仓库框架，其设计目的是让精通 SQL 技能（但 Java 编程技能相对较弱）的分析师能够对 Facebook 存放在 HDFS 中的大规模数据集执行查询。今天，Hive 已经是一个成功的 Apache 项目，很多组织把它用做一个通用的、可伸缩的数据处理平台。

2. Dremel

Dremel 是 Google 的交互式数据分析系统，可以组建成规模上千的集群，处理 PB 级别的数据，可以作为 MapReduce 的有力补充。

目前，Impala 的竞争对手主要有如下几个：

- 伯克利 ampLab Shark——RDD 模型。
- IBM（Big SQL）。
- Hortonworks（Stinger）。
- MapR（Drill）。
- Pivotal（HAWQ）。
- Teradata（SQL-H）。

4.2　Impala 工作原理

本节主要介绍 Impala 的工作原理[2]。通过分析 Impala 的技术架构，可以帮助我们初步理解 Impala 的工作原理。学习完本节，应了解以下内容：

- Impala 设计目标。
- Impala 服务器组件。
- Impala 编程特点。
- Impala 在 Hadoop 生态圈中的生存之道。

4.2.1　Impala 设计目标

Impala 最基本的设计目标应当包括具有查询能力，以及如何与 Hadoop 集成。

（1）支持通用 SQL 查询引擎。

- 同时支持分析型和事务型任务。
- 支持多用户高并发查询。
- 支持耗时从毫秒到小时的查询任务。
- 支持 SQL9.2 标准。
- 支持 ODBC/JDBC。

（2）与 Hadoop 集成。

- 支持 Hadoop 所使用的各种文件格式（如 Text\line Sequence\RCFile\Avro）。
- 依赖于 Hadoop 体系（如数据存储寄托在 HDFS 或 Hbase 之上；Meta 数据管理利用 Hive 的 Metestore；查询可利用 Hue，等等）。
- 和 Hadoop 系统混合部署。

4.2.2　Impala 服务器组件

Impala 服务器是一个分布式、大规模并行处理（Massively Parallel Processing，MPP）数据库引擎，包括运行在 CDH 集群主机上的不同后台进程。

1．Impala Deamon

Impala Deamon 是运行在集群每个节点上的守护进程，是 Impala 的核心组件，在每个节点上这个进程的名称为 Impalad。该进程负责读/写数据文件；接受来自 Impala-shell、Hue、JDBC、ODBC 等客户端的查询请求（接收查询请求的 Impalad 为 Coordinator），Coordinator 通过 JNI 调用 Java 前端解释 SQL 查询语句，生成查询计划树，再通过调度器把执行计划分发给具有相应数据的其他节点分布式并行执行，并将各节点的查询结果返回给中心协调者节点 Coordinator，再由该节点返回给客户端。同时 Impalad 会与 State Store 保持通信，以了解其他节点的健康状况和负载。

2．Impala State Store

该进程负责搜集集群中 Impalad 进程节点的健康状况，它通过创建多个线程来处理 Impalad 的注册订阅，并与各节点保持心跳连接，不断地将健康状况的结果转发给所有的 Impalad 进程节点。一个 Impala 集群只需一个 statestored 进程节点，当某一节点不可用时，该进程负责将这一信息传递给所有的 Impalad 进程节点，再有新的查询时不会把请求发送到不可用的节点上。

3. Impala Shell

Impala Shell 提供给用户查询使用的命令行交互工具，供使用者发起数据查询或管理任务，同时 Impala 还提供了 Hue、JDBC、ODBC 等使用接口。

4.2.3　Impala 编程特点

Impala 核心的开发语言是 SQL 语句。Impala 可以通过 JDBC/ODBC 接口为其他语言提供服务，如 BI 工具。对于某种特定类型的分析需求，也可以使用 C++或者 Java 编写 SQL 内嵌函数 UDF。

Impala 的出现，并不是为了取代 Hive。为了方便用户使用，Impala 编程（Impala SQL）与 Hive 编程（HiveQL）具有高度的兼容性，具体表现在以下几个方面：

（1）因为 Impala 使用与 Hive 记录表结构和属性信息相同的元数据存储，因此，Impala 既可以访问在 Impala 中创建的表，也可以访问使用 Hive 数据定义语言（DDL）创建的表。

（2）Impala 支持的数据操作语言（DML）语句与 HiveQL 中的 DML 组件类似。

（3）Impala 提供了许多内置函数（built-in functions），与 HiveQL 中对应的函数具有相同的函数名与参数类型。

Impala 支持大多数 HiveQL 中的语句与子句，包括但不限于 JOIN、AGGREGATE、DISTINCT、UNION ALL、ORDER BY、LIMIT 和 FROM 子句中的子查询。Impala 同样支持 INSERT INTO 和 INSERT OVERWRITE 语句。

此外，Impala 支持与 Hive 对应数据类型完全相同的名称和语义的数据类型，如 string、tinyint、smallint、int、bigint、float、double、boolean、string、timestamp。

总之，大多数 HiveQL 中的 SELECT 和 INSERT 语句不需要修改就可以运行在 Impala 中。感兴趣的读者可以在 Cloudera Impala Release Notes 中进一步查询在当前版本中两者区别的信息。

4.2.4　Impala 在 Hadoop 生态圈中的生存之道

Impala 在 Hadoop 生态圈中扮演着非常重要的角色，下面通过分析它和生态圈中其他组件的联系，具体讲述它的生存之道。

1. Impala 和 Hive

Impala 与 Hive 都是构建在 Hadoop 之上的数据查询工具，但各有不同的侧重适应面。Impala 和 Hive 在 Hadoop 中的关系如图 4-2 所示。

Hive 适合长时间的批处理查询分析，而 Impala 适合实时交互式 SQL 查询，Impala 给数据分析人员提供了快速实验、验证想法的大数据分析工具。可以先使用 Hive 进行数据转换处理，之后使用 Impala 在 Hive 处理后的结果数据集上进行快速的数据分析。

因为 Impala SQL 与 HiveQL 具有高度的兼容性，所以，Impala 可以直接访问 Hive 中所有用 Impala 支持的数据类型表达的信息。同样，Hive 也可以从 Impala 中加载同样类型的数据。

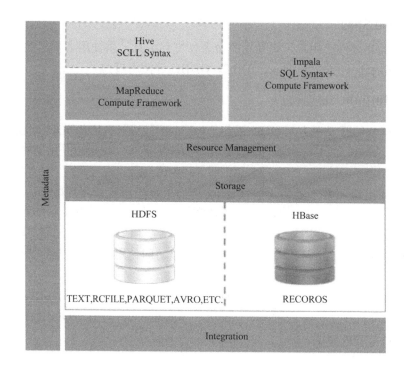

图 4-2　Impala 和 Hive 在 Hadoop 中的关系

2. Impala 和 HDFS

分布式文件系统（HDFS）是 Impala 主要的数据存储方式。其工作原理是把 HDFS 接入 Impala 后端作为存储引擎，直接从 HDFS 获取查询所需数据，请求被解析成片段调度至相应节点上执行，某些源数据或中间数据存放在 HDFS 中。Impala 依赖于 HDFS 的冗余机制来避免节点的硬件或者网络故障。

3. Impala 和 HBase

除了 HDFS，Impala 也可以采用 HBase 作为存储数据的一种方式。HBase 不支持 SQL 语言，经常被用于存储海量数据。通过在 Impala 中定义到 HBase 表的映射关系，可以实现通过 Impala 查询 HBase 中的数据，甚至可以实现 Impala 和 HBase 表的连接查询。

4.3　Impala 环境搭建

本节主要介绍 Impala 的环境搭建[3]。学完本节，应了解以下内容：
- Impala 安装前的考虑，包括支持的操作系统、Hadoop、Hive Metastore、用户账户需求，等等。
- Impala 安装途径与安装示范。
- Impala 安装后的配置。

4.3.1　Impala 安装前的考虑

Impala 是一种快速的搜索引擎，其目的并不是替换现有的 MapReduce，而是提供一个统一的平台进行实时查询。Impala 是开发环境的插件，与其他插件的安装独立运行。

在安装 Impala 之前，需要注意以下问题：

（1）Impala 对内存的要求高，能使用的内存无法超过系统的硬件可用内存，建议硬件内存至少为 128GB，最好为 256GB 以上。

（2）需要预先安装 Hadoop 和 Hive，并配置一个外部数据库（如 MySQL 或 PostgreSQL）供 Hive 存储元数据。尽管 MySQL 和 PostgreSQL 都可以用做 Hive 的 metastore，但是只有使用 MySQL 时才可以使用表统计信息功能。

（3）不同版本的 Impala 支持的系统不同，如 RedHat、CentOS、Oracle，等等。

（4）Impala 需要开发者具备一定的编程基础，如 C++、Java 等。Impala 主要由 C++ 编写，它使用 Java 与其他不同的 Hadoop 组件通信。

具体来说，安装 Impala 前，应该综合考虑支持的操作系统、Hadoop、Hive Metastore、用户账户需求。

1. 支持的操作系统（以 64 位操作系统为例）

- Red Hat Enterprise Linux（RHEL）5.7/6.2/6.4、Oracle Linux 5.7/6.2/6.4、Centos 5.7/6.2/6.4。在 Red Hat Enterprise Linux 5.0 及其兼容版本中，需要做一些额外的工作，Impala-shell 才能使用 Kerberos 连接到 Impala 集群，需执行的命令有 sudo yum install python-devel openssl-devel python-pip、sudo pip-python install ssl。
- SLES 11 SP1 及以上版本。
- Ubuntu 10.04/12.04 或 Debian 6.03。

2. 支持的 Hadoop 发布

Impala 1.2.1 支持 CDH 4.1 及以上版本。下面列出了不同 Impala 与 CDH 版本之间的支持关系。

- CDH 4.1 与 Impala 1.2.1。
- CDH 5 beta 版与 Impala 1.2。
- CDH 4.1 以上版本与 Impala 1.1。
- CDH 4.1 以上版本与 Impala 1.0。
- CDH 4.1 以上版本与 Impala 0.7。
- CDH 4.2 以上版本与 Impala 0.6。
- CDH 4.1 与 Impala 0.5 或更早版本。这一组合仅支持 RHEL/CentOS。

注意：

Impala 1.2.1 是与 CDH 4 协同工作，而 CDH 5 beta 发布时包含的是 Impala 1.2.0，这样从 CDH 4 升级到 CDH 5 beta 版时实际上是恢复到较早的 Impala 版本。CHD 5 beta 版本中自带的 Impala beta 版包含了基于 CDH 5 基础架构的资源管理功能，以及急需的用户定义函数功能和目录服务。CDH 5 beta 版本中自带的 Impala beta 版不包括 Impala 1.2.1 中的一些新功能，例如，SHOW CREATE TABLE 语句、SHOW TABLE STATS 语句和 SHOW COLUMN STATS 语句、OFFSET 和 NULLS FIRST/LAST 选项，以及 SYNC_DDL 选项。

3．Hive Metastore 及相关配置

Impala 可以与存储在 Hive 中的数据交互，使用与 Hive 相同的基础架构跟踪 schema 中的对象，如表和列的元数据。以下组件是前提条件：

- Hive 使用 MySQL 或 PostgreSQL 作为 Metastore。

注意：

安装与配置 Hive Metastore 是 Impala 的必要条件。没有 Hive Metastore 则 Impala 无法工作。参见安装 Cloudera Impala，了解安装与配置 Hive Metastore 的步骤。尽管 MySQL 和 PostgreSQL 都可以用做 Hive 的 Metastore，但是只有使用 MySQL 时才可以使用表统计信息功能。

应当配置 Hive Metastore 服务而不是直接连接到 Metastore 数据库。Metastore 服务满足 CDH 中的 Hive 与 Impala 之间不同层次的交互需求，并避免了许多已知的直接连接的问题。假如通过 Cloudera Manager 4.5 安装，则 Metastore 服务被设置为默认启用。

- 可选：Hive。尽管只有 Hive Metastore 是 Impala 所需的功能，仍可以在几台客户端机器上创建、载入数据到特定格式的表。参见 Impala 支持的 Hadoop 文件格式了解详细信息。Hive 与 Impala 不需要安装在相同的数据节点上，它们只需要访问相同的 Metastore 数据库。

4．Impala 与 Hadoop 组件通信（Java Dependencies）

Impala 主要由 C++编写，它使用 Java 与其他不同的 Hadoop 组件通信。

- Impala 官方支持的 JVM 是 Oracle JVM。其他版本的 JVM 可能会出现问题，通常导致 Impalad 启动失败。特别是，*Ubuntu* 中默认几个层面使用的 JamVM 会导致 Impalad 启动失败。

- Impalad 守护进程内部通过 JAVA_HOME 环境变量定位 Java 库。确保 Impalad 服务运行在正确的 JAVA_HOME 下。

- 所有 Java 依赖的程序都打包到 impala-dependencies.jar 文件中，该文件位于 /usr/lib/impala/lib/下。

以上这些对所有数据的映射的编译路径为 fe/target/dependency。

5．包与库

可以通过 Cloudera Impala 公共库或自定义的库，使用包手工安装 Impala。使用 Cloudera Impala 公共库时，下载并安装下面的文件到每一台准备安装 Impala 或 Impala Shell 的机器上。安装步骤如下：

- 下载 Red Hat 5 repo file（http://archive.cloudera.com/impala/redhat/5/x86_64/impala/ cloudera-impala.repo）到/etc/yum.repos.d/。

- 下载 Red Hat 6 repo file（http://archive.cloudera.com/impala/redhat/6/x86_64/impala/

cloudera-impala.repo）到/etc/yum.repos.d/。

- 下载 SUSE repo file（http://archive.cloudera.com/impala/sles/11/x86_64/impala/cloudera-impala.repo）到/etc/zypp/repos.d/。

- 下载 Ubuntu 10.04 list file（http://archive.cloudera.com/impala/ubuntu/lucid/amd64/impala/cloudera.list）到/etc/apt/sources.list.d/。

- 下载 Ubuntu 12.04 list fil（http://archive.cloudera.com/impala/ubuntu/precise/amd64/impala/cloudera.list）到/etc/apt/sources.list.d/。

- 下载 Debian list file（http://archive.cloudera.com/impala/debian/squeeze/amd64/impala/cloudera.list）到/etc/apt/sources.list.d/。

例如，在 Red Hat 6 系统中，可以运行下面这组命令：

```
$ cd /etc/yum.repos.d
$ sudo wget http://archive.cloudera.com/impala/redhat/6/x86_64/impala/cloudera-impala.repo
$ ls
CentOS-Base.repo  CentOS-Debuginfo.repo  CentOS-Media.repo  Cloudera-cdh.repo  cloudera-impala.repo
```

注意：

可以使用 wget 或 curl 在 archive.cloudera.com 下载这些文件，但不要使用 rsync。

同样，也可以使用 Cloudera Manager 安装、管理 Impala。Impala 1.2.1 及更高版本需要 Cloudera Manager 4.8 及以上版本，之前版本的 Cloudera Manager 无法管理 Impala 目录服务。

在 CM 管理环境中，新的目录服务不会被 CM 4.8 之前的版本支持或管理。CM 4.8 及以上版本需要 Impala 的目录服务。因此，假如升级到 Cloudera Manager 4.8 及以上版本，必须同时把 Impala 升级到 1.2.1 或更高版本。也就是说，如果把 Impala 升级到 1.2.1 或更高版本，也必须把 Cloudera Manager 升级成 4.8 或更高版本。

通过 Cloudera Manager 安装时，可以采用特定 OS 的包安装，也可以采用 parcels 方式安装。Parcels 方式简化了集群中升级或发布程序步骤。

6．网络配置需求

为了确保最佳性能，Impala 会试图完全通过本地数据完成任务，而不会通过网络连接使用远程数据。为了这一目标，Impala 通过解析主机名标识为 IP 地址，提供给每个 Impala 守护进程各个数据节点的 IP 地址。Impala 使用简单的数据节点上和 Impala 守护进程的所有机器上的 IP 接口来操作本地数据。确保 Impala 守护进程的主机名表示可以解析为 IP 数据节点的地址。对于单一宿主的机器，这通常是自动的，但是对于多宿主的机器，确保 Impala 守护进程的主机名可以解析为正确的接口。Impala 在启动时会试图确定正确的主机名，并在日志中打印一条主机名的消息：

```
Using hostname: impala-daemon-1.cloudera.com
```

大部分情况下可以正常工作。假如需要手工指定主机名，可使用－hostname 选项。

7．硬件需求

当执行连接操作时，所有数据集都会加载到内存中。数据集可能非常大，因此，应确认硬件有足够的内存，以确保连接能如期完成。

根据数据集的大小不同而需求不同，以下是一般推荐。

- CPU：Impala 使用新处理器中包含的 SSE 4.2 指令集。Impala 也可以使用在旧处理器，但最佳性能是运行在以下两个处理器上。

  Intel - Nehalem （released 2008）或以后处理器；

  Intel - AMD – Bulldozer（released 2011）或以后处理器。

- 内存：推荐至少 128 GB，最好 256 GB 以上。假如查询处理过程中，某个节点上的中间结果超出该节点上 Impala 可使用内存的限制，查询将取消。注意查询是并行的，而聚合查询的中间结果通常比原始数据小，Impala 可以查询比个别节点上实际可用内存大很多的表或连接操作。

- 存储：数据节点有 12 块以上的硬盘。I/O 速度通常是 Impala 磁盘性能的限制因素。确保有足够的硬盘空间来存放 Impala 将查询的数据。

8．用户账户需求

Impala 创建一个名为 impala 的用户和用户组，不要删除该用户或用户组，也不要修改用户、用户组的许可与权限。确保现有系统不会阻挠该用户、用户组功能。例如，可能有脚本自动删除不在白名单中的用户，先把这一用户、用户组添加到许可列表中。

为了资源管理功能可用（与 CDH5、YARN、Liama 组件协作），Impala 用户需要是 hdfs 组的成员。当新安装时这一设置会自动执行，但当从较早版本的 Impala 升级到 1.2 时不会自动执行。当把一个已经安装了 1.0 或 1.1 版本 Impala 的节点升级到的 CDH 5 时，需要手工添加 impala 用户到 hdfs 组。

为了执行 DROP TABLE 操作时能正确地删除，Impala 需要移动文件到 HDFS 回收站。还需要手工创建一个 HDFS 目录/user/impala，并设置为 impala 用户可写，这样回收站就可以被创建。否则，执行 DROP TABLE 操作后数据可能仍然保留。

Impala 不应以 root 用户运行。Impala 通过直接读取来达到最佳性能，而 root 不允许直接读取。因此，以 root 用户运行 Impala 可能会影响性能。

Impala 安全功能提供授权，授权是基于连接到 Impala 服务器的 Linux 操作系统用户及用户所属组的权限。参见 Impala 安全了解详细信息。

4.3.2　Impala 安装途径与安装示范

Impala 是一个开源组件，下面介绍两个安装 Impala 的主流途径[4]。

（1）使用 Cloudera Manager 安装程序。这是执行可靠、可验证的方式安装 Impala 的推荐方式，也是 Cloudera 推荐的安装方式。Cloudera Manager 4.8 以上版本可以自动安装、配置、管理和监控 Impala 1.2.1 及以上版本。

（2）手工安装。这时，开发者必须做一些额外的验证步骤，用来检查 Impala 是否可以与其他 Hadoop 组件正确交互，并且集群已经针对 Impala 高效执行进行了正确配置。

本书采用最常用的第一种途径安装 Impala。

由于 Impala 只能安装在 Cloudera 公司的 Hadoop 发行版上，所以，用 Cloudera Manager 进行集群部署比较方便，按照安装指示即可完成安装。

下面按照系统安装、系统初始化配置、Impala 安装准备、CM 安装、CDH 安装、安装服务六个步骤，详细讲解 Impala 的环境搭建过程。

1．系统安装

CentOS 6.4 开始运行后，单击"安装"按钮，在系统提示下检测 CD 光盘的完好性之后，进入安装初始界面。在系统提示下选择系统语言与键盘语言之后，选择安装使用何种设备。然后在系统提示下为计算机命名，将多个节点设置为 n1~n4。

之后，在系统提示下选择时区，设置根密码，选择安装类型，创建布局，进行分区，并选择源驱动器。按照系统提示确认桌面后，开始安装。

2．系统初始化配置

重新启动系统后，按照系统提示在许可证页面完成许可证认同、创建用户、设置时间，等待启动 NTP 服务。完成以上步骤后，重启系统。再次输入密码后，即可登录系统。

3．Impala 安装准备

安装完系统后，即可进行 Impala 的安装准备。若原系统中已有 jdk，则按照如图 4-3 所示在 ETC、PROFILE 中配置环境，并使环境生效。

图 4-3　在 ETC、PROFILE 中配置环境

配置环境后，按照如图 4-4 所示下载该目录下的所有介质，并将介质放到相应目录下。

图 4-4　下载该目录下的所有介质，并将介质放到相应目录下

下载所有介质后，启动 HTTP 服务，如图 4-5 所示。

```
文件(E) 编辑(E) 查看(V) 搜索(S) 终端(T) 帮助(H)
[zzw@n1 桌面 ]$ su root
密码：
[root@n1 桌面 ]# service httpd start
正在启动 httpd：httpd: Could not reliably determine the server's fully qualified
 domain name, using 220.250.64.225 for ServerName
                                                         [确定]

[root@n1 桌面 ]# |
```

图 4-5　启动 HTTP 服务

安装 createrepo，如图 4-6 所示。

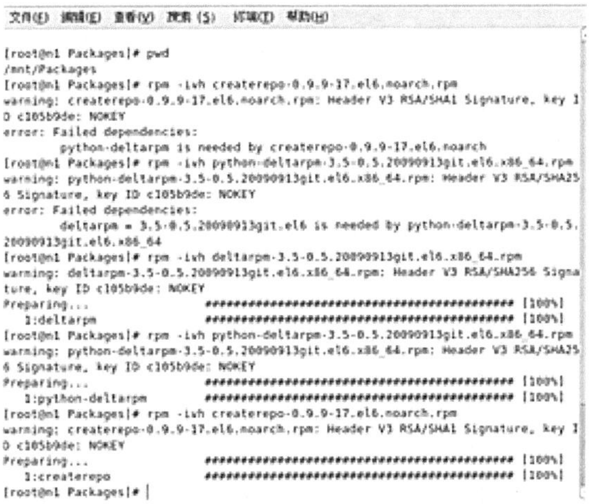

图 4-6　安装 createrepo

对 CM 和 CDH 文件执行 createrepo 命令，如图 4-7 所示。

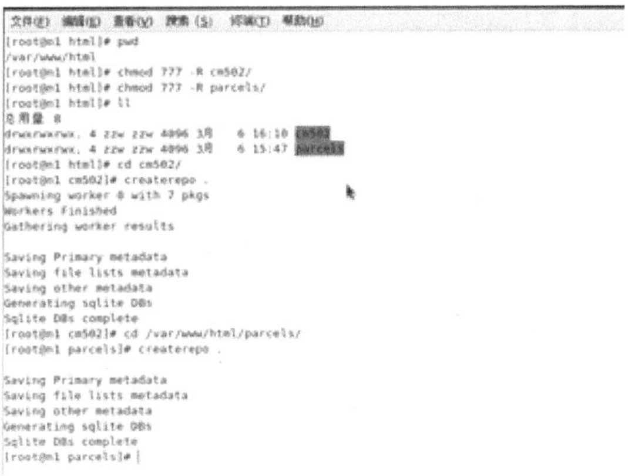

图 4-7　对 CM 和 CDH 文件执行 createrepo 命令

创建 repo 文件，如图 4-8 所示。

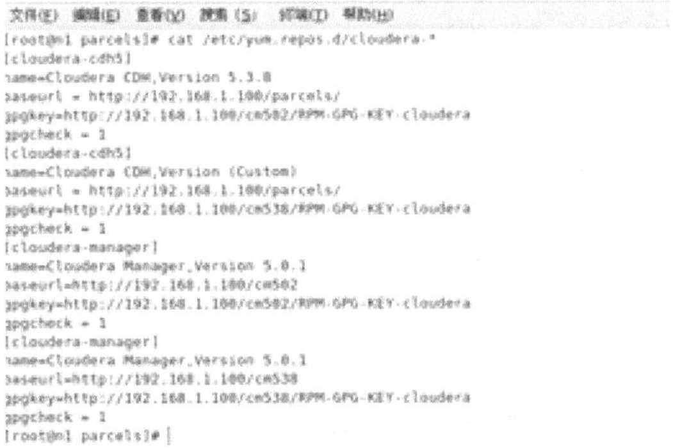

图 4-8　创建 repo 文件

关闭防火墙后，修改 SELINUX，并配置每个节点的 hosts，如图 4-9 所示。

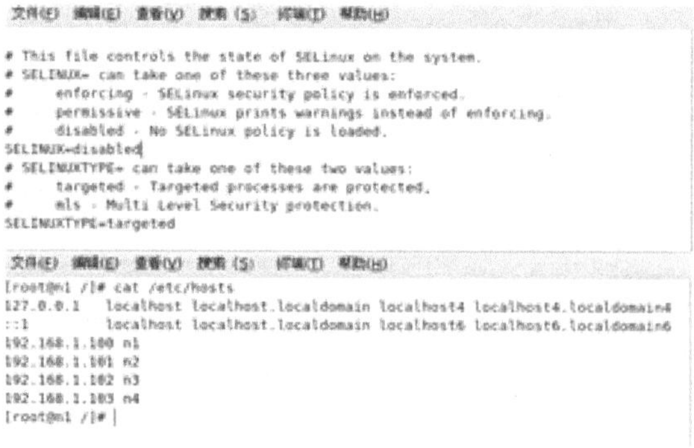

图 4-9　关闭防火墙后，修改 SELINUX

完成以上步骤之后，应及时在每个节点执行 ssh 命令，完成对等性验证，如图 4-10 所示。

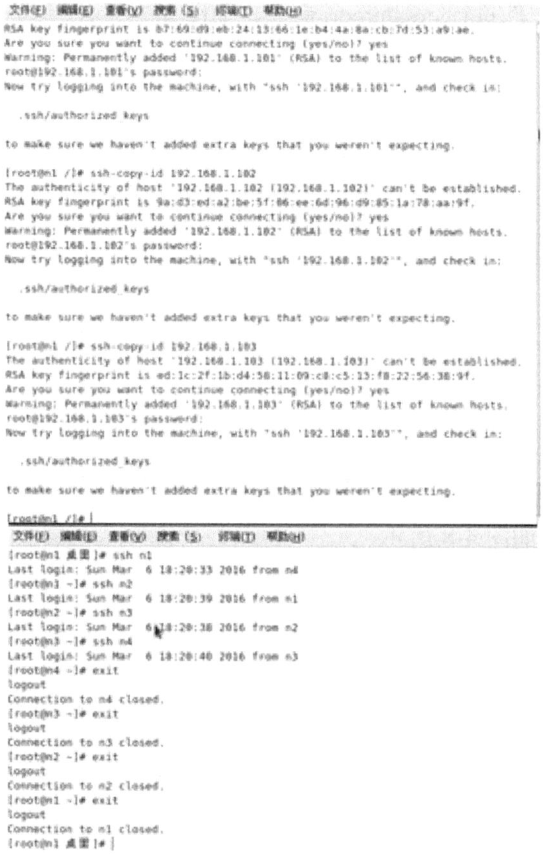

图 4-10　在每个节点执行 ssh 命令，完成对等性验证

4．CM 安装

下载 cloudera-manager-installer.bin 之后，给予安装文件可执行权限，并在终端运行，如图 4-11 所示。

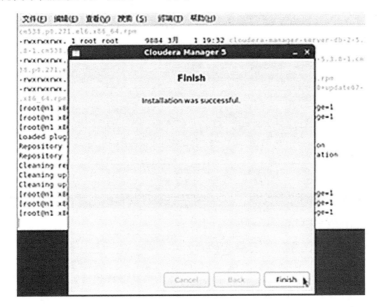

图 4-11　CM 安装

按照系统提示完成安装，如图 4-12 所示。

图 4-12　系统提示完成安装

5．CDH 安装

按照如图 4-13 所示，单击浏览器，在用户名和密码的文本框中输入 admin，单击"登录"按钮，进入 Web 管理界面，完成登录操作。

图 4-13　登录 localhost:7180

按照系统提示选择合适的版本之后，为 CDH 群集安装指定主机，如图 4-14 所示。

图 4-14　为 CDH 群集安装指定主机

按照系统提示填写信息，如图 4-15 所示。

图 4-15　按照系统提示填写信息

设置密码之后，即可开始安装，如图 4-16 所示。

图 4-16　设置密码之后，开始安装

图 4-16 设置密码之后，开始安装（续）

安装成功后的界面如图 4-17 所示。

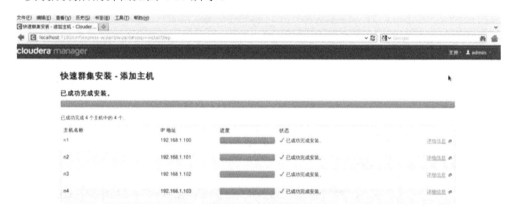

图 4-17 安装成功界面

完成以上步骤之后，需要及时检查主机的正确性，如图 4-18 所示。

图 4-18 检查主机的正确性

6. 安装服务

选择自定义服务，如图 4-19 所示。

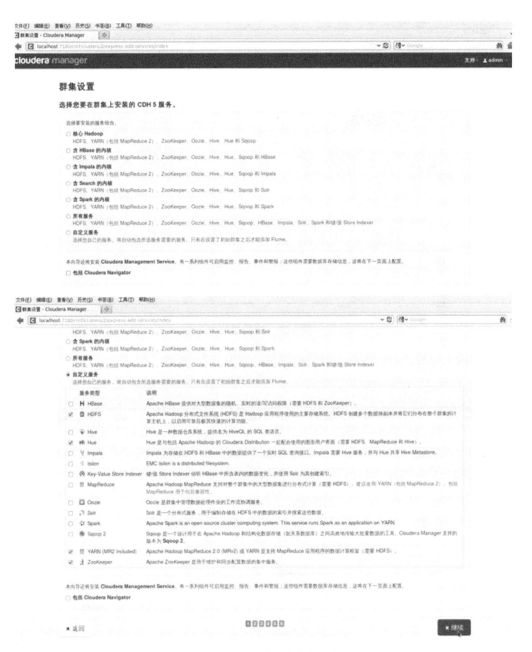

图 4-19　选择自定义服务

给集群分配角色，如图 4-20 所示。

图 4-20　给集群分配角色

完成以上步骤之后，需要及时进行测试，如图 4-21 所示。

图 4-21　进行测试

若无问题，则安装完成，如图 4-22 所示。

图 4-22　安装完成

　　注意：请升级到 Cloudera Manager 4.8 及以上版本安装 Impala 1.2.1。Cloudera Manager 4.8 是第一个可以管理 Impala 1.2 中引入的目录服务的版本，Cloudera Manager 4.8 需要同样这些服务，因此，当升级到 Cloudera Manager 4.8 时，也会同时升级到 Impala to 1.2.1。

　　因为本书采用 Cloudera Manager 安装 Impala，所以，其中一些配置已经自动设置完成，只需要手工设置 short-circuit 读。

　　启用 short-circuit 读能允许 Impala 直接从文件系统中读取数据。这消除了与 DataNodes 的沟通，提升了性能。这一设置同样最小化了数据的额外副本的数量。Short-circuit 读需要服务器端和客户端的 libhadoop.so（参见 Hadoop 本地库）可以访问。假如使用 tarball 方式安装，则 libhadoop.so 默认不可用，必须使用.rpm、deb 或 parcel 方式来安装，以便启用 short-circuit 方式本地读取。

　　当然，如果读者使用 Cloudera Manager 4.5.2 及以上版本，则可以通过设置用户界面中的复选框启用 short-circuit 读。而在一些之前的版本中，即使已经选中了该复选框，Impala 的配置步骤仍然是必需的。此外，Cloudera 强烈推荐在 CDH 4.2 及以上版本中使用 Impala，最好是最新版本 CDH 4.5。在 CDH 4.1 中，Impala 不支持 short-circuit 读，为了最佳性能，应升级到 CDH 4.5。不同版本的 CDH 配置 short-circuit 读的方法不同，本书默认在 CDH 4.2 及以上版本的环境中进行设置，步骤如下。

　　（1）在所有 Impala 节点修改 hdfs-site.xml，添加如下属性：

```
<name>dfs.client.read.shortcircuit</name>
<value>true</value>

<name>dfs.domain.socket.path</name>
<value>/var/run/hadoop-hdfs/dn._PORT</value>

<name>dfs.client.file-block-storage-locations.timeout</name>
<value>3000</value>
```

　　（2）假如 /var/run/hadoop-hdfs/ 是组可写，确认 root 在此组中。

　　（3）从 Hadoop 配置目录复制客户端的 core-site.xml、hdfs-site.xml 文件到 Impala 配置目录。Impala 的默认配置目录是/etc/impala/conf。

　　（4）完成以上修改，重启所有的 DataNode。

4.4　Impala 操作实例

本节主要介绍 Impala 的操作实例。学完本节，应了解以下内容：

- Impala 基本操作，包括 Impala 启动、停止、查看日志、使用 Shell。
- Impala 数据库操作，包括创建 SQL 数据库、删除 SQL 数据库、创建表、删除表、创建视图、删除视图、描述表结构、显示表存储信息、显示表列存储信息、查询，等等。

4.4.1　Impala 基本操作

Impala 的基本操作[5]主要包括 Impala 启动、停止、查看日志、使用 Shell。

1．启动

Impala 可以运行 Shell 脚本，启动集群内的所有 Impala 服务。指令如下：

```
cd {IMPALA_HOME}/bin/
./start-impala-cluster.sh
```

另外，如果采用 Cloudera Manager 安装了 Cloudera Impala，则可以通过 Cloudera Manager 在页面上启动 Impala 服务。

2．停止

Impala 可以运行 Shell 脚本，停止集群内的所有 Impala 服务。指令如下：

```
cd{IMPALA_HOME}/bin/
./stop-impala-cluster.sh
```

同样，如果采用 Cloudera Manager 安装了 Cloudera Impala，则可以通过 Cloudera Manager 在页面上停止 Impala 服务。

3．查看日志

Impala 运行日志的路径如下：

```
/{IMPALA_HOME}/log/impala.INFO
/{IMPALA_HOME}/log/catalogd.INFO
/{IMPALA_HOME}/log/statestored.INFO
```

可以通过以下 http 端口访问日志：

```
http://impala 主机 ip:25000/logs
http://statestored 主机 ip:25010/logs
http://catalogd 主机 ip:25020/logs
```

4．使用 Shell

使用 ImpalaShell 的指令如下：

```
Impala-shell-i 主机名或 IP[-fsql 文件名]
```

4.4.2　Impala 数据库操作

Impala 提供了数据科学家、分析人员熟悉的 SQL 接口[6]。

（1）创建 SQL 数据库的指令如下：

```
CREATE (DATABASE | SCHEMA) [IF NOT EXISTS] database_name COMMENT '
database_comment'] [LOCATIONhdfs_path]
```

实例：

先创建数据库，然后创建表，指令如下：

```
create database first
use first
creat table t1 (x int)
```

（2）删除 SQL 数据库的指令如下：

```
DROP (DATABASE | SCHEMA) [IF EXISTS] database_name
```

实例：

```
Drop database first
```

（3）创建表的指令如下：

```
CREATE [EXTERNAL] TABLE [IF NOT EXISTS] [db_name.] table_name [(col_name data_type
[COMMENT 'col_comment'] ,…)]
    [COMMENT 'table_comment']
    [PARTITIONED BY (col_name data_type[COMMENT'col_comment'],…)]
    [ [ROW FORMAT row_format] [STORED AS file_for-mat] ]
    [LOCATION 'hdfs_path']
    [WITH SERDEPROPERTIES ('key1'='value1'，'key2'='value2',…)]
    [TBLPROPERTIES ('key1'='value1'，'key2'='value2',…)]
data_type
:primitive_type
Primitive_type
:TINYINT
 | SMALLINT
 | INT
 | BIGINT
 | BOOLEAN
 | FLOAT
 | DOUBLE
 | STRING
 | TIMESTAMP
row_format
:DELIMITED [FIELDS TERMINATED BY'char'[ESCAPED BY'char']]
[LINES TERMINATED BY'char']
File_format:
PARQUET | PARQUETFILE
 | TEXTFILE
 | SEQUENCEFILE
 | RCFILE
```

采用以上指令建立的表，分为内部表和外部表。对于外部表，创建时需要先在 HDFS 上创建文件，然后使用 SQL 语句建表。

实例：

```
CREATE EXTERNAL TABLE tab1
(
idINT,
col_1 BOOLEAN,
col_2 DOUBLE,
col_3 TIMESTAMP
)
```

ROW FORMAT DELIMITED FIELDS TERMINATED BY, LOCATION '/user/cloudera/ sample_data/tab 1';

用 Select 语句创建表，SQL 语句如下：

CREATE [EXTERNAL] TABLE [IF NOT EXISTS] db_name.] talbe_name

[COMMENT 'table_comment']

[STORED AS file_format]

[LOCATION 'hdfs_path']

AS

select_statement

实例：

CREATE TABLE empty_clone_of_t1 AS SELECT* FORM t1

（4）删除表的指令如下：

DROP TABLE [IF EXISTS] [db_name.] table_name

在进行删除表操作时，应注意，删除内部表时，会删除数据文件；删除外部表时，不会删除数据文件。

实例：

Drop table tab 1

（5）创建视图的指令如下：

CREATE VIEW view_name[(column_list)]

AS select_statement

实例：

create view v1 as select * from t1

（6）删除视图的指令如下：

DROP VIEW [database_name.] view_name

（7）描述表结构的指令如下：

DESCRIBE [FORMATTED] table

实例：

Describe tab 1

（8）显示表存储信息的指令如下：

SHOW TABLE STATS [db_name.] table_name

实例：

show table stats tab 1

（9）显示表列存储信息的指令如下：

SHOW COLUMN STATS [db_name.] table_name

实例：

Show column stats tab 1

（10）查询语句。SELECT 语句可以支持以下功能。

- 支持 SQL 数据类型：Boolean、Tinyint、Smallint、Int、Bigint、Float、Double、Timestamp、String。

- 支持 WITH 语句在 SELECT 之前表示子查询，被后面的主查询引用。

- 支持 DISTINCT。

- 支持 FROM 后的子查询。
- 支持 WHERE、GROUP BY 和 HAVING。
- 支持 ORDER BY。
- 支持 JOIN。
- 支持 UNION。
- 支持 LIMIT。
- 支持外部表。
- 支持关系操作。
- 支持算数操作。
- 支持逻辑/布尔操作。
- 支持 SQL 普通内置函数。

下面举几个简单的例子进行说明。

采用 JOIN 进行查询的指令如下：

```
select c_last_name, ca_city from customer join customer_address
where c_customer_sk = ca_address_sk
```

采用 GROUP BY、ORDER BY、LIMIT 进行查询的指令如下：

```
Select
ss_item_sk as Item,
count(ss_item_sk) as Times_Purchased,
sum (ss_quantity) as Total_Quantity_Purchased
from store_sales
group by ss_item_sk
order by sum (ss_quantity) desc
limit 5
```

采用 UNION 进行查询的指令如下：

```
select x from few_ints union all select x from few_ints
```

采用 WITH 进行查询的指令如下：

```
with t1 as (select 1), t2 as (select 2) insert into tab select * from t1 union all
select * from t2
```

（11）采用 Insert 插入语句的指令如下：

```
insert into table text_table select * from default.tab 1
insert overwrite table parquet_table select * from default.tab 1
limit 3
insert into val_example values (1, true, 100, 0)
```

（12）导入数据的指令如下：

```
LOAD DATA INPATH  'hdfs_file_or_derectory_path' [OVER WRITE] INTO TABLE tablename
[PARTITION (partcol 1 = val 1, partcol 2 = val 2, …)]
```

执行上述导入数据的指令时，表示把数据转移到 Impala 数据目录，而不是复制。此外，不支持导入本地文件，只支持导入 HDFS 文件或者目录，导入目录可以指定文件名，只导入目录顶层的文件，不导入下层文件。

实例：

```
load data inpath '/user/cloudera/thousand_strings.txt' into table t1
load data inpath '/user/cloudera/ten_strings.txt' overwrite into table t1
```

习题

1．简述 Impala 的起源。

2．Impala 的特点有哪些？

3．Impala 的竞争对手主要有哪些？

4．Impala 的前辈有哪些？

5．简述 Impala 的工作原理。

6．Impala 设计目标有哪些？

7．Impala 服务器组件有哪些？

8．简述 Impala 在大数据处理中的位置。

9．简述 Impala 的工作原理。

10．查阅相关资料，实例演示 Impala 环境搭建。

11．安装好 Impala 环境后，演示 Impala 基本操作。

12．安装好 Impala 环境后，演示 Impala 数据库操作。

参考文献

[1]　http://impala.apache.org/.

[2]　http://blog.csdn.net/opensure/article/details/45850615.

[3]　http://www.aboutyun.com/thread-8629-1-1.html.

[4]　贾传青. 开源大数据分析引擎 Impala 实战[M]. 北京：清华大学出版社，2015.

[5]　John Russell. Getting Started with Impala: Interactive SQL for Apache Hadoop[M]. USA:O'Reilly Media, 2014.

[6]　Chauhan Avkash. Using Cloudera Impala[M]. UK:Packt Publishing, 2013.

第 5 章　内存数据库 Spark

本章首先介绍 Spark 大数据计算框架、架构、计算模型和数据管理策略，以及 Spark 在工业界的应用等基础理论知识，接着围绕 Scala 语言快速入门、Spark 环境部署和实际编程案例等实践技能方面的内容展开描述。

5.1　Spark 简介

本节围绕 BDAS 项目及其子项目对 Spark 进行简要介绍，其中 Spark SQL、Spark Streaming、MLlib、SparkR 等子项目在后续章节还会详细阐述。

5.1.1　Spark 的引入

Spark 被定义为一个开源的、基于内存计算的、运行在分布式集群上的、快速和通用的大数据并行计算框架[1]。它提高了在大数据环境下数据处理的实时性，同时保证了高容错性和高可伸缩性，允许用户将 Spark 部署在大量廉价硬件集群之上，以提供高性价比的大数据计算解决方案。

1．Spark 的历史与发展

Spark 于 2009 年由美国加州大学伯克利分校 AMPLab 实验室交付第一个版本，目前，它已经成为 Apache 软件基金会旗下的顶级开源项目。

目前，AMPLab 和 Databricks 负责整个 Spark 项目的开发维护，很多公司，如 Yahoo!、Intel 等均参与到 Spark 的开发队伍中，同时社区中也有大量开源爱好者参与 Spark 的更新与维护。

与 MapReduce 上的批量计算、迭代型计算及基于 Hive 的 SQL 查询相比，Spark 不仅带来上百倍的性能提升，还避免了去学习、实现和维护多份逻辑代码的尴尬，客观上降低了软件开发成本，提升了软件开发速度。目前，Spark 的生态系统已日趋完善，Spark SQL、SparkR 的发布，Hive on Spark 项目的启动，以及大量大数据公司对 Spark 全栈的支持，令 Spark 在数据分析领域已处于绝对的领导地位。

2．Spark 与 Hadoop 的比较

准确地说，Spark 是一个计算框架；Hadoop 的两个核心组件是分布式计算框架 MapReduce 和分布式文件系统 HDFS，Hadoop 还包括在其生态系统上的其他系统，如 Hbase、Hive 等。

Spark 是 MapReduce 的升级方案，其兼容 HDFS、Hive 等分布式存储层，可融入

Hadoop 的生态系统，以弥补缺失 MapReduce 的不足。与 Hadoop 的 MapReduce 相比，Spark 有以下优势：

1）中间结果不输出到磁盘上

基于 MapReduce 的计算引擎通常会将中间结果输出到磁盘上，进行存储和容错。出于任务管道承接的考虑，当一些查询翻译到 MapReduce 任务时，往往会产生多个 Stage，而这些串联的 Stage 又依赖于底层文件系统（如 HDFS）来存储每一个 Stage 的输出结果。Spark 将执行模型抽象为通用的有向无环图执行计划（DAG），这可以将多个 Stage 的任务串联或者并行执行，而无须将 Stage 中间结果输出到 HDFS 中。

2）RDD 方式对数据进行分区和处理

由于 MapReduce Schema on Read 处理方式会引起较大的处理开销。Spark 抽象出弹性分布式数据集（Resilient Distributed Datasets，RDD），对数据进行存储。RDD 支持粗粒度写操作，而对于读取操作，RDD 可以精确到每条记录，这使得 RDD 可以用来作为分布式索引来对数据进行分区和处理。用户能够控制数据在不同节点上的分区，还可以自定义分区策略，如 Hash 分区等。

3）任务执行策略高效

MapReduce 在数据 Shuffle 时需要花费大量的时间来排序，Spark 则可减轻上述问题带来的开销。因为 Spark 任务在 Shuffle 中不是所有情景都需要排序，它支持基于 Hash 的分布式聚合，调度中采用更为通用的任务执行计划图（DAG），每一轮次的输出结果都在内存中缓存。

4）任务调度开销小

传统的 MapReduce 系统，如 Hadoop，是为了运行长达数小时的批量作业而设计的，在某些极端情况下，提交一个任务的延迟非常高。而 Spark 采用事件驱动的类库 AKKA 来启动任务，通过线程池复用线程以避免进程或线程启动和切换的开销。

3. Spark 能带来什么

Spark 的一站式解决方案有很多优势，具体如下：

1）通用性

秉承 AMPLab 提出的在一套软件栈内完成多种类的大数据分析任务的目标，Spark 已发展成为一个通用的大数据应用 SDK 开发库。Spark 通过引入 RDD，无缝集成了 SQL 查询、流式计算、机器学习、图算法和 R 语言等业界优秀的开发组件，使得大数据应用开发者可以在同一个工作流中无缝搭配这些组件，按不同的行业需求建立起定制化的大数据完整解决方案。

2）快速性

Spark 迎合了主流大数据应用对数据处理速度的要求。它通过将中间结果缓存在内存，以及提供支持 DAG 图的分布式并行计算框架对整个计算路径进行优化，从而大幅度减少了磁盘 I/O，使得 Spark 相比较 Hadoop 性能提升达到了 1~2 个数量级。

3）易用性

Spark 支持通过 Scala、Java、Python 和 R 语言等编写程序，允许开发者在自己熟悉的语言环境下进行工作。Spark 自带了 80 多个算子，提供了各种公共 API 函数供开发者调用，令用户可以像书写单机程序一样书写 Spark 分布式程序，轻松搭建大数据内存计算平台，实现海量数据的实时处理。Spark 应用程序的代码规模比 Hadoop 大幅度减少，具有程序开发工作量小、代码可读性和可维护性好等特点。

4）兼容性

Spark 不但可以独立运行，而且可以运行在当下的 YARN、Mesos 等集群管理系统之上。Spark 可以读取已有的任何数据源，如 HDFS、S3、JDBC 和 NoSQL 数据库等，这个特性让用户可以轻易迁移已有的持久化层数据，以达到原有应用平滑升级的目的。

随着 Spark 发展势头日趋迅猛，它已被广泛应用于 Yahoo!、Twitter、阿里巴巴、百度、网易、英特尔等各大公司的生产环境中。

5.1.2　Spark 生态系统 BDAS

目前，Spark 已经发展成为包含众多子项目的大数据计算平台。伯克利将 Spark 的整个生态系统称为伯克利数据分析栈（BDAS）。如图 5-1 所示为 BDAS 的项目结构，逻辑上可划分为资源管理层、存储层、核心层和应用组件层 4 个层次，下面分别对 BDAS 的各层次的子项目进行介绍。

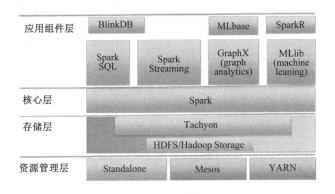

图 5-1　BDAS 的项目结构

1. 资源管理层（Resource Scheduling Layer）

资源管理层包括 Mesos、YARN 和 Standalone 等子项目或模块。

1）Mesos

Mesos 是一个资源管理框架，用户可以在其中插件式地运行 Spark、MapReduce 等计算框架的任务。Mesos 会对资源和任务进行隔离，并实现高效的资源任务调度。如图 5-2 所示为 Mesos 体系结构。

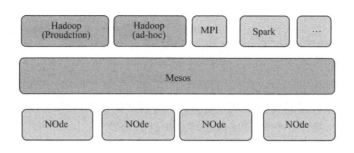

图 5-2　Mesos 体系结构

2）YARN

YARN 是 Hadoop 2.0 中的资源管理框架，Hadoop 中各个组件都能够快速接入 YARN 框架。如图 5-3 所示的 Spark on YARN 框架中包含两个组件：全局的 ResourceManager（RM）、与每个应用相关的 ApplicationMaster（AM）。这里的"应用"是指一个单独的 MapReduce 作业或者 DAG 作业。RM 与 NodeManager（NM，每个节点一个）共同组成整个数据计算框架。RM 是系统中将资源分配给各个应用的最终决策者。AM 实际上是一个具体的框架库，它的任务是与 RM 协商获取应用所需资源，以及与 NM 合作，以完成执行和监控 task 的任务。

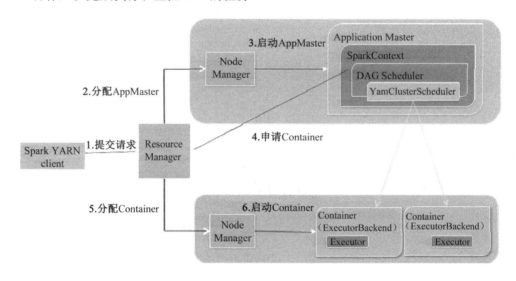

图 5-3　Spark on YARN 框架

3）Standalone

Standalone（单机集群模式）是 Spark 自带的资源管理框架，它允许用户通过手动或脚本方式配置集群参数，用户只要将编译好的应用程序下载到指定的主机或目录中之后，即可通过命令手动启动 Spark 集群，而不需要另行安装其他组件。目前，Standalone 只能支持简单的 FIFO 作业调度。

2．存储层（Storage Layer）

存储层分为分布式文件系统（Hadoop Distributed File System，HDFS）和内存分布式文件系统 Tachyon。

1）HDFS

HDFS 是以磁盘为中心的分布式文件系统，是 Hadoop 项目的核心子项目之一，也是分布式计算中数据存储管理的基础，是基于流数据模式访问和处理超大文件的需求而开发的，可以运行于廉价的商用服务器上。它所具有的高容错、高可靠性、高可扩展性、高获得性、高吞吐率等特征为海量数据提供了一种不怕硬件故障的分布式存储方式。

2）Tachyon

Tachyon 是以内存为中心的分布式文件系统，可以理解为内存中的 HDFS。Tachyon 拥有高性能和容错能力，能够为集群框架（如 Spark、MapReduce）提供可靠的内存级速度的文件共享服务。从软件栈的层次来看，Tachyon 是位于现有大数据计算框架和大数据存储系统之间的独立的一层。它利用底层文件系统作为备份，对于上层应用来说，Tachyon 就是一个分布式文件系统。Tachyon 可以让不同的 Job 或者框架以更快的速度分享数据，同时，它可以避免任务失败时的数据重算，还可以避免多次垃圾回收造成的开销。

3．核心层（Core Computing Layer）

Spark 是整个 BDAS 的核心层组件，它是一个大数据分布式编程框架，不仅实现了 MapReduce 的算子 map 函数和 reduce 函数及计算模型，还提供更为丰富的算子，如 filter、join、groupByKey 等。Spark 将分布式数据抽象为弹性分布式数据集（RDD），实现了应用任务调度、RPC、序列化和压缩，并为运行在其上的应用组件层的各组件提供 API。Spark 内核由函数式编程语言 Scala 书写而成，并且所提供的 API 深度借鉴 Scala 函数式的编程思想，提供与 Scala 类似的编程接口。

图 5-4 所示为 Spark 的任务处理流程，其中主要处理对象即为 RDD。

Spark 将数据在分布式环境下分区，然后将作业转化为有向无环图（DAG），并分阶段进行 DAG 的调度和任务的分布式并行处理。

4．应用组件层（Model Layer）

应用组件层包括支持 SQL 查询与分析的查询引擎 Spark SQL、提供机器学习功能的系统 MLbase 及底层的分布式机器学习库 MLlib、并行图计算框架 GraphX、流计算框架 Spark Streaming、采样近似计算查询引擎 BlinkDB 等子项目。

1）Spark SQL

图 5-5 所示为 Spark SQL 使用场景。

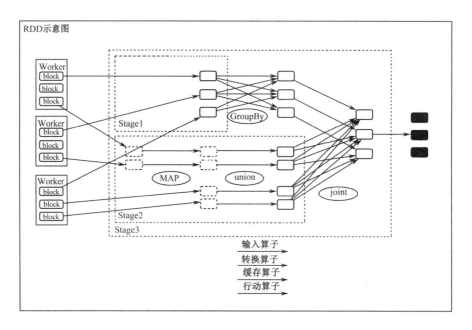

图 5-4　Spark 的任务处理流程

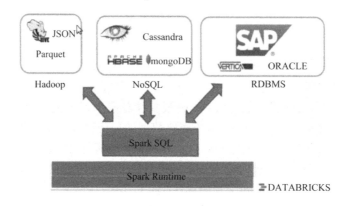

图 5-5　Spark SQL 使用场景

　　Spark SQL 提供在大数据上的 SQL 查询功能。之前的 Shark 查询编译和优化器依赖于 Hive，使得 Shark 不得不维护一套 Hive 分支。而 Spark SQL 使用 Catalyst 做查询解析和优化器，并通过引入 SchemaRDD，实现在内存中构建各种数据表。正是因为 SchemaRDD 既可以从 RDD 转换而来，又可以从传统关系型数据库中读入数据，还可以从 NoSQL 数据库中读入数据，使得 Spark SQL 应用程序中可以混合使用不同数据源数据，这令其成为 BDAS 生态圈中发展最快、前景最广阔的一个组件。

　　2）Spark Streaming

　　图 5-6 所示为 Spark Streaming 实现原理。

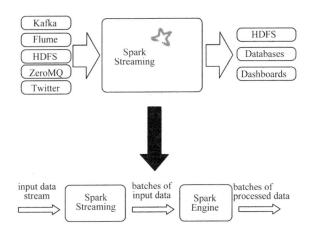

图 5-6 Spark Streaming 实现原理

Spark Streaming 通过将流数据按指定时间片分解为短小的 RDD，然后将每个 RDD 进行批处理，进而实现大规模的流数据处理。它的吞吐量能够超越现有主流处理框架 Storm，并提供丰富的 API 用于流数据计算。

3）MLbase

MLbase 是 Spark 生态圈中专门负责机器学习的部分。它构建在 Spark 计算框架之上，具体包括三个组件，如图 5-7 所示。

（1）ML Optimizer：可自动选择最优化的机器学习算法和相关参数。

（2）MLI：一个进行特征抽取和高级机器学习编程抽象的算法实现平台的 API。

（3）MLlib：基于 Spark 的底层分布式机器学习库，已收集有分类、聚类、回归、协同过滤、降维等算法，还可以自定义扩充算法。它可以帮开发人员大幅度减少开发时间，打通数

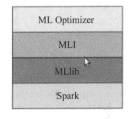

图 5-7 MLbase 组成示意

据收集、数据清理、特征提取、模型训练、测试、评估直至上线运行的整个流程。

4）GraphX

图 5-8 所示为 GraphX 架构。

GraphX 基于 BSP 模型，在 Spark 之上封装类似 Pregel 的接口，进行大规模同步全局的图计算。尤其是在用户进行多轮迭代时，基于 Spark 内存计算的优势会较为明显。

GraphX 定义了一个新的概念：弹性分布式属性图，它是一个每个顶点和边都带有属性的定向多重图。另外，GraphX 还引入了 3 个核心 RDD：Vertices、Edges 和 Triplets。

5）BlinkDB

图 5-9 所示为 BlinkDB 架构。

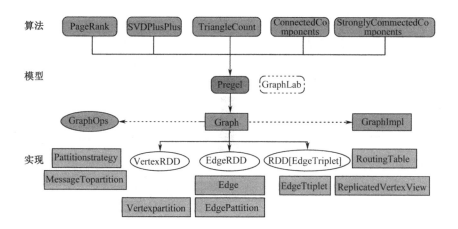

图 5-8　GraphX 架构

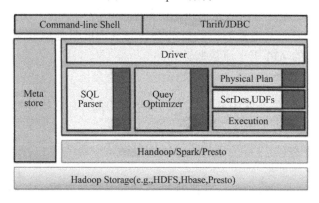

图 5-9　BlinkDB 架构

BlinkDB 是一个用于在海量数据上进行交互式 SQL 的近似查询引擎。它允许用户通过在查询准确性和查询响应时间之间做出权衡，进而完成近似查询，其查询的精度被控制在允许的误差范围内。为了达到这个目标，BlinkDB 的核心思想如下：通过采样，从原始数据建立并维护一组多维样本；通过一个动态样本选择策略，选择合适的样本来满足用户的查询需求。通过 BlinkDB，可以强迫其在规定时限内给出查询结果，如在数据库领域最权威的 VLDB 2012 年会上，BlinkDB 只用不到 2 秒即完成了对 100 个节点的集群、约 17TB 数据的查询操作，误差为 2%～10%，查询速度比 Hive 快了 200 倍。

6）SparkR

R 语言是数据分析最常用的工具之一，但是 R 语言所能处理的数据受限于一台机器的内存。即便之前也有一些 R 语言和 Hadoop 结合的尝试，性能也不理想。SparkR 作为 AMPLab 在 2015 年最新发布的一个 R 语言开发包，为 Apache Spark 提供了轻量的前端，实现了让 R 语言调用 Spark。其原理是 Spark Context 通过 JNI 调用 Java Spark Context，随后通过 Worker 上的 Excutor 调用 R 语言的 Shell 来执行。SparkR 提供了 Spark 中弹性分布式数据集（RDD）的一组 API，使用户可以在集群上通过 R Shell 交互性地运行大数据分析作业，也可以在节点上利用 R 语言的数据分析库，是大数据分析的一个新武器，如图 5-10 所示。

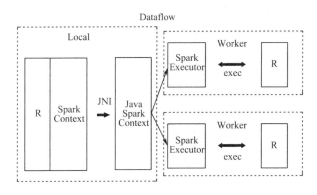

图 5-10 SparkR 实现原理

5.1.3 Spark 系统架构

从上文介绍可以看出，Spark 是整个 BDAS 的核心。生态系统中的各个组件通过 Spark 来实现对分布式并行任务处理的程序支持。

1. Spark 的系统架构

Spark 在系统总体架构上，采用了分布式计算中的 Master-Slave 模型。Master 是对应集群中含有 Master 进程的节点，Slave 是集群中含有 Worker 进程的节点。Master 作为整个集群的控制器，负责整个集群的正常运行；Worker 作为计算节点，接收主节点命令与进行状态汇报，其中的 Executor 负责任务的执行，一个用户开发的应用程序可对应着多个 Executor；Client 作为用户的客户端，负责提交应用；Driver 作为驱动程序，负责控制应用的具体执行。用户开发的 Spark 应用程序一般由一个 Driver 驱动程序和多个 Executor 执行器组成，如图 5-11 所示。

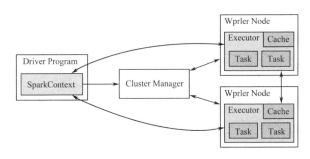

图 5-11 Spark 系统总体架构

Spark 集群部署后，需要在主节点和从节点分别启动 Master 进程和 Worker 进程。Master 负责管理全部 Worker 节点，而 Worker 节点只负责执行任务。在一个 Spark 应用的执行过程中，Driver 和 Worker 是两个重要角色。Driver 程序是应用逻辑执行的起点，每一个 Spark 的应用，都包含一个 Driver 程序，它运行用户的 main 函数，并创建 SparkContext，同时还负责作业的调度和 Task 任务的分发。而多个 Worker 则用来管理计算节点和创建 Executor 并行处理任务。在执行阶段，Driver 会将 Task 和 Task 所依赖的 file 和 jar 序列化后传递给对应的 Worker 机器，每个 Worker 中存在 1 个或多个 ExecutorRunner 对象，其拥有 ExecutorBackend 进程，每个进程又包含一个 Executor 对象，该对象拥有一个线程池，每个线程负责一个数据分区的 task 任务的执行。

下面是 Spark 架构中的基本组件的功能描述。

- Cluster Manager：在 Standalone 模式中即为 Master，控制整个集群，监视 Worker 在 YARN 模式中为资源管理器。
- Worker：从节点负责控制计算节点，启动 Executor 或 Driver。在 YARN 模式中为 NodeManager
- Driver：运行 Application 的 main 函数，并创建 SparkContext。
- Executor：执行器，在 Worker 节点上执行任务的组件、用于启动线程池运行任务。每个 Application 拥有独立的一组 Executors。
- SparkContext：整个应用的上下文，控制应用的生命周期。
- RDD：Spark 的基本计算单元，一组 RDD 可形成执行的有向无环图 RDD Graph。
- DAG Scheduler：根据作业（Job）构建基于 Stage 的 DAG，并提交 Stage 给 TaskScheduler。
- TaskScheduler：将任务（Task）分发给 Executor 执行。
- SparkEnv：线程级别的上下文，存储运行时的重要组件的引用。

2. Spark 的代码结构

图 5-12 展示了 Spark 1.0 的代码结构，读者可以通过其对 Spark 的整体组件有一个初步了解，正是这些代码模块构成了 Spark 架构中的各个组件，同时读者可以通过代码模块的脉络阅读与剖析源码，这对于了解 Spark 的架构和实现细节都是很有帮助的。

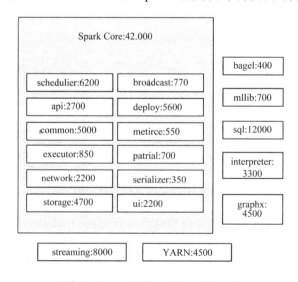

图 5-12　Spark 代码结构和代码量

下面对图 5-12 中各代码模块的功能进行简要介绍。

- schedulier：负责整体的 Spark 应用、任务调度的代码。
- broadcast：广播变量的实现代码。
- api：Java 和 Python 的 API 实现。
- deploy：包含部署和启动运行的代码。
- common：通用的类和逻辑实现。
- metrics：运行时状态监控逻辑代码。
- executor：包含 Worker 节点的计算逻辑代码。
- network：集群通信模块的代码。
- serializer：序列化模块的代码。
- storage：存储模块的代码。
- ui：接口界面的代码。
- streaming：Spark Streaming 的实现代码。
- YARN：Spark on YARN 的实现代码。
- graphx：GraphX 的实现代码。
- interpreter：交互式 Shell 的实现代码。
- mllib：Mllib 的实现代码。
- sql：Spark SQL 的实现代码。

5.1.4　Spark 工作流程

如图 5-13 所示，在 Spark 应用中，整个执行流程在逻辑上会形成有向无环图（DAG）。Action 算子触发之后，将所有累积的算子形成一个有向无环图，然后由调度器调度该图上的任务进行运算。Spark 的调度方式与 MapReduce 有所不同。Spark 根据 RDD 之间不同的依赖关系切分形成不同的阶段（Stage），一个阶段包含一系列函数执行流水线。图中的 A、B、C、D、E、F 分别代表不同的 RDD，RDD 内的方框代表分区。数据从HDFS 输入 Spark，形成 RDD A 和 RDD C，RDD C 上执行 map 操作，转换为 RDD D，RDD D 和 RDD E 执行 join 操作，转换为 F，而在 B 和 F 连接转化为 G 的过程中又会执行 Shuffle，最后 RDD G 通过函数 saveAsSequenceFile 输出并保存到 HDFS 中。

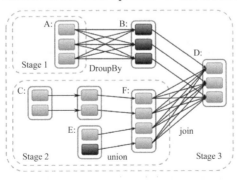

图 5-13　Spark 执行有向无环图

5.1.5　Spark 应用案例

随着企业数据量的增长，对大数据的处理和分析已经成为企业的迫切需求。Spark 作为 Hadoop 的替代者，引起学术界和工业界的普遍兴趣，大量应用在工业界落地，许多科研院校开始了对 Spark 的研究。

在学术界，Spark 得到各院校的关注。Spark 源自学术界，最初是由加州大学伯克利分校的 AMPLab 设计开发的。国内的中科院、中国人民大学、南京大学、华东师范大学等也开始对 Spark 展开相关研究，涉及 Benchmark、SQL、并行算法、性能优化、高可用性等多个方面。

在工业界，Spark 已经在互联网领域得到广泛应用。互联网用户群体庞大，需要存储量大数据并进行数据分析，Spark 能够支持多范式的数据分析，解决了大数据分析中迫在眉睫的问题。例如，国外 Cloudera、MapR 等大数据厂商全面支持 Spark，微策略等老牌 BI 厂商也和 Databricks 达成合作关系，Yahoo！使用 Spark 进行日志分析并积极回馈社区，Amazon 在云端使用 Spark 进行分析。国内同样得到很多公司的青睐，淘宝构建 Spark on YARN 进行用户交易数据分析，使用 GraphX 进行图谱分析。网易用 Spark 和 Shark 对海量数据进行报表和查询。腾讯使用 Spark 进行精准广告推荐。

图 5-14 和表 5-1 列举了 Spark 的典型使用场景。

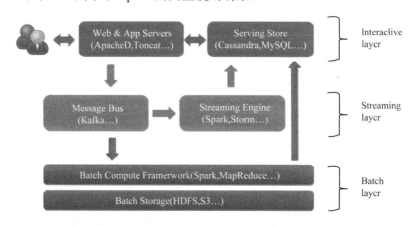

图 5-14　Spark 典型使用场景

表 5-1　Spark 的典型使用场景

使用场景	时间跨度	成熟的框架	使用 Spark
复杂的批量数据处理	小时级	MapReduce（Hive）	Spark
基于历史数据的交互式查询	分钟级，秒级	Impala	Spark SQL
基于实时数据流的数据处理	秒级	Storm	Spark Steaming
基于历史数据的数据挖掘	—	Mahout	Spark MLlib
基于增量数据的机器学习	—	—	Spark Streaming +MLlib

下面将选取代表性的 Spark 应用案例进行分析，以便于读者了解 Spark 在工业界的应用状况。

1．腾讯

广点通是最早使用 Spark 的应用之一。腾讯公司的大数据精准推荐借助 Spark 快速迭代的优势，围绕"数据+算法+系统"这套技术方案，实现了在"数据实时采集、算法实时训练、系统实时预测"的全流程实时并行高维算法，最终成功应用于广点通 pCTR 投放系统上，支持每天上百亿的请求量。

基于日志数据的快速查询系统业务构建于 Spark 之上的 Shark，利用其快速查询及内存表等优势，承担了日志数据的即席查询工作，在性能方面，普遍比 Hive 高 2～10 倍，如果使用内存表的功能，性能将会比 Hive 快百倍。

图 5-15 所示为腾讯分布式集群架构。

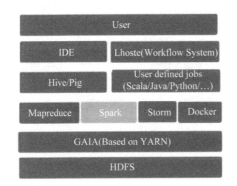

- Gaia集群结点数：8000+
- HDFS的存储空间：150PB+
- 每天新增数据：1PB+
- 每天任务数：1M+
- 每天计算量：10PB+

IDE：用于提交SQL或脚本的Eclipse插件和Web界面
Lhoste：各类作业的工作流调度系统，类似于Oozie
GAIA：基于YARN进行定制和优化的资源管理系统

图 5-15　腾讯分布式集群架构

2．雅虎

雅虎公司将 Spark 应用在客户拓展业务（Audience Expansion）中。Audience Expansion 是广告中寻找目标用户的一种方法：首先广告者提供一些观看了广告并且购买产品的样本客户，据此进行学习，寻找更多可能转化的用户，对他们定向推送广告。雅虎具体采用的算法是逻辑回归算法。同时由于有些 SQL 负载需要更高的服务质量，雅虎又加入了专门运行 Shark 的大内存集群，用于取代商业 BI/OLAP 工具，承担报表/仪表盘和交互式/即席查询，同时与桌面 BI 工具对接。目前，在雅虎部署的 Spark 集群有 112 台节点，9.2TB 内存。

3．淘宝

阿里公司的搜索和广告业务，最初使用 Mahout 或者自己写的 MR 来解决复杂的机器学习，导致效率低且代码不易维护。淘宝技术团队使用了 Spark 来解决多次迭代的机器学习算法、高计算复杂度的算法等。将 Spark 运用于淘宝的推荐相关算法上，同时还利用 Graphx 解决了许多生产问题，包括以下计算场景：基于度分布的中枢节点发现、基于最大连通图的社区发现、基于三角形计数的关系衡量、基于随机游走的用户属性传播等。图 5-16 所示为淘宝推荐系统架构。

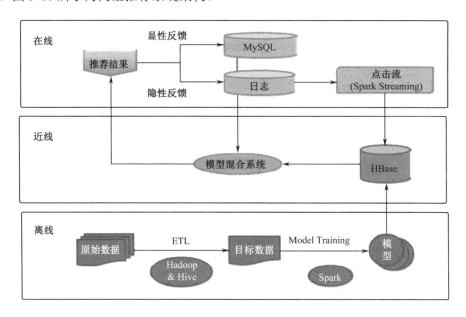

图 5-16　淘宝推荐系统架构

4．优酷土豆

优酷土豆在使用 Hadoop 集群的突出问题主要包括：第一是商业智能（BI）方面，分析师提交任务之后需要等待很久才得到结果；第二是大数据量计算，比如进行一些模拟广告投放时，计算量非常大的同时对效率要求也比较高；第三是机器学习和图计算的迭代运算需要耗费大量资源且速度很慢。

最终发现这些应用场景并不适合在 MapReduce 中去处理。通过对比，发现 Spark 性能比 MapReduce 提升很多。首先，交互查询响应快，性能比 Hadoop 提高若干倍；模拟广告投放计算效率高、延迟小（同 Hadoop 相比，延迟至少降低一个数量级）；机器学习、图计算等迭代计算，大大减少了网络传输、数据落地等，极大地提高了计算性能。目前，Spark 已经广泛使用在优酷土豆的视频推荐（图计算）、广告业务等。

5.2　Spark 计算模型

MapReduce 是 Google 提出的一个软件架构，是一种处理海量数据的并行编程模式，用于大规模数据集（通常大于 1TB）的并行运算。Map（映射）、Reduce（化简）的概念和主要思想都是从函数式编程语言和矢量编程语言借鉴来的[2]。正是由于 MapReduce 有函数式和矢量编程语言的共性，使得这种编程模式特别适合非结构化和结构化的海量数据的搜索、挖掘、分析与机器智能学习等。

5.2.1　Spark 程序模型

下面通过一个经典的示例程序来初步了解 Spark 的计算模型，过程如下。

（1）SparkContext 中的 textFile 函数从 HDFS 读取日志文件，输出变量 file。

```
val file=sc.textFile("hdfs://xxx")
```

（2）RDD 中的 filter 函数过滤带"ERROR"的行，输出 errors（errors 也是一个 RDD）。

```
val errors=file.filter(line=>line.contains("ERROR")
```

（3）RDD 的 count 函数返回"ERROR"的行数：errors.count（）。

RDD 操作起来与 Scala 集合类型没有太大差别，这就是 Spark 追求的目标：像编写单机程序一样编写分布式程序，但它们的数据和运行模型有很大的不同，用户需要具备更强的系统把控能力和分布式系统知识。

从 RDD 的转换和存储角度看这个过程，Spark 程序模型如图 5-17 所示。

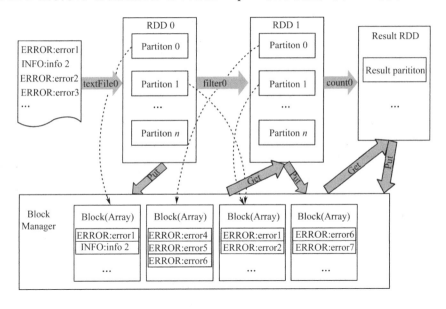

图 5-17　Spark 程序模型

在图 5-17 中，用户程序对 RDD 通过多个函数进行操作，将 RDD 进行转换。Block-Manager 管理 RDD 的物理分区，每个 Block 就是节点上对应的一个数据块，可以存储在内存或者磁盘中。而 RDD 中的 partition 是一个逻辑数据块，对应相应的物理块 Block。本质上，一个 RDD 在代码中相当于数据的一个元数据结构，存储着数据分区及其逻辑结构映射关系，还存储着 RDD 之前的依赖转换关系。

5.2.2　弹性分布式数据集（RDD）

本节简单介绍 RDD 以及 RDD 与分布式共享内存的异同。

在集群背后，有一个非常重要的分布式数据架构，即弹性分布式数据集（Resilient

Distributed Dataset，RDD），它是逻辑集中的实体，在集群中的多台机器上进行了数据分区。通过对多台机器上不同 RDD 分区的控制，就能够减少机器之间的数据重排（Data Shuffling）。Spark 提供了"partitionBy"运算符，能够通过集群中多台机器之间对原始 RDD 进行数据再分配来创建一个新的 RDD。RDD 是 Spark 的核心数据结构，通过RDD 的依赖关系形成 Spark 的调度顺序。通过对 RDD 的操作形成整个 Spark 程序。

1．RDD 的三种创建方式

（1）基于程序中的集合创建 RDD。

（2）基于本地文件创建 RDD。

（3）从 Hadoop 文件系统（或与 Hadoop 兼容的其他持久化存储系统，如 Hive、Cassandra、Hbase）输入数据创建 RDD。

图 5-18 分别给出了创建 RDD 的三种方式的实例代码。

```scala
package main.scala

import org.apache.spark.SparkConf
import org.apache.spark.SparkContext
/**
 * 创建RDD的三种方式
 */
object RDDBaseOnCollection {

  def main(args: Array[String]): Unit = {
    val conf = new SparkConf().setMaster("local[*]").setAppName("RDDBaseOnCollection")
    val sc = new SparkContext(conf)

    /*
     * 1. 从scala集合中创建RDD
     * 计算：1+2+3+···+100
     */
    val nums = 1 to 100
    val rdd = sc.parallelize(nums)
    val sum = rdd.reduce(_+_)
    println("sum:"+sum)

    /*
     * 2. 从本地文件系统创建RDD
     * 计算 people.json 文件中字符总长度
     */
    val rows = sc.textFile("file:///home/hadoop/spark-1.6.0-bin-hadoop2.6/examples/src/main/
resources/people.json")
    val length = rows.map(row=>row.length()).reduce(_+_)
    println("total chars length:"+length)

    /*
     * 3. 从HDFS创建RDD (lines: org.apache.spark.rdd.RDD[String] = MapPartitionsRDD[8] at
textFile at)
     * 计算 hive_test 文件中字符长度
     */
    val lines = sc.textFile("hdfs://112.74.21.122:9000/user/hive/warehouse/hive_test")
    println( lines.map(row=>row.length()).reduce(_+_))
  }
}
```

图 5-18　RDD 的三种创建方式

2．RDD 的两种主要操作算子

对于 RDD 有两种计算操作算子：Transformation（变换）与 Action（行动）。

（1）Transformation（变换）。Transformation 操作是延迟计算的，也就是说从一个RDD 转换生成另一个 RDD 的转换操作不是马上执行的，需要等到有 Actions 操作时，才真正触发运算。

（2）Action（行动）。Action 算子会触发 Spark 提交作业（Job），并将数据输出到 Spark 系统。

3．RDD 的重要内部属性

（1）分区列表。
（2）计算每个分片的函数。
（3）对父 RDD 的依赖列表。
（4）对 Key-Value 对数据类型 RDD 的分区器，控制分区策略和分区数。
（5）每个数据分区的地址列表（如 HDFS 上的数据块的地址）。

4．RDD 与分布式共享内存的异同

RDD 是一种分布式的内存抽象，表 5-2 列出了 RDD 与分布式共享内存（Distributed Shared Memory，DSM）的对比。在 DSM 系统[1]中，应用可以向全局地址空间的任意位置进行读/写操作。DSM 是一种通用的内存数据抽象，但这种通用性同时也使其在商用集群上实现有效的容错性和一致性更加困难。

表 5-2　RDD 与 DSM 的对比

对比项目	RDD	DSM
读	批量或细粒度读操作	细粒度读操作
写	批量转换操作	细粒度转换操作
一致性	不重要（RDD 是不可更改的）	取决于应用程序或运行时
容错性	细粒度，低开销使用 lineage（血统）	需要检查点操作和程序间隙
落后任务的处理	任务备份，重新调度执行	很难处理
任务安排	基于数据存放的位置自动实现	取决于应用程序

RDD 与 DSM 的主要区别在于[3]，不仅可以通过批量转换创建（"写"）RDD，还可以对任意内存位置读/写。RDD 限制应用执行批量写操作，这样有利于实现有效的容错。特别是，由于 RDD 可以使用 Lineage（血统）来恢复分区，基本没有检查点开销。失效时只需要重新计算丢失的那些 RDD 分区，就可以在不同节点上并行执行，而不需要回滚（Roll Back）整个程序。

通过备份任务的复制，RDD 还可以处理落后任务（运行很慢的节点），这一点与 MapReduce 类似，DSM 则难以实现备份任务，因为任务及其副本均需读/写同一个内存位置的数据。

与 DSM 相比，RDD 模型有两个优势。第一，对于 RDD 中的批量操作，运行时将根据数据存放的位置来调度任务，从而提高性能。第二，对于扫描类型操作，如果内存不足以缓存整个 RDD，就进行部分缓存，将内存容纳不下的分区存储到磁盘上。

另外，RDD 支持粗粒度和细粒度的读操作。RDD 上的很多函数操作（如 count 和

---

① 注意，这里的 DSM，不仅指传统的共享内存系统，还包括那些通过分布式哈希表或分布式文件系统进行数据共享的系统，如 Piccolo。

collect 等）都是批量读操作，即扫描整个数据集，可以将任务分配到距离数据最近的节点上。同时，RDD 也支持细粒度操作，即在哈希或范围分区的 RDD 上执行关键字查找。

后续将算子从两个维度结合在 3.3 节对 RDD 算子进行详细介绍。

（1）Transformations（变换）和 Action（行动）算子维度。

（2）在 Transformations 算子中再将数据类型维度细分为 Value 数据类型和 Key-Value 对数据类型的 Transformations 算子。Value 型数据的算子封装在 RDD 类中可以直接使用；Key-Value 对数据类型的算子封装于 PairRDDFunctions 类中，用户需要引入 import org.apache.spark.SparkContext._才能使用。进行这样的细分是由于不同的数据类型处理思想不太一样，同时有些算子是不同的。

5.2.3 Spark 算子

本节主要介绍 Spark 算子的作用，以及算子的分类。

1．Spark 算子的作用

图 5-19 描述了 Spark 的输入、运行转换、输出，以及在运行过程中通过算子对 RDD 进行转换。算子实质上是 RDD 中定义的函数，可以对 RDD 中的数据进行转换和操作。

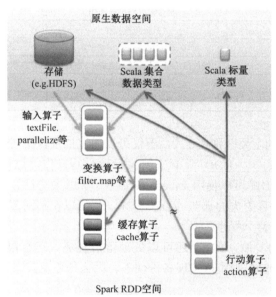

图 5-19 Spark 算子和数据空间

（1）输入：在 Spark 程序运行中，数据从外部数据空间（如分布式存储：textFile 读取 HDFS 等，parallelize 方法输入 Scala 集合或数据）输入 Spark，数据进入 Spark 运行时数据空间，转化为 Spark 中的数据块，通过 BlockManager 进行管理。

（2）运行：在 Spark 数据输入形成 RDD 后便可以通过 Transformation 转换算子，如 fliter 等，对数据进行操作并将 RDD 转化为新的 RDD，通过 Action 行动算子，触发 Spark 提交作业。如果数据需要复用，可以通过 Cache 缓存算子，将数据缓存到内存。

（3）输出：程序运行结束数据会自 Spark 运行时数据空间输出，存储到分布式存储中（如 saveAsTextFile 输出到 HDFS），或 Scala 数据集合中（collect 输出到 Scala 集合，count 返回 Scala int 型数据）。

Spark 的核心数据模型是 RDD，但 RDD 是一个抽象类，具体由各子类实现，如MappedRDD、ShuffledRDD 等子类。Spark 将常用的大数据操作都转化成 RDD 的子类。

2．Spark 算子的分类

Spark 算子一般可以分为三大类，如表 5-3 所示。

表 5-3　Spark 算子的分类

Transformations	$map(f:T\Rightarrow U)$	:	$RDD[T]\Rightarrow RDD[U]$
	$filter(f:T\Rightarrow Bool)$	:	$RDD[T]\Rightarrow RDD[T]$
	$flatMap(f:T\Rightarrow Seq[U])$	:	$RDD[T]\Rightarrow RDD[U]$
	$sample(fraction:Float)$	:	$RDD[T]\Rightarrow RDD[T]$ (Deterministic sampling)
	$groupByKey()$	:	$RDD[(K,V)]\Rightarrow RDD[(K,Seq[V])]$
	$reduceByKey(f:(V,V)\Rightarrow V)$	:	$RDD[(K,V)]\Rightarrow RDD[(K,V)]$
	$union()$	:	$(RDD[T],RDD[T])\Rightarrow RDD[T]$
	$join()$	:	$(RDD[(K,V)],RDD[(K,W)])\Rightarrow RDD[(K,(V,W))]$
	$cogroup()$	:	$(RDD[(K,V)],RDD[(K,W)])\Rightarrow RDD[(K,(Seq[V],Seq[W]))]$
	$crossProduct()$	:	$(RDD[T],RDD[U])\Rightarrow RDD[(T,U)]$
	$mapValues(f:V\Rightarrow W)$	:	$RDD[(K,V)]\Rightarrow RDD[(K,W)]$ (Preserves partitioning)
	$sort(c:Comparator[K])$	:	$RDD[(K,V)]\Rightarrow RDD[(K,V)]$
	$partitionBy(p:Partitioner[K])$	:	$RDD[(K,V)]\Rightarrow RDD[(K,V)]$
Actions	$count()$	:	$RDD[T]\Rightarrow Long$
	$collect()$	:	$RDD[T]\Rightarrow Seq[T]$
	$reduce(f:(T,T)\Rightarrow T)$	:	$RDD[T]\Rightarrow T$
	$lookup(k:K)$	:	$RDD[(K,V)]\Rightarrow Seq[V]$ (On hash/range partitioned RDDs)
	$save(path:String)$	:	Outputs RDD to a storage system, $e.g.$, HDFS

（1）Value 数据类型的 Transformation 算子：这种变换并不触发提交作业，针对处理的数据项是 Value 型的数据。

（2）Key-Value 数据类型的 Transfromation 算子：这种变换并不触发提交作业，针对处理的数据项是 Key-Value 型的数据对。

（3）Action 算子：这类算子会触发 SparkContext 提交 Job 作业。

5.3　Spark 工作机制

Spark 的主要模块包括调度与任务分配、I/O 模块、通信控制模块、容错模块及Shuffle 模块。Spark 按照应用、作业、Stage 和 Task 几个层次分别进行调度，采用了经典的 FIFO 和 FAIR 等调度算法[4]。在 Spark 的 I/O 中，将数据以块为单位进行管理，需要处理的块可以存储在本机内存、磁盘或者集群的其他机器中。集群中的通信对于命令和状态的传递极为重要，Spark 通过 AKKA 框架进行集群消息通信。分布式系统中的容错十分重要，Spark 通过 Lineage（血统）和 Checkpoint 机制进行容错性保证。最后介绍Spark 中的 Shuffle 机制，虽然 Spark 也借鉴了 MapReduce 模型，但其对 Shuffle 机制进行了创新与优化。

5.3.1　Spark 运行机制

Spark 的整体流程如下：Client 提交应用，Master 找到一个 Worker 启动 Driver，

Driver 向 Master 或者资源管理器申请资源，之后将应用转化为 RDD Graph，再由 DAGScheduler 将 RDD Graph 分解为 Stage 的有向无环图提交给 TaskScheduler，由 TaskScheduler 提交任务给 Executor 执行。在任务执行过程中，各个组件协同工作，确保整个应用能够顺利执行。

    Spark 应用提交后经历了一系列的转换，最后成为 Task 在每个节点上执行。Spark 应用转换流程如下（见图 5-20）：RDD 的 Action 算子触发 Job 的提交，提交到 Spark 中的 Job 生成 RDD DAG，由 DAGScheduler 转化为 Stage DAG，每个 Stage 中产生相应的 Task 集合，TaskScheduler 将任务分发到 Executor 执行。每个任务对应相应的一个数据块，使用用户定义的函数处理数据块。

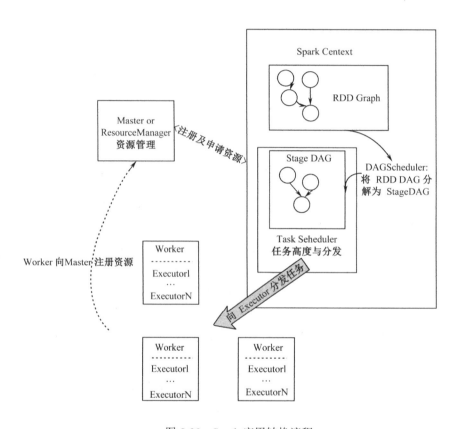

图 5-20　Spark 应用转换流程

    Spark 执行底层实现原理如图 5-21 所示。在 Spark 的底层实现中，通过 RDD 进行数据的管理，RDD 中有一组分布在不同节点上的数据块，当 Spark 的应用在对这个 RDD 进行操作时，调度器将包含操作的任务分发到指定的机器上执行，在计算节点通过多线程的方式执行任务。一个操作执行完毕，RDD 便转换为另一个 RDD，这样，用户的操作依次执行。Spark 为了系统的内存不至于快速用完，使用延迟执行的方式执行，即只有操作累积到 Action（行动），算子才会触发整个操作序列的执行，中间结果不会单独再重新分配内存，而是在同一个数据块上进行流水线操作。

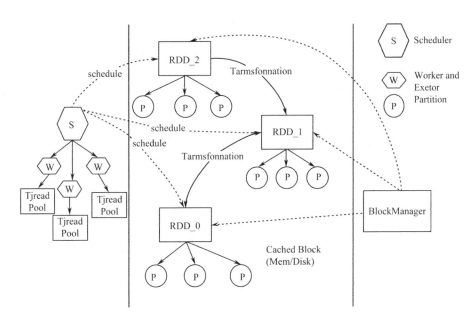

图 5-21　Spark 执行底层实现原理

在集群的程序实现上，有一个重要的分布式数据结构，即弹性分布式数据集（Resilient Distributed Dataset，RDD）。Spark 实现了分布式计算和任务处理，并实现了任务的分发、跟踪、执行等工作，最终聚合结果，完成 Spark 应用的计算。

对 RDD 的块管理通过 BlockManger 完成，BlockManager 将数据抽象为数据块，在内存或者磁盘进行存储，如果数据不在本节点，则可以通过远端节点复制到本机进行计算。

在计算节点的执行器 Executor 中会创建线程池，这个执行器将需要执行的任务通过线程池并发执行。

5.3.2　Spark 调度机制

Spark 有多种运行模式[5]，如 Local 模式、Standalone 模式、YARN 模式、Mesos 模式。本节主要介绍 Standalone 模式中的资源调度机制，其他运行模式中各角色实现的功能基本一致，只不过是在特定资源管理器下使用略为不同的名称和调度机制。

在 Standalone 模式下，集群启动之后，使用 jps 命令在主节点会看到 Master 进程，在从节点会看到 Worker 进程。其中，Master 负责接收客户端提交的作业，管理 Worker，并提供 Web UI 呈现集群运行时的状态信息，方便用户诊断问题。

图 5-22 所示为 Spark 调度机制。

在 Spark 的应用提交之后，Spark 开始调度应用。调度可以分为 4 个级别：Application 调度、Job 调度、Stage 的调度、Task 的调度与分发，下面对这 4 个层级的调度进行介绍。

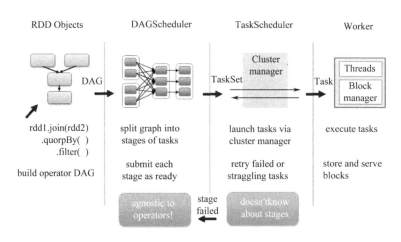

图 5-22　Spark 调度机制

1．Spark 应用程序之间的调度

通过前面的介绍，读者了解到每个应用拥有对应的 SparkContext 维持整个应用的上下文信息，提供一些核心方法。然后，通过主节点的分配获得独立的一组 Executor JVM 进程执行任务。Executor 空间内的不同应用之间是不共享的，一个 Executor 在一个时间段内只能分配给一个应用使用。如果多用户需要共享集群资源，依据集群管理者的配置，用户可以通过不同的配置选项来分配管理资源。

对集群管理者来说，最简单的配置方式就是静态配置资源分配规则。例如，在不同的运行模式下，用户可以通过配置文件，配置每个应用可以使用的最大资源总量、调度的优先级等集群调度参数。

2．Spark 应用程序内 Job 的调度

在 Spark 应用程序内部，用户通过不同线程提交的 Job 可以并行运行，这里所说的 Job 是指 Spark Action 算子触发的整个 RDD DAG。

Spark 的调度器是完全线程安全的，并且支持一个应用处理多请求的用例。

1）FIFO 模式

在默认情况下，Spark 的调度器以 FIFO（先进先出）方式调度 Job 的执行。每个 Job 被切分为多个 Stage。第一个 Job 优先获取所有可用的资源，接下来第二个 Job 再获取剩余资源。依此类推，如果第一个 Job 没有占用所有的资源，则第二个 Job 还可以继续获取剩余资源，这样多个 Job 可以并行运行。如果第一个 Job 很大，占用了所有资源，则第二个 Job 就需要等待第一个任务执行完，释放空余资源，再申请和分配 Job。

2）FAIR 模式

从 Spark 0.8 版本开始，可以通过配置 FAIR 共享调度模式调度 Job，如图 5-23 所示。在 FAIR 共享模式调度下，Spark 在多 Job 之间以轮询（Round Robin）方式为任务

分配资源，所有的任务拥有大致相当的优先级来共享集群的资源。这就意味着当一个长任务正在执行时，短任务仍可以分配到资源，提交并执行，并且获得不错的响应时间。这种调度模式很适合多用户的场景。用户可以通过配置 spark.scheduler.mode 方式来让应用以 FAIR 模式调度。FAIR 调度器同样支持将 Job 分组加入调度池中调度，用户可以同时针对不同优先级对每个调度池配置不同的调度权重。这种方式允许更重要的 Job 配置在高优先级池中优先调度。这种方式借鉴了 Hadoop 的 FAIR 调度模型，如图 5-23 所示。

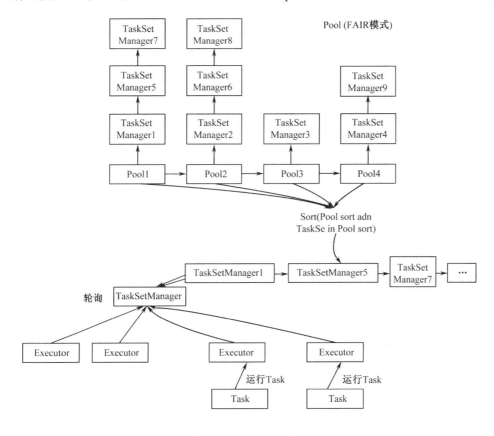

图 5-23　FAIR 调度模型

在默认情况下，每个调度池拥有相同的优先级来共享整个集群的资源，同样 default pool 中的每个 Job 也拥有同样优先级进行资源共享，但是在用户创建的每个资源池中，Job 是通过 FIFO 方式进行调度的。例如，如果每个用户都创建了一个调度池，就意味着每个用户的调度池将会获得同样的优先级来共享整个集群，但是每个用户的调度池内部的请求是按照先进先出的方式调度的，后到的请求不能比先到的请求更早获得资源。

在没有外部干预的情况下，新提交的任务放入 default pool 中进行调度。如果用户也可以自定义调度池，则通过在 SparkContext 中配置参数 spark.scheduler.pool 创建调度池。

```
/*假设 sc 是 SparkContext 变量*/
sc.setLocalProperty("spark.scheduler.pool", "pool6")
```

这样，配置了这个参数的线程每次提交的任务都是放入这个池中进行调度（如这个线程调用 RDD.collect 或者 RDD.count 等 action 算子）。这种调度池的配置可以很方便地让同一个用户在一个线程中运行多个 Job。如果用户不想再使用这个调度池，可以通过调用 SparkContext 的对应方法来终止这个调度池的使用。

```
sc.setLocalProperty("spark.scheduler.pool6", null)
```

3）配置调度池

用户可以通过配置文件来定义调度池的属性。每个调度池支持以下 3 个配置参数。

（1）调度模式（schedulingMode）：用户可以选择 FIFO 或者 FAIR 方式进行调度。

（2）权重（Weight）：该参数控制各个调度池在整个集群资源范围的分配比例。例如，如果用户配置一个指定的调度池权重为 3，那么这个调度池将会获得相对于权重为 1 的调度池 3 倍的资源。

（3）minShare：配置 minShare 参数（这个参数代表多少个 CPU 核），这个参数决定整体调度的调度池能给待调度的调度池分配多少资源就可以满足调度池的资源需求，剩余的资源还可以继续分配给其他调度池。

用户可以通过 conf/fairscheduler.xml 文件配置调度池的各个属性，同时需要在程序的 SparkConf 对象中配置属性。

3. Stage 和 TaskSetManager 调度方式

下面介绍 Stage 和 TaskSetManager 的调度方式。

1）Stage 的生成

Stage 的调度是由 DAGScheduler 完成的。由 RDD 的有向无环图 DAG 切分出了 Stage 的有向无环图 DAG。Stage 的 DAG 通过最后执行的 Stage 为根进行遍历，遍历到最开始执行的 Stage 执行，如果提交的 Stage 仍有未完成的父 Stage，则 Stage 需要等待其父 Stage 执行完才能执行。同时，DAGScheduler 中还维持了几个重要的 Key-Value 集合结构，用来记录 Stage 的状态，这样能够避免过早执行和重复提交 Stage。waitingStages 中记录仍有未执行的父 Stage，防止过早执行。runningStages 中保存正在执行的 Stage，防止重复执行。failedStages 中保存执行失败的 Stage，需要重新执行，这里的设计是出于容错的考虑。

在 TaskScheduler 中将每个 Stage 中对应的任务进行提交分配和调度。一个应用对应一个 TaskScheduler，也就是这个应用中所有 Action 触发的 Job 中的 TaskSetManager 都是由这个 TaskScheduler 调度的。

2）TaskSetManager 的调度

从上面介绍的 Job 的调度和 Stage 的调度方式可以知道，每个 Stage 对应的一个 TaskSetManager 通过 Stage 回溯到源头的 Stage，提交到调度池 pool 中，在调度池中，这些 TaskSetManager 又会根据 Job ID 排序，先提交的 Job 的 TaskSetManager 优先调度，然后一个 Job 内的 TaskSetManager ID 小的先调度，如果有未执行完的父 Stage 的 TaskSetManager，则不会参与调度。

4．Task 调度

通过分析下面的源码，读者可以了解 Spark 中 Task 的调度方式。

1）提交任务

在 DAGScheduler 中提交任务时，分配任务执行节点。

```
private def submitMissingTasks(stage: Stage, jobId: Int) {
logDebug("submitMissingTasks(" + stage + ")")
val myPending = pendingTasks.getOrElseUpdate(stage, new HashSet)
myPending.clear()
var tasks = ArrayBuffer[Task[_]]()
/*判断是否为 Shuffle map stage,如果是,则这个 stage 输出的结果会经过 Shuffle 阶段作为下一个
stge 的输入,结果是 Result Stage,则 stage 的结果输出到 Spark 空间(如 count(),save())*/
if (stage.isShuffleMap) {
for (p <- 0 until stage.numPartitions if stage.outputLocs(p) == Nil) {
val locs = getPreferredLocs(stage.rdd, p)
/*初始化 ShuffleMapTask*/
tasks += new ShuffleMapTask(stage.id, stage.rdd, stage.shuffleDep.get, p, locs)
}
} else {
val job = resultStageToJob(stage)
for (id <- 0 until job.numPartitions if !job.finished(id)) {
val partition = job.partitions(id)
val locs = getPreferredLocs(stage.rdd, partition)
/*初始化 ResultTask*/
tasks += new ResultTask(stage.id, stage.rdd, job.func, partition, locs, id)
}
}
val properties = if (jobIdToActiveJob.contains(jobId)) {
jobIdToActiveJob(stage.jobId).properties
} else {
// this stage will be assigned to "default" pool
null
}
/*通过此方法获取任务最佳的执行节点*/
private[spark]
def getPreferredLocs(rdd: RDD[_], partition: Int): Seq[TaskLocation] = synchronized {
……
}
```

2）分配任务执行节点

（1）如果调用过 cache()方法的 RDD，数据已经缓存在内存，则读取内存缓存中分区的数据。

```
val cached = getCacheLocs(rdd)(partition)
if (!cached.isEmpty) {
```

```
return cached
}
```

（2）如果直接能获取到执行地点，则返回执行地点作为任务的执行地点，通常 DAG 中最源头的 RDD 或者每个 Stage 中最开始的 RDD 会有执行地点的信息。例如，HadoopRDD 从 HDFS 读出的分区就是最好的执行地点。

```
/*@deprecated("Replaced by PartitionwiseSampledRDD", "1.0.0")
private[spark] class SampledRDD[T: ClassTag](
override def getPreferredLocations(split: Partition): Seq[String] =
firstParent[T].preferredLocations(split.asInstanceOf[SampledRDDPartit//ion].prev)*/
val rddPrefs = rdd.preferredLocations(rdd.partitions(partition)).toList
if (!rddPrefs.isEmpty) {
return rddPrefs.map(host => TaskLocation(host))
}
```

（3）如果不是上面两种情况，将遍历 RDD 获取第一个窄依赖的父亲 RDD 对应分区的执行地点。

```
rdd.dependencies.foreach {
case n: NarrowDependency[_] =>
for (inPart <- n.getParents(partition)) {
```

获取到子 RDD 分区的父分区的集合，再继续深度优先遍历，不断获取到这个分区的父分区的第一个分区，直到没有窄依赖。可以通过图 5-6 看到 RDD2 的 p0 分区位置就是 RDD0 中 p0 分区的位置。

```
val locs = getPreferredLocs(n.rdd, inPart)
if (locs != Nil) {
return locs
}
}
case _ =>
}
Nil
}
```

如果是宽依赖，由于在 Stage 之间需要进行 Shuffle，而分区无法确定，所以，无法获取分区的存储位置。这表示如果一个 Stage 的父 Stage 还没执行完，则子 Stage 中的 Task 不能获得执行位置。

整体的 Task 分发由 TaskSchedulerImpl 来实现，但是 Task 的调度（本质上是 Task 在哪个分区执行）逻辑由 TaskSetManager 完成。这个类监控整个任务的生命周期，当任务失败时（如执行时间超过一定的阈值），重新调度，也会通过 delay scheduling 进行基于位置感知（locality-aware）的任务调度。TaskSchedulerImpl 类有两个主要接口：resourceOffer 和 statusUpdate 接口 resourceOffer 的作用为判断任务集合是否需要在一个节点上运行。接口 statusUpdate 的主要作用为更新任务状态。

任务的 locality 由以下两种方式确定：

（1）RDD DAG 源头有 HDFS 等类型的分布式存储，它们内置的数据本地性决定

（RDD 中配置 preferred location 确定）数据存储位置和分区的选取。

（2）每个其他非源头 Stage 由于都要进行 Shuffle，所以，地址以在 resourceoffer 中进行 round robin 来确定，初始提交 Stage 时，将 prefer 的位置设置为 Nil。但在 Stage 调度过程中，内部是通过 Narrow dep 的祖先 Stage 确定最佳执行位置的。这样相当于每个 RDD 的分区都有 prefer 执行位置。

5.3.3　Spark I/O 机制

1．Spark 的 I/O 由传统的 I/O 演化而来

Spark 的 I/O 由传统的 I/O 演化而来，但又有所不同，具体表现如下：单机计算机系统中，数据集中化，结构化数据、半结构化数据、非结构化数据都只存储在一个主机中，而 Spark 中的数据分区是分散在多个计算机系统中的；传统计算机数据量小，Spark 则需要处理 TB、PB 级别的数据。

2．序列化和压缩

在分布式计算中，序列化和压缩是两个重要的手段。Spark 通过序列化将链式分布的数据转化为连续分布的数据，这样就能够进行分布式的进程间数据通信，或者在内存进行数据压缩等操作，提升 Spark 的应用性能。通过压缩，能够减少数据的内存占用，以及 I/O 和网络数据传输开销。

3．Spark 数据块管理

RDD 在逻辑上是按照 Partition 分块的，可以将 RDD 看成一个分区作为数据项的分布式数组。这也是 Spark 在极力做到的一点，让编写分布式程序像编写单机程序一样简单。而物理上存储 RDD 是以 Block 为单位的，一个 Partition 对应一个 Block，用 Partition 的 ID 通过元数据的映射到物理上的 Block，而这个物理上的 Block 可以存储在内存中，也可以存储在某个节点的 Spark 的硬盘临时目录中，等等。

整体的 I/O 管理分为以下两个层次。

（1）通信层：I/O 模块采用 Master-Slave 结构来实现通信层的架构，以及 Master 和 Slave 之间传输控制信息、状态信息。

（2）存储层：Spark 的块数据需要存储到内存或者磁盘，有可能还需传输到远端机器，这些是由存储层完成的。

通过图 5-24，可以大致了解整个 Spark 存储（Store）模块。

4．数据块读/写管理

数据块的读/写，如果在本地内存存在所需数据块，则先从本地内存读取，如果不存在，则看本地的磁盘是否有数据，如果仍不存在，再看网络中其他节点上是否有数据，即数据有 3 个类别的读/写来源。

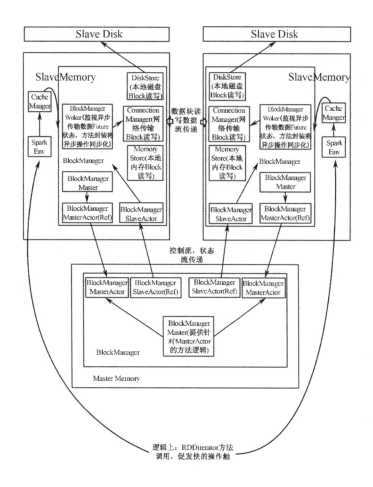

图 5-24　Spark 存储模块工作机制

1）MemoryStore 内存块读/写

通过源码可以看到进行块读/写是线程间同步的。通过 entries.synchronized 控制多线程并发读/写，防止出现异常。PutBlock 对象用来确保只有一个线程写入数据块。这样确保数据读/写且线程安全的。

2）DiskStore 磁盘块写入

在 DiskStore 中，一个 Block 对应一个文件。在 diskManager 中，存储 blockId 和一个文件路径映射。数据块的读/写入相当于读/写文件流。

5.3.4　Spark 通信机制

Spark 的 Cluster Manager 有 Local、Standalone、Mesos、YARN 等部署模式。为了研究 Spark 的通信机制，本节介绍 Standalone 模式，其他模式可以对照此模式进行类比。

1. 通信框架 AKKA

Spark 在模块间通信使用的是 AKKA 框架。AKKA 基于 Scala 开发，用于编写 Actor

应用。Actor 模型在并发编程中是比较常见的一种模型，如图 5-25 所示。很多开发语言都提供了原生的 Actor 模型（Erlang、Scala）。Actors 是一些包含状态和行为的对象。它们通过显式传递消息进行通信，这些消息会被发送到它们的收件箱中（消息队列）。从某种意义上来说，Actor 是面向对象编程中最严格的实现形式。它们之间可以通过消息来通信。一个 Actor 收到其他 Actor 的信息后，可以根据需要做出各种响应。通过 Scala 的强大的模式匹配功能可以让用户自定义多样化的消息。Actor 建立一个消息队列，每次收到消息后，放入队列，它每次也从队列中取出消息体来处理。通常情况下，这个过程是循环的，从而让 Actor 可以时刻接收处理发送来的消息。

注意：一个 ActorSystem 是一个重量级的结构，它会分配 N 个线程。所以，对于每一个应用来说，仅创建一个 ActorSystem 即可。

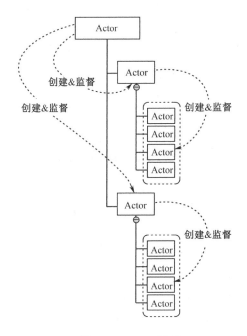

图 5-25　Actor 模型

AKKA Actor 树形结构 Actors 以树形结构组织起来。一个 Actor 可能会把自己的任务划分成更多更小的、利于管理的子任务。为了达到这个目的，它会开启自己的子 Actor，并负责监督这些子 Actor。关于监督的具体细节就不在这里讨论了。只需知道一点，就是每一个 Actor 都会有一个监督者，即创建这些 Actor 的 Actor。

AKKA 的优势和特性如下。

（1）并行和分布式：AKKA 在设计时采用了异步通信和分布式架构。

（2）可靠性：在本地/远程都有监控和恢复机制。

（3）高性能：在单机环境中每秒可发送 50000000 个消息。1GB 内存中可创建和保持 2500000 个 Actor 对象。

（4）去中心：区别于 Master-Slave 模式，采取无中心节点的架构。

（5）可扩展性：可以在分布式环境下进行 Scale out，线性扩充计算能力。

可以看到 AKKA 具有强大的并发处理能力，Spark 中并没有充分挖掘 AKKA 强大的并行计算能力，而是将其作为分布式系统中的 RPC 框架。很多组件封装为 Actor，进行控制和状态通信。

Spark 中的 Client、Master 和 Worker 都是一个 Actor。

例如，Master 通过 worker.actor！LaunchDriver（driver.id，driver.desc）向 Worker 节点发送启动 Driver 命令消息，在 Worker 节点中通过 receive 的方式响应命令消息。

```
override def receive = {
…
case LaunchDriver(driverId, driverDesc) => {
…
}
…
```

综上所述，通过 AKKA 可简洁地实现 Spark 模块间通信。

2．Client、Master 和 Worker 间的通信

在 Standalone 模式下，存在以下角色。

- Client：提交作业。
- Master：接收作业，启动 Driver 和 Executor，管理 Worker。
- Worker：管理节点资源，启动 Driver 和 Executor。

各模块间包括以下主要消息：

1）Client to Master

RegisterApplication：注册应用。

2）Master to Client

- RegisteredApplication：注册应用后，回复给 Client。
- ExecutorAdded：通知 Client Worker 已经启动了 Executor，当向 Worker 发送 LaunchExecutor 时，通知 Client Actor。
- ExecutorUpdated：通知 Client Executor 状态已更新。

3）Master to Worker

- LaunchExecutor：启动 Executor。
- RegisteredWorker：Worker 注册的回复。
- RegisterWorkerFailed：注册 Worker 失败的回复。
- KillExecutor：停止 Executor 进程。

4）Worker to Master

- RegisterWorker：注册 Worker。
- Heartbeat：周期性地向 Master 发送心跳信息。
- ExecutorStateChanged：通知 Master，Executor 状态更新。

主要的通信逻辑 Actor 之间，消息发送端通过"！"符号发送消息，接收端通过

receive 方法中的 case 模式匹配接收和处理消息。下面通过源码介绍 Client、Master、Worker 这 3 个 Actor 的主要通信接收逻辑。

Client Actor 通信代码逻辑如下：

```
private class ClientActor(driverArgs:ClientArguments,conf:SparkConf)extends Actor with Logging {
…
override def preStart() = {
masterActor = context.actorSelection(Master.toAkkaUrl(driverArgs.master))
…
driverArgs.cmd match {
case "launch" =>
…
/*在这段代码向 Master 的 Actor 提交 Driver*/
masterActor ! RequestSubmitDriver(driverDescription)
…
}
}
…
override def receive = {
/*接收 Master 命令在 Worker 创建 Driver 成功与否的消息*/
case SubmitDriverResponse(success, driverId, message) =>
println(message)
if (success) pollAndReportStatus(driverId.get) else System.exit(-1)
/*接收终止 Driver 成功与否的通知*/
case KillDriverResponse(driverId, success, message) =>
println(message)
if (success) pollAndReportStatus(driverId) else System.exit(-1)
…
}
}
```

5.3.5　Spark 容错机制

在众多特性中，最难实现的是容错性。一般来说，分布式数据集的容错性有两种方式：数据检查点和记录数据的更新。面向大规模数据分析，数据检查点操作成本很高，需要通过数据中心的网络连接在机器之间复制庞大的数据集，而网络带宽往往比内存带宽低得多，同时还需要消耗更多的存储资源。因此，Spark 选择记录更新的方式。但是，如果更新粒度太细、太多，那么记录更新成本也不低。因此，RDD 只支持粗粒度转换，即在大量记录上执行的单个操作。将创建 RDD 的一系列 Lineage（血统）记录下来，以便恢复丢失的分区。Lineage 本质上类似于数据库中的重做日志（Redo Log），只不过这个重做日志粒度很大，是对全局数据做同样的重做进而恢复数据[6]。

1．Lineage 机制

为了说明模型的容错性，图 5-26 给出了 3 个算子的血统（Lineage）关系图。在

lines RDD 上执行 filter 操作，得到 errors，然后 filter、map 后得到新的 RDD（filter、map 和 collect 都是 Spark 中对 RDD 的函数操作）。Spark 调度器以流水线的方式执行后 3 个转换，向拥有 errors 分区缓存的节点发送一组任务。此外，如果某个 errors 分区丢失，则 Spark 只在相应的 lines 分区上执行 filter 操作来重建该 errors 分区。

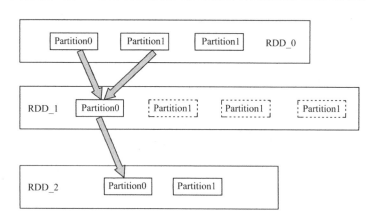

图 5-26　RDD Lineage

1）Lineage

相比其他系统的细颗粒度的内存数据更新级别的备份或者 LOG 机制，RDD 的 Lineage 记录的是粗颗粒度的特定数据 Transformation 操作（如 filter、map、join 等）行为。当这个 RDD 的部分分区数据丢失时，可以通过 Lineage 获取足够的信息来重新运算和恢复丢失的数据分区。因为这种粗颗粒的数据模型限制了 Spark 的运用场合，所以，Spark 并不适用于所有高性能要求的场景，但相比细颗粒度的数据模型，也带来了性能的提升。

2）两种依赖

RDD 在 Lineage 回溯依赖方面分为两种：窄依赖与宽依赖，用来解决数据容错的高效性。窄依赖是指父 RDD 的每一个分区最多被一个子 RDD 的分区所用，表现为一个父 RDD 的分区对应于一个子 RDD 的分区或多个父 RDD 的分区对应于一个子 RDD 的分区，也就是说一个父 RDD 的一个分区不可能对应一个子 RDD 的多个分区。宽依赖是指子 RDD 的分区依赖于父 RDD 的多个分区或所有分区，即存在一个父 RDD 的一个分区对应一个子 RDD 的多个分区。

如图 5-27 所示，可以根据父 RDD 分区是对应 1 个还是多个子 RDD 分区来区分窄依赖（父分区对应一个子分区）和宽依赖（父分区对应多个子分区）。如果对应多个，则当容错重算分区时，因为父分区数据只有一部分是需要重算子分区的，所以，其余数据重算就造成了冗余计算。

- 窄依赖：1 个父 RDD 分区对应 1 个子 RDD 分区，这其中又分两种情况——1 个子 RDD 分区对应 1 个父 RDD 分区（如 map、filter 等算子）、1 个子 RDD 分区对应 N 个父 RDD 分区（如 co-paritioned（协同划分）过的 Join）。

- 宽依赖：1 个父 RDD 分区对应多个子 RDD 分区，这其中又分两种情况——1 个父 RDD 对应所有子 RDD 分区（未经协同划分的 Join）、1 个父 RDD 对应非全部的多个 RDD 分区（如 groupByKey）。

对于宽依赖，Stage 计算的输入和输出在不同的节点上，对于输入节点完好，而输出节点死机的情况，通过重新计算恢复数据。这种情况下，这种方法容错是有效的，否则无效，因为无法重试，需要向上追溯其祖先，看是否可以重试（这就是 lineage，血统的意思）。窄依赖对于数据的重算开销要远小于宽依赖的数据重算开销。

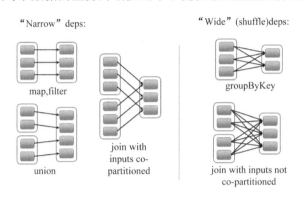

图 5-27　窄依赖与宽依赖

窄依赖和宽依赖的概念主要用在两个地方：一个是容错中，相当于 Redo 日志的功能；另一个是在调度中构建 DAG 作为不同 Stage 的划分点。

3）容错原理

在容错机制中，如果一个节点死机了，而且运算是窄依赖，则只要把丢失的父 RDD 分区重算即可，不依赖于其他节点。而宽依赖需要父 RDD 的所有分区都存在，重算就很昂贵了。可以这样理解开销的经济与否：在窄依赖中，在子 RDD 的分区丢失、重算父 RDD 分区时，父 RDD 相应分区的所有数据都是子 RDD 分区的数据，并不存在冗余计算。在宽依赖情况下，丢失一个子 RDD 分区重算的每个父 RDD 的每个分区的所有数据并不是都给丢失的子 RDD 分区用的，会有一部分数据相当于对应的是未丢失的子 RDD 分区中需要的数据，这样就会产生冗余计算开销，这也是宽依赖开销更大的原因。因此，如果使用 Checkpoint 算子来做检查点，不仅要考虑 Lineage 回溯是否足够长，还要考虑是否有宽依赖，对宽依赖加 Checkpoint 是最物有所值的。下面结合图 5-28 进行分析。

以图 5-29 上方的图为例，如果 RDD_1 中的 Partition3 出错丢失，则 Spark 会回溯到 Partition3 的父分区 RDD_0 的 Partition3，对 RDD_0 的 Partition3 重算算子，得到 RDD_1 的 Partition3。其他分区丢失也是同理重算进行容错恢复。

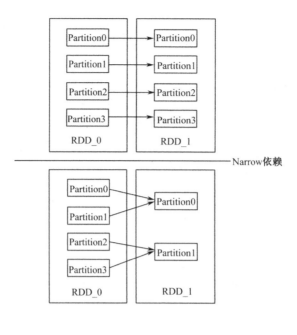

图 5-28　窄依赖

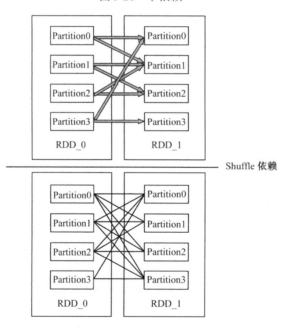

图 5-29　宽依赖

以图 5-29 下方的图为例，其中 RDD_1 中的 Partition3 丢失出错，由于其父分区是 RDD_0 的所有分区，所以，需要回溯到 RDD_0，重算 RDD_0 的所有分区，然后将 RDD_1 的 Partition3 需要的数据聚集合并为 RDD_1 的 Partition3。在这个过程中，由于 RDD_0 中不是 RDD_1 中 Partition3 需要的数据，也全部进行了重算，所以，产生了大量冗余数据重算的开销。

2. Checkpoint 机制

通过上述分析可以看出，在以下两种情况下 RDD 需要加检查点。

（1）DAG 中的 Lineage 回溯过长，如果重算，则开销太大（如在 PageRank 中）。

（2）在宽依赖上做 Checkpoint（检查点）获得的收益更大。

由于 RDD 是只读的，所以，Spark 的 RDD 计算中一致性不是主要关心的内容，内存相对容易管理，这也是设计者很有远见的地方，这样减少了框架的复杂性，提升了性能和可扩展性，为以后上层框架的丰富奠定了强有力的基础。

在 RDD 计算中，通过检查点机制进行容错，传统做检查点有两种方式：通过冗余数据和日志记录更新操作。在 RDD 中的 doCheckPoint 方法相当于通过冗余数据来缓存数据，之前介绍的血统就是通过相当粗粒度的记录更新操作来实现容错的。

在 Spark 中，通过 RDD 中的 checkpoint()方法来做检查点。可以通过 SparkContext.setCheckPointDir()设置检查点数据的存储路径，进而将数据存储备份，然后 Spark 删除所有已经做检查点的 RDD 的祖先 RDD 依赖。这个操作需要在所有需要对这个 RDD 所做的操作完成之后再做，因为数据会写入持久化存储，造成 I/O 开销。官方建议，做检查点的 RDD 最好是在内存中已经缓存的 RDD，否则，保存这个 RDD 在持久化的文件中需要重新计算，产生 I/O 开销。

5.3.6　Spark Shuffle 机制

Shuffle 的本义是洗牌、混洗，把一组有一定规则的数据打散，重新组合转换成一组无规则随机数据分区。Spark 中的 Shuffle 更像是洗牌的逆过程，把一组无规则的数据尽量转换成一组具有一定规则的数据，Spark 中的 Shuffle 和 MapReduce 中的 Shuffle 思想相同，在实现细节和优化方式上不同。

下面结合图 5-30 从物理实现上看 Spark 的 Shuffle 是怎样实现的。将 Shuffle 分为两个阶段：Shuffle Write 和 Shuffle Fetch 阶段（Shuffle Fetch 中包含聚集 Aggregate），在 Spark 中，整个 Job 转化为一个有向无环图（DAG）来执行，整个 DAG 中是在每个 Stage 的承接阶段做 Shuffle 过程。

图 5-30 中，整个 Job 分为 Stage 0～Stage 3 共 4 个 Stage。

首先，从最上端的 Stage 2、Stage 3 执行，每个 Stage 对每个分区执行变换（transformation）的流水线式的函数操作，执行到每个 Stage 最后阶段进行 Shuffle Write，将数据重新根据下一个 Stage 分区数分成相应的 Bucket（见图 5-31），并将 Bucket 最后写入磁盘。这个过程就是 Shuffle Write 阶段。

执行完 Stage 2、Stage 3 之后，Stage 1 去存储有 Shuffle 数据节点的磁盘取回需要的数据，将数据取回到本地后进行用户定义的聚集函数操作。这个阶段称为 Shuffle Fetch，Shuffle Fetch 包含聚集阶段。这样一轮一轮的 Stage 之间就完成了 Shuffle 操作。

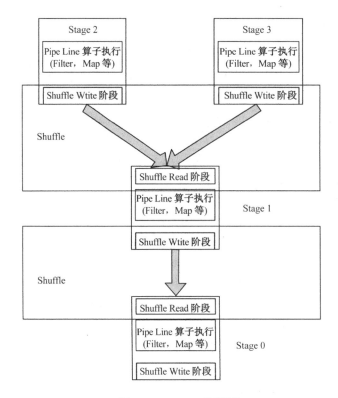

图 5-30　Shuffle 阶段图

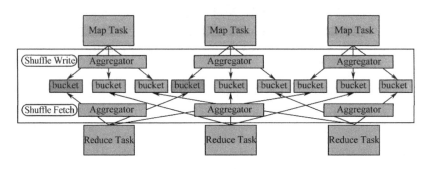

图 5-31　生成和取回 Bucket 操作

5.4　Scala 快速入门

Scala 语言和其他语言（如 Java）相比，算是一个比较复杂的语言，它是一个面向对象和面向函数的统一体，使用起来非常灵活，但也不容易掌握。本节仅是 Scala 的一个快速入门教程，将带读者走入 Scala 编程的旅程，同时希望在学习本节内容的同时，通过尝试输入本节的例子，使用 Scala 编译器查看结果，以便能很快地掌握 Scala 编程。

5.4.1　Scala 解释器

开始使用 Scala 的最简单的方式是使用交互式 Scala 解释器，只要输入 Scala 表达式，Scala 解释器会立即解释执行该语句并输出结果。当然也可以使用如 Scala IDE 或 IntelliJ IDEA 集成开发环境。不过本教程开始还是以这种交互式 Scala 解释器为主。

使用 Scala 解释器，首先需要下载安装 Scala 运行环境。然后在命令行输入 Scala，则进入 Scala 解释器，图 5-32 所示为 Linux 环境下的 Scala 解释器界面，可以使用 help 命令列出一些常用的 Scala 解释器命令。输入命令 quit，可退出 Scala 解释器。

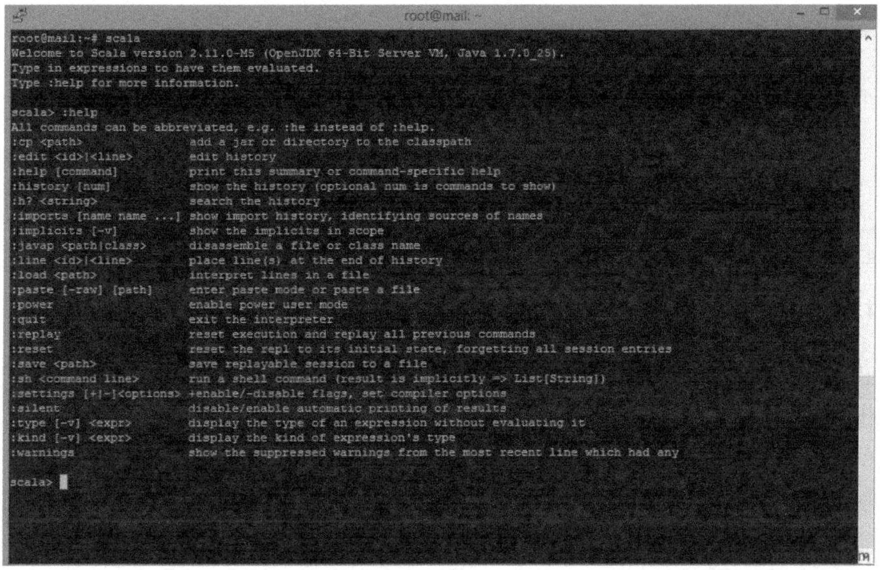

图 5-32　Scala 解释器界面

在 scala>提示符下，可以输入任意 Scala 表达式，如输入 1+2，解释器将显示：

res0:Int=3

这行显示包括：

一个由 Scala 解释器自动生成的变量名或者由用户指定的变量名用来指向计算出来的结果（比如 res0 代表 result0 变量）；

一个冒号，后面紧跟个变量类型比如 Int；

一个等于号；

计算结果，本例为 1+2 的结果 3。

图 5-33　Scala 表达式

resX 变量名可以用在之后的表达式中，此时 res0=3，如果输入 res0 *3，则显示 res1:Int =9，如图 5-33 所示。

5.4.2　变量

Scala 定义了两种类型的变量 val 和 var ，val 类似于 Java 中的 final 变量，一旦初始化，不可以重新复制（可以称其为常变量）。而 var 类似于一般的非 final 变量，可以任意重新赋值。例如，定义一个字符串常变量，代码如下：

```
scala> val msg="Hello,World"
msg: String = Hello,World
```

这个表达式定义了一个 msg 变量，该变量为字符串常量。它的类型为 string (java.lang.string)。可以看到，在定义这个变量时并不需要像 Java 一样定义其类型，Scala 可以根据赋值的内容推算出变量的类型。这在 Scala 语言中称为"type inference"。当然，如果愿意，也可以采用和 Java 一样的方法，明确指定变量的类型，例如：

```
scala> val msg2:String ="Hello again,world"
msg2: String = Hello again,world
```

不过这样写就不像 Scala 风格了。此外，Scala 语句也不需要以分号结尾。 如果在命令行中需要分多行输入，Scala 解释器将在新行前面显示"|"，表示该行接着上一行。例如：

```
scala> val msg3=
     | "Hello world 3rd time"
msg3: String = Hello world 3rd time
```

5.4.3 函数

Scala 既是面向对象的编程语言，也是面向函数的编程语言，因此，函数在 Scala 语言中的地位和类是同等第一位的。下面的代码定义了一个简单的函数，该函数求两个数的最大值。

```
scala> def max(x:Int,y:Int) : Int ={
     | if (x >y) x

     | else
     | y

     | }
max: (x: Int, y: Int)Int
```

Scala 函数以 def 定义，后面是函数的名称（如 max),然后是以逗号分隔的参数。Scala 中变量类型是放在参数和变量的后面，以"："隔开。这样做的一个好处是便于对类型进行标注。刚开始有些不习惯（如果是 Pascal 程序员，会觉得很亲切）。同样，如果函数需要返回值，它的类型也是定义在参数的后面（实际上每个 Scala 函数都有返回值，只是有些返回值类型为 Unit，类似 void 类型）。

此外，每个 Scala 表达式都有返回结果（这一点和 Java、C#等语言不同），例如，Scala 的 if else 语句也是有返回值的，因此，函数返回结果无须使用 return 语句。实际上在 Scala 代码中应当尽量避免使用 return 语句。函数的最后一个表达式的值就可以作为返回值。

同样由于 Scala 的"type inference"特点，本例其实无须指定返回值的类型。对于大多数函数 Scala 都可以推测出函数返回值的类型，但目前来说回溯函数（函数调用自身）还是需要指明返回结果类型的。

下面定义一个"没有"返回结果的函数（其他语言可能称这种无返回值的函数为程式）。

```
scala> def greet() = println("hello,world")
greet: ()Unit
```

greet 函数的返回值类型为 Unit，表示该函数不返回任何有意义的值，Unit 类似于 Java 中的 void 类型。这种类型的函数主要用来获得函数的"副作用"，如本函数的副作用是打印招呼语。

5.4.4　编写 Scala 脚本

Scala 本身是设计用来编写大型应用的，它也可以作为脚本语言来执行，脚本为一系列 Scala 表达式构成以完成某个任务，如前面的 Hello World 脚本，也可以使用脚本来实现一些如复制文件、创建目录之类的任务。

5.4.5　while 配合 if 实现循环

下面的代码使用 while 实现一个循环：

```
var i=0
while (i < args.length) {
    println (args(i))
    i+=1
}
```

为了测试这段代码，可以将该代码存储为一个文件，如 printargs.scala，将该语句作为脚本运行。例如，在命令行中输入如下语句：

```
scala printargs.scala I like Scala
```

则显示图 5-34 所示的结果。

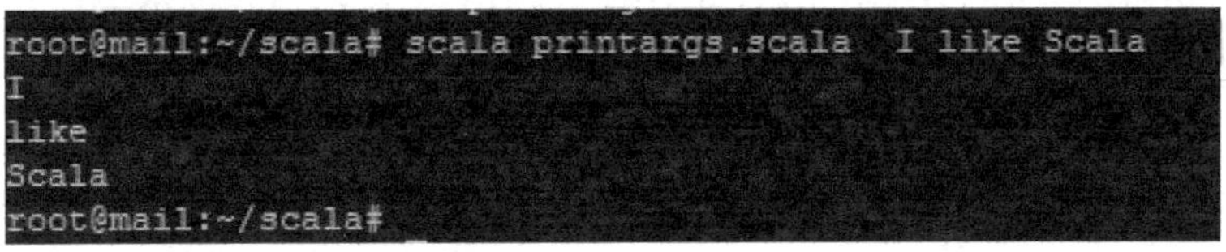

图 5-34　Scala 循环语句

这里要注意的是 Scala 不支持++i、i++运算，因此，需要使用 i+=1 来加 1。这段代码看起来和 Java 代码差不多，实际上 while 也是一个函数，自动可以利用 Scala 语言的扩展性，实现 while 语句，使它看起来和 Scala 语言自带的关键字一样调用。

Scala 访问数组的语法是使用()而非[]。

这里介绍了使用 while 来实现循环，但这种实现循环的方法并不是最好的 Scala 风格，下面介绍一种更好的方法来避免通过索引来枚举数组元素。

5.4.6　foreach 和 for 来实现迭代

Scala 是面向函数的语言，采用"函数式"风格来编写代码。比如上面的循环，使用 foreach 方法如下：

```
args.foreach(arg => println(arg))
```

该表达式调用 args 的 foreach 方法，传入一个参数，这个参数类型也是一个函数（lambda 表达式，和 C#中概念类似）。这段代码可以再写得精简一些，可以利用 Scala 支持的缩写形式，如果一个函数只有一个参数并且只包含一个表达式，那么无须明确指明参数。因此，上面的代码可以写成下述形式：

```
args.foreach( println)
```

Scala 中提供了一个"for comprehension"，它比 Java 中的 for 表达式功能更强大。"for comprehension"（抱歉找不到合适的中文词来翻译这个术语，姑且使用 for 表达式）将在后面介绍，这里先使用 for 来实现前面的例子：

```
for (arg <-args)
    println(arg)
```

5.4.7 类型参数化数组

在 Scala 中可以使用 new 来实例化一个类。当创建一个对象的实例时，可以使用数值或类型参数。如果使用类型参数，它的作用类似于 Java 或.NET 的 Generic 类型。不同的是，Scala 使用方括号来指明数据类型参数，而非尖括号。比如：

```
val greetStrings =new Array[String](3)
greetStrings(0)="Hello"
greetStrings(1)=","
greetStrings(2)="world!\n"
for(i <- 0 to 2)
    print(greetStrings(i) )
```

可以看到，Scala 使用[]来为数组指明类型化参数，本例使用 String 类型，数组使用()而非[]来指明数组的索引。其中的 for 表达式中使用到 0 to 2，这个表达式演示了 Scala 的一个基本规则，如果一个方法只有一个参数，可以不用括号和. 来调用这个方法。因此，这里的 0 to 2，其实为(0).to(2) 调用的为整数类型的 to 方法，to 方法使用一个参数。Scala 中所有的基本数据类型也是对象（和 Java 不同），因此，0 可以有方法（实际上调用的是 RichInt 的方法），这种只有一个参数的方法可以使用操作符的写法（不用.和括号），实际上 Scala 中表达式 1+2，最终解释为(1).+(2)，+也是 Int 的一个方法。Scala 对方法的名称没有太多的限制，可以使用任何符号作为方法的名称；而 Java 则规定方法名称必须是以字母、下画线或$开头，后面可以包含数字、字母、下画线或美元符号但不包含空格的字符序列。

这里也说明为什么 Scala 中使用()来访问数组元素，在 Scala 中，数组和其他普遍的类定义一样，没有什么特别之处，当在某个值后面使用()时，Scala 将其翻译成对应对象的 apply 方法。因此，本例中 greetStrings(1)调用 greetString.apply(1)方法。这种表达方法不仅限于数组，对于任何对象，如果在其后面使用()，都将调用该对象的 apply 方法。同样，如果对某个使用()的对象赋值，比如：

```
greetStrings(0)="Hello"
```

Scala 将这种赋值转换为该对象的 update 方法，也就是 greetStrings.update(0, "hello")。因此，上面的例子，使用传统的方法调用可以写成如下形式：

```
val greetStrings =new Array[String](3)
greetStrings.update(0,"Hello")
greetStrings.update(1,",")
greetStrings.update(2,"world!\n")
for(i <- 0 to 2)
    print(greetStrings.apply(i))
```

从这点来说，数组在 Scala 中并不是某种特殊的数据类型，和普通的类没有什么不同。不过 Scala 还是提供了初始化数组的简单方法，比如上面的例子数组可以使用如下代码：

```
val greetStrings =Array("Hello",",","World\n")
```

这里使用()其实还是调用 Array 类的关联对象 Array 的 apply 方法，也就是：

```
val greetStrings =Array.apply("Hello",",","World\n")
```

5.4.8　Lists

Scala 也是一个面向函数的编程语言，面向函数的编程语言的一个特点是，调用某个方法不应该有任何副作用，如果参数一定，调用该方法后，将返回一定的结果，而不会去修改程序的其他状态（副作用）。这样做的好处是方法和方法之间关联性较小，从而方法变得更可靠和重用性高。使用这个原则也就意味着需要将参变量设成不可被修改的，从而避免了多线程访问的互锁问题。

前面介绍的数组，其元素是可以被修改的。Scala 于是提供了一种 Lists 类，该类对象赋值后即不可被修改，用来满足函数编程风格的代码使用需要。它有点像 Java 的 String，String 也是不可以修改的，如果需要可以修改的 String 对象，可以使用 StringBuilder 类。比如下面的代码：

```
val oneTwo = List(1,2)
val threeFour = List(3,4)
val oneTwoThreeFour=oneTwo ::: threeFour
println (oneTwo + " and " + threeFour + " were not mutated.")
println ("Thus, " + oneTwoThreeFour + " is a new list")
```

定义了两个 List 对象 oneTwo 和 threeFour，然后通过:::操作符（其实为:::方法）将两个列表链接起来。实际上由于 List 的不可以修改特性，Scala 创建了一个新的 List 对象 oneTwoThreeFour 来保存两个列表链接后的值。

List 也提供了一个::方法用来向 List 中添加一个元素，::方法（操作符）是右操作符，也就是使用::右边的对象来调用它的::方法，Scala 中规定所有以:开头的操作符都是右操作符，因此，如果自己定义以:开头的方法（操作符）也是右操作符。

如下面使用常量创建一个列表：

```
val oneTowThree = 1 :: 2 ::3 :: Nil
println(oneTowThree)
```

用空列表对象 Nil 的 ::方法，也就是

```
val oneTowThree =   Nil.::(3).::(2).::(1)
```

Scala 的 List 类还定义其他很多很有用的方法，比如 head、last、length、reverse、tail 等，这里就不一一说明了，具体可以参考 List 的文档。

5.4.9 使用元组（Tuples）

Scala 中另外一个很有用的容器类为 Tuples。和 List 不同的是，Tuples 可以包含不同类型的数据，而 List 只能包含同类型的数据。Tuples 在方法需要返回多个结果时非常有用（Tuple 对应数学中矢量的概念）。

一旦定义了一个元组，可以使用._和索引来访问员组的元素（矢量的分量，注意和数组不同的是，元组的索引从 1 开始）。

```
val pair=(99,"Luftballons")
println(pair._1)
```

```
println(pair._2)
```

元组的实际类型取决于它的分量的类型，比如上述 pair 的类型实际为 Tuple2 [Int,String]，而（"u"，"r"，"the"，1,4，"me"）的类型为 Tuple6[Char,Char,String,Int, Int,String]。

目前，Scala 支持的元组的最大长度为 22。如果有需要，可以自己扩展更长的元组。

5.4.10 Sets 和 Maps

Scala 语言的一个设计目标是让程序员可以同时利用面向对象和面向函数的方法编写代码，因此，它提供的集合类分成了可以修改的集合类和不可以修改的集合类两大类型。例如，Array 总是可以修改内容的，而 List 总是不可以修改内容的。类似的情况，Scala 也提供了两种 Sets 和 Map 集合类。

例如，Scala API 定义了 Set 的 Trait 基类（Trait 的概念类似于 Java 中的 Interface，不同的是 Scala 中的 Trait 可以有方法的实现），分两个包定义 Mutable（可变）和 Immutable（不可变），使用同样名称的子 Trait。图 5-35 所示为 Sets 中 Trait 和类的基础关系。

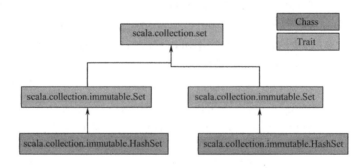

图 5-35 Sets 中 Trait 和类的基础关系

使用 Set 的基本方法如下：

```
var jetSet = Set ("Boeing","Airbus")
jetSet +="Lear"
println(jetSet.contains("Cesna"))
```

默认情况 Set 为 Immutable Set，如果需要使用可修改的集合类（Set 类型），可以使用全路径来指明 Set，如 scala.collection.mutalbe.Set 。

Scala 提供的另一个类型为 Map 类型，Scala 也提供了 Mutable 和 Immutable 两种 Map 类型。图 5-36 所示为 Map 中 Trait 和类的基础关系。

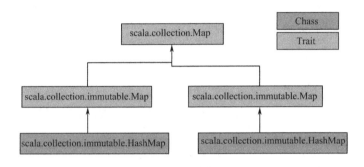

图 5-36　Map 中 Trait 和类的基础关系

Map 的基本用法如下（Map 类似于其他语言中的关联数组如，PHP）：

```
val romanNumeral = Map ( 1 -> "I" , 2 -> "II",3 -> "III", 4 -> "IV", 5 -> "V")
println (romanNumeral(4))
```

5.4.11　函数编程风格

Scala 语言的一个特点是支持面向函数编程，因此，学习 Scala 的一个重要方面是改变之前的指令式编程思想（尤其是有 Java 或 C#背景的程序员），观念要向函数式编程转变。首先，在看代码时要认识哪种是指令编程，哪种是函数式编程。实现这种思想上的转变，不仅会使你成为一个更好的 Scala 程序员，同时也会扩展你的视野，使你成为一个更好的程序员。

一个简单的原则，如果代码中含有 var 类型的变量，这段代码就是传统的指令式编程，如果代码只有 val 变量，这段代码就很有可能是函数式代码，因此，学会函数式编程关键是不使用 vars 来编写代码。

来看一个简单的例子：

```
def printArgs ( args: Array[String]) : Unit ={
    var i=0
    while (i < args.length) {
      println (args(i))
      i+=1
    }
```

有 Java 背景的程序员开始写 Scala 代码很有可能写成上面的实现。我们试着去除

vars 变量，可以写成符合函数式编程的代码：

```
def printArgs ( args: Array[String]) : Unit ={
    for( arg <- args)
        println(arg)
}
```

或者简化为如下形式：

```
def printArgs ( args: Array[String]) : Unit ={
        args.foreach(println)
```

这个例子也说明了尽量少用 vars 的好处——代码更简洁和明了，从而也可以减少错误的发生。因此，Scala 编程的一个基本原则是，能不用 vars 尽量不用；能不用 mutable 变量尽量不用；能避免函数的副作用，尽量不产生副作用。

5.4.12 读取文件

使用脚本实现某个任务，通常需要读取文件，本节介绍 Scala 读/写文件的基本方法。下面的例子读取文件的每行，把该行字符长度添加到行首。

```
import scala.io.Source
if (args.length >0 ){
    for( line <- Source.fromFile(args(0)).getLines())
        println(line.length + " " + line)
}
    else
        Console.err.println("Please enter filename")
```

可以看到 Scala 引入包的方式和 Java 类似，也是通过 import 语句。文件相关的类定义在 scala.io 包中。如果需要引入多个类，Scala 使用 "_" 而非 "*"。

5.5 Spark 环境部署

本节将介绍 Spark 如何安装和配置，如何在 Spark 中开发应用程序，以及如何进行程序的编译和调试。在编写 Spark 应用程序之前，需要安装和配置开发环境，一般可以选择 Intellij 进行开发和调试，使用 SBT 编译项目。

5.5.1 安装与配置 Spark

Spark 在生产环境中，主要部署在安装有 Linux 系统的集群中。在 Linux 系统中安装 Spark 需要预先安装 JDK、Scala 等。由于 Spark 是计算框架，所以，需要预先在集群内有搭建好存储数据的持久化层，如 HDFS、Hive、Cassandra 等。最后用户就可以通过启动脚本运行应用。

下面介绍如何在 Linux 集群上安装与配置 Spark。

1. 安装 JDK

安装 JDK 大致包括如下 4 个步骤。

（1）用户可以在 Oracle JDK 的官网下载相应版本的 JDK，本例以 JDK7 为例，官网地址为 http://www.oracle.com/technetwork/java/javase/downloads/jdk7-downloads-1880260.html。

（2）根据下载文件的不同，用户可选择 ppm 或者 tar 包解压的方式进行 JDK 安装。

（3）具体安装过程如下。

① 解压 jdk 软件。

```
- tar -zxf jdk-7u79-linux-x64.tar.gz
```

② 移动 jdk 到指定的目录。

```
- mv jdk1.7.0_79/ /usr/local/java7
```

③ 配置环境变量。

```
- echo "export JAVA_HOME=/usr/local/java7" >> /etc/profile
- echo "export PATH=\$JAVA_HOME/bin:\$PATH" >> /etc/profile
```

（4）重新加载 profile。

```
- source /etc/profile
```

2．安装 Hadoop

下面讲解 Hadoop 的安装过程和步骤。

1）下载 Hadoop-2.6.0

（1）选取一个 Hadoop 镜像网址，下载相应版本的 Hadoop。

```
$ wget http：//www.trieuvan.com/apache/hadoop/common/hadoop-2.6.0/hadoop-2.6.0.tar.gz
```

（2）解压 tar 包。

```
$ sudo tar-vxzf hadoop-2.6.0.tar.gz -C /usr/local
$ cd /usr/local
$ sudo mv hadoop-2.6.0 hadoop
$ sudo chown -R hduser：hadoop hadoop
```

2）配置 Hadoop 环境变量

（1）编辑 profile 文件。

```
vi /etc/profile
```

（2）在 profile 文件中增加以下环境变量。

```
export JAVA_HOME=/usr/lib/jvm/jdk/
export HADOOP_INSTALL=/usr/local/hadoop
export PATH=$PATH：$HADOOP_INSTALL/bin
export PATH=$PATH：$HADOOP_INSTALL/sbin
export HADOOP_MAPRED_HOME=$HADOOP_INSTALL
export HADOOP_COMMON_HOME=$HADOOP_INSTALL
export HADOOP_HDFS_HOME=$HADOOP_INSTALL
export YARN_HOME=$HADOOP_INSTALL
```

通过如上配置就可以让系统找到 JDK 和 Hadoop 的安装路径。

3）编辑配置文件

（1）进入 Hadoop 所在目录/usr/local/hadoop/etc/hadoop。

（2）配置 hadoop-env.sh 文件。

```
export JAVA_HOME=/usr/lib/jvm/jdk/
```

（3）配置 core-site.xml 文件。

```
<configuration>
/*这里的值指的是默认的 HDFS 路径*/
<property>
<name>fs.defaultFS</name>
<value>hdfs：//Master：9000</value>
</property>
/*缓冲区大小：io.file.buffer.size 默认是 4KB*/
<property>
<name>io.file.buffer.size</name>
<value>4096</value>
</property>
/*临时文件夹路径*/
<property>
<name>hadoop.tmp.dir</name>
<value>file：/home/tmp</value>
<description>Abase for other
temporary directories. </description>
</property>
<property>
<name>hadoop.proxyuser.hduser.hosts</name>
<value>*</value>
</property>
<property>
<name>hadoop.proxyuser.hduser.groups</name>
<value>*</value>
</property>
</configuration>
```

（4）配置 yarn-site.xml 文件。

```
<configuration>
<property>
<name>yarn.nodemanager.aux-services</name>
<value>mapreduce_shuffle</value>
</property>
<property>
<name>yarn.nodemanager.aux-services.mapreduce.shuffle.class</name>
<value>org.apache.hadoop.mapred.ShuffleHandler</value>
</property>
/*resourcemanager 的地址*/
<property>
<name>yarn.resourcemanager.address</name>
<value>Master：8032</value>
</property>
```

```
/*调度器的端口*/
<property>
<name>yarn.resourcemanager.scheduler.address</name>
<value> Master1：8030</value>
</property>
/*resource-tracker 端口*/
<property>
<name>yarn.resourcemanager.resource-tracker.address</name>
<value> Master：8031</value>
</property>
/*resourcemanager 管理器端口*/
<property>
<name>yarn.resourcemanager.admin.address</name>
<value> Master：8033</value>
</property>
/* ResourceManager 的 Web 端口，监控 job 的资源调度*/
<property>
<name>yarn.resourcemanager.webapp.address</name>
<value> Master：8088</value>
</property>
</configuration>
```

（5）配置 mapred-site.xml 文件，加入如下内容：

```
<configuration>
/*hadoop 对 map-reduce 运行框架一共提供了 3 种实现，在 mapred-site.xml 中通过"mapreduce.
framework.name"这个属性来设置为"classic"、"yarn"或者"local"*/
<property>
<name>mapreduce.framework.name</name>
<value>yarn</value>
</property>
/*MapReduce JobHistory Server 地址*/
<property>
<name>mapreduce.jobhistory.address</name>
<value>Master：10020</value>
</property>
/*MapReduce JobHistory Server Web UI 地址*/
<property>
<name>mapreduce.jobhistory.webapp.address</name>
<value>Master：19888</value>
</property>
</configuration>
```

4）创建 namenode、datanode 和 tmp 目录，并配置其相应路径

（1）创建 namenode、datanode 和 tmp 目录，执行以下命令：

```
$ mkdir /hdfs/namenode
$ mkdir /hdfs/datanode
$ mkdir /hdfs/tmp        /*tmp 对应 core-site.xml 中临时文件夹路径*/
```

（2）执行命令后，再次回到目录/usr/local/hadoop/etc/hadoop，配置 hdfs-site.xml 文件，在文件中添加如下内容：

```
<configuration>
/*配置主节点名和端口号*/
<property>
<name>dfs.namenode.secondary.http-address</name>
<value>Master：9001</value>
</property>
/*配置从节点名和端口号*/
<property>
<name>dfs.namenode.name.dir</name>
<value>file：/hdfs/namenode</value>
</property>
/*配置 datanode 的数据存储目录*/
<property>
<name>dfs.datanode.data.dir</name>
<value>file：/hdfs/datanode</value>
</property>
/*配置副本数*/
<property>
<name>dfs.replication</name>
<value>3</value>
</property>
/*将 dfs.webhdfs.enabled 属性设置为 true，否则就不能使用 webhdfs 的 LISTSTATUS、LISTFILESTATUS
等需要列出文件、文件夹状态的命令，因为这些信息都是由 namenode 保存的*/
<property>
<name>dfs.webhdfs.enabled</name>
<value>true</value>
</property>
</configuration>
```

5）配置 Master 和 Slave 文件

（1）Master 文件负责配置主节点的主机名。例如，主节点名为 Master，则需要在 Master 文件添加以下内容：

```
Master /*Master 为主节点主机名*/
```

（2）配置 Slaves 文件添加从节点主机名，这样主节点就可以通过配置文件找到从节点，与从节点进行通信。例如，以 Slave1~Slave5 为从节点的主机名，就需要在 Slaves

文件中添加如下信息：

```
/Slave*为从节点主机名*/
Slave1
Slave2
Slave3
Slave4
Slave5
```

6）将 Hadoop 的所有文件通过 pssh 分发到各个节点

执行如下命令：

```
./pssh -h hosts.txt -r /hadoop /
```

7）格式化 Namenode（在 Hadoop 根目录下）

```
./bin/hadoop namenode -format
```

8）启动 Hadoop

```
./sbin/start-all.sh
```

9）查看是否配置和启动成功

如果在 X86 机器上运行，则通过 jps 命令查看相应的 JVM 进程。

```
2584 DataNode
2971 ResourceManager
3462 Jps
3179 NodeManager
2369 NameNode
2841 SecondaryNameNode
```

3. 安装 Scala

Scala 官网提供各个版本的 Scala，用户需要根据 Spark 官方规定的 Scala 版本进行下载和安装。Scala 官网地址为 http://www.scala-lang.org/。

下面以 Scala-2.10 为例进行介绍。

（1）下载 scala-2.10.4.tgz。

（2）在目录下解压：

```
tar -xzvf scala-2.10.4.tgz
```

（3）配置环境变量，在/etc/profile 中添加下面的内容。

```
–export SCALA_HOME=/hadoop/scala-2.10.4
–export PATH=$SCALA_HOME/bin:$PATH
–export HADOOP_CONF_DIR=/hadoop/hadoop-2.6.0/etc/hadoop
–export YARN_CONF_DIR=/hadoop/hadoop-2.6.0/etc/hadoop
–source ~/.bash_profile
```

（4）重新加载 profile。

```
 - source /etc/profile
```

4. 配置 SSH 免密码登录

在集群管理和配置中有很多工具可以使用。例如，可以采用 pssh 等 Linux 工具在集群中分发与复制文件，用户也可以自己书写 Shell、Python 的脚本分发包。

Spark 的 Master 节点向 Worker 节点发命令需要通过 SSH 进行发送，用户不希望 Master 每发送一次命令就输入一次密码，因此，需要实现 Master 无密码登录到所有 Worker。

Master 作为客户端，要实现无密码公钥认证，连接到服务端 Worker。需要在 Master 上生成一个密钥对，包括一个公钥和一个私钥，然后将公钥复制到 Worker 上。当 Master 通过 SSH 连接 Woker 时，Worker 就会生成一个随机数并用 Master 的公钥对随机数进行加密，发送给 Worker。Master 收到加密数之后再用私钥进行解密，并将解密数回传给 Worker，Worker 确认解密数无误之后，允许 Master 进行连接。这就是一个公钥认证过程，其间不需要用户手工输入密码，主要过程是将 Master 节点公钥复制到 Worker 节点上。

下面介绍如何配置 Master 与 Worker 之间的 SSH 免密码登录。

（1）在 Master 节点上执行以下命令：

```
ssh-keygen-trsa
```

（2）打印日志，执行以下命令：

```
Generating public/private rsa key pair.
Enter file in which to save the key (/root/.ssh/id_rsa):
/*按 Enter 键,设置默认路径*/
Enter passphrase (empty for no passphrase):
/*按 Enter 键,设置空密码*/
Enter same passphrase again:
Your identification has been saved in /root/.ssh/id_rsa.
Your public key has been saved in /root/.ssh/id_rsa.pub.
```

如果是 root 用户，则在/root/.ssh/目录下生成一个私钥 id_rsa 和一个公钥 id_rsa.pub。

把 Master 上的 id_rsa.pub 文件追加到 Worker 的 authorized_keys 内，以 192.168.1.144（Worker）节点为例。

（3）复制 Master 的 id_rsa.pub 文件。

```
scp id_rsa.pub root@ 192.168.1.144：/home
/*可使用 pssh 对全部节点分发*/
```

（4）登录 192.168.1.144（Worker 节点），执行以下命令：

```
cat /home/id_rsa.pub >> /root/.ssh/authorized_keys
/*可使用 pssh 对全部节点分发*/
```

其他的 Worker 执行同样的操作。

注意：配置完毕，如果 Master 仍然不能访问 Worker，可以修改 Worker 的 authorized_keys 文件的权限，命令为 chmod 600 authorized_keys。

5．安装 Spark

进入官网下载对应 Hadoop 版本的 Spark 程序包，官网地址为 http://spark.apache.org/downloads.html。

下面以 Spark 1.4.0 版本为例介绍 Spark 的安装。

（1）下载 spark-1.4.0-bin-hadoop2.6.tgz。

（2）解压 tar-xzvf spark-1.4.0-bin-hadoop2.6.tgz。

（3）配置 conf/spark-env.sh 文件。

① 用户可以配置基本的参数，其他更复杂的参数请见官网的配置（Configuration）页面，Spark 配置（Configuration）地址为 http://spark.apache.org/docs/latest/configuration.html。

② 编辑 conf/spark-env.sh 文件，加入下面的配置参数。

```
-export SCALA_HOME=/hadoop/scala-2.10.4
-export SPARK_WORKER_MEMORY=2g
-export SPARK_MASTER_IP=192.168.1.37
-export MASTER=spark://192.168.1.37:7077
-export HADOOP_HOME=/hadoop/hadoop-2.6.0
-export JAVA_HOME=/usr/local/java7
```

参数 SPARK_WORKER_MEMORY 决定在每一个 Worker 节点上可用的最大内存，增加这个数值可以在内存中缓存更多数据，但是一定要给 Slave 的操作系统和其他服务预留足够的内存。需要配置 SPARK_MASTER_IP 和 MASTER，否则会造成 Slave 无法注册主机错误。

（4）配置 Slaves 文件。编辑 conf/slaves 文件，以 5 个 Worker 节点（Slave1、Slave2、Slave3、Slave4、Slave5、）为例，将节点的主机名加入 Slaves 文件中。

6．启动集群

1）Spark 启动与关闭

（1）在 Spark 根目录启动 Spark 命令脚本。

```
./sbin/start-all.sh
```

（2）关闭 Spark 命令脚本。

```
./sbin/stop-all.sh
```

2）Hadoop 的启动与关闭

（1）在 Hadoop 根目录启动 Hadoop 命令脚本。

```
./sbin/start-all.sh
```

（2）关闭 Hadoop 命令脚本。

```
./sbin/stop-all.sh
```

3）检测是否安装成功

（1）正常状态下的 Master 节点状态查询命令如下：

```
-bash-4.1# jps
23526 Jps
```

117

```
2127 Master
7396 NameNode
7594 SecondaryNameNode
7681 ResourceManager
```

（2）利用 SSH 登录 Worker 节点。

```
-bash-4.1# ssh slave2
-bash-4.1# jps
1405 Worker
1053 DataNode
22455 Jps
31935 NodeManager
```

至此，在 Linux 集群上安装与配置 Spark 集群的步骤告一段落。

5.5.2 Intellij IDEA 构建 Spark 开发环境

下面介绍如何使用 Intellij IDEA 构建 Spark 开发环境。由于 Intellij 较 Eclipse 对 Scala 的支持相对更好些，所以，目前大多数 Spark 开发团队均使用 Intellij 作为其开发环境。

1．配置开发环境

1）安装 JDK

用户可以自行安装 JDK6、JDK7，其官网地址为 http://www.oracle.com/technetwork/java/javase/downloads/index.html。

下载后，如果在 Windows 下直接运行安装程序，则自动配置环境变量，安装成功后，在 CMD 的命令行下输入 Java，如有 Java 版本的日志信息提示，则证明安装成功。

如果在 Linux 下安装，下载 JDK 包解压缩后，还需要配置环境变量。

在/etc/profile 文件中配置环境变量，这样程序就能找到 JDK 的安装路经。

```
export JAVA_HOME=/usr/java/jdk1.6.0_27
export JAVA_BIN=/usr/java/jdk1.6.0_27/bin
export PATH=$PATH：$JAVA_HOME/bin
export CLASSPATH=.：$JAVA_HOME/lib/dt.jar：$JAVA_HOME/lib/tools.jar
export JAVA_HOME JAVA_BIN PATH CLASSPATH
```

2）安装 Scala

Spark 对 Scala 的版本有约束，用户可以在 Spark 的官方下载界面看到相应的 Scala 版本号。下载指定的 Scala 包，官网地址为 http://www.scala-lang.org/download/。

3）安装 Intellij IDEA

用户可以下载安装最新版本的 Intellij，官网地址为 http://www.jetbrains.com/idea/download/。

目前，Intellij 最新的版本中已经可以支持新建 sbt 工程，安装 Scala 插件可以很好地支持 Scala 开发。

4）在 Intellij 中安装 Scala 插件

在 Intellij 菜单中选择"Configure"→"Plugins"→"Browse repositories"命令，在弹出的界面中输入"Scala"搜索插件，然后单击相应安装按钮进行安装，重启 Intellij 使配置生效。

2．配置 Spark 应用开发环境

（1）在 Intellij IDEA 中创建 Scala Project，名称为 SparkTest。

（2）选择"File"→"project structure"→"Libraries"命令，然后单击"+"按钮，导入 sparkassembly_2.10-1.0.0-incubating-hadoop2.2.0.jar。

只需导入上述 Jar 包即可，该包可以通过 sbt/sbt assembly 命令生成，这个命令相当于将 Spark 的所有依赖包和 Spark 源码打包为一个整体。

在 assembly/target/scala-2.10.4/目录下生成 spark-assembly-1.0.0-incubatinghadoop2.2.0.jar。

（3）如果 IDE 无法识别 Scala 库，则需要以同样的方式将 Scala 库的 jar 包导入，之后可以开始开发 Scala 程序。本例将 Spark 默认的示例程序 SparkPi 复制到文件中。

3．运行 Spark 程序

1）本地运行

编写完 Scala 程序后，可以直接在 Intellij 中以本地（local）模式运行，方法如下。注意，设置 Program arguments 中的参数为 local，如图 5-37 所示。

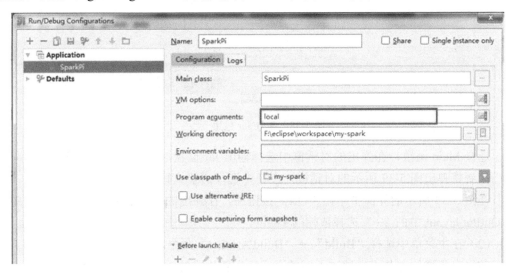

图 5-37　以 local 模式运行

在 Intellij 菜单栏中选择"Run"→"Edit Configurations"命令，弹出"Run/Debug Configurations"对话框，展示默认运行应用的详细配置信息。在"Configuration"选项

卡中的"Program arguments"文本框中输入 main 函数的输入参数 local，单击"OK"按钮，设置为本地单机方式执行 Spark 应用。然后右键选择需要运行的类，单击"Run"按钮运行 Spark 应用程序。

2）在集群上运行 Spark 应用 Jar 包

如果想把程序打成 Jar 包，通过命令行的形式在 Spark 集群中运行，可以按照以下步骤操作。

（1）选择"File"→"Project Structure"命令，然后选择"Artifact"，单击"+"按钮，选择"Jar"→"From modules with dependencies"命令，如图 5-38 所示。

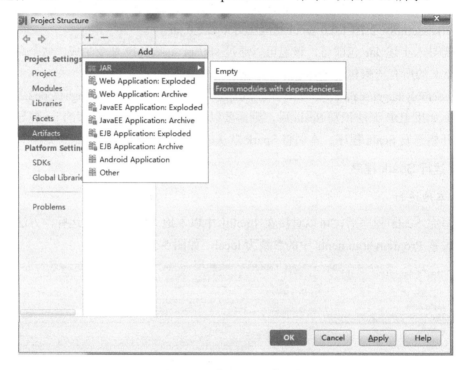

图 5-38　生成 Jar 包第一步

选择 Main 函数，在弹出的对话框中选择输出 Jar 位置，并单击"OK"按钮。

接着将弹出图 5-39 所示的对话框，在其中选择需要执行的 Main 函数。

在图 5-39 所示的界面中单击"OK"按钮后，在弹出的如图 5-40 所示的对话框中通过 OutPut layout 中的"+"选择依赖的 Jar 包。

（2）在主菜单中选择"Build"→"Build Artifact"命令，编译生成 Jar 包。

（3）在集群的主节点，通过下面的命令执行新生成的 Jar 包 SparkTest.jar。

```
$java -jar SparkTest.jar
```

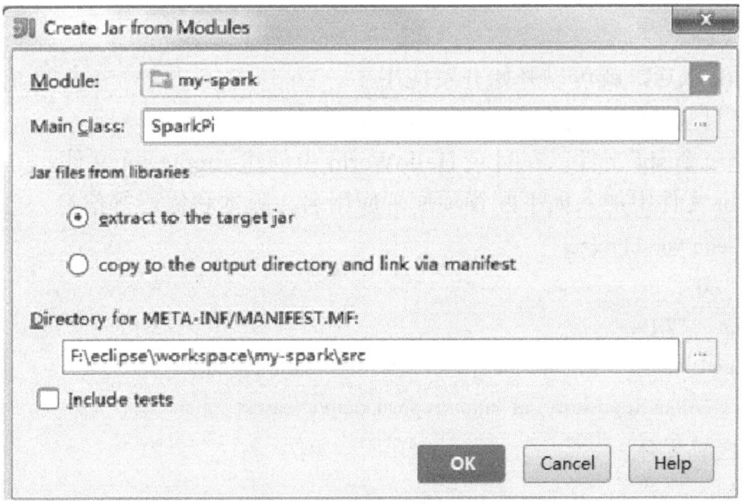

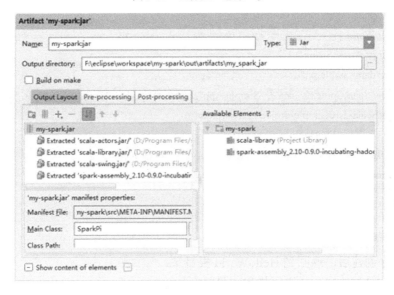

图 5-39　生成 Jar 包第二步

图 5-40　生成 Jar 包第三步

5.5.3　SBT 构建 Spark 程序

用户也可以直接使用 SBT 构建 Spark 应用。在这个应用中，以统计包含 "Hello" 字符的行数为例进行讲解。

1）构建开发环境

（1）下载并解压 Spark 1.4.0 程序包。

（2）运行 sbt/sbt assembly 构建项目。

（3）为了使用 SBT 成功构建 Spark，预先安装 SBT。

2）开发应用程序

构建 Spark 以后，就可以开始开发应用了。

（1）创建目录 mkdir HelloWorld。

（2）创建一个.sbt 文件，在目录 HelloWorld 中创建 simple.sbt 文件。

（3）在.sbt 文件中加入如下配置项配置应用名、版本和依赖等信息。

```
name := "HelloWorld Project"
version := "1.0"
scalaVersion := "2.10.3"
libraryDependencies += "org.apache.spark" %% "spark-core" % "0.9.1"
resolvers += "Akka Repository" at "http://repo.akka.io/releases/
```

3）创建代码文件

```
HelloWorld/src/main/scala/HelloWorld.scala
import org.apache.spark.SparkContext
import org.apache.spark.SparkContext._
object HelloWorld {
    def main(args: Array[String]) {
val logFile = "src/data/sample.txt"
    val sc = new SparkContext("local", "Simple App", "/path/to/spark-1.0.0-incubating",
    List("target/scala-2.10/simple-project_2.10-1.0.jar"))
    val logData = sc.textFile(logFile, 2).cache()
    val numHello = logData.filter(line => line.contains("Hello")).count()
    println("Lines with the: %s".format(numHello))
    }
    }
```

4）运行程序

（1）程序创建后，返回到 HelloWorld 根目录。

（2）运行 sbt package，进行构建与打包。

（3）运行 sbt run，系统执行构建好的程序。

5.5.4 编译 Spark 程序

用户可以通过下面的方式对 Spark 源码进行编译。

1．SBT 编译方式

命令如下：

```
$SPARK_HAD00P_VERSI0N=2.6.0 SPARK_YARN=true sbt/sbt assembly
```

2．查看 Spark 源码依赖图

编译后，可运行下面的命令查看依赖图：

```
$ sbt/sbt dependency-tree
```

5.5.5 远程调试 Spark 程序

本地调试 Spark 程序和传统的调试单机的 Java 程序基本一致，读者可以参照原来的方式调试，关于单机调试本书暂不介绍。对于远程调试服务器上的 Spark 代码，首先确保在服务器和本地的 Spark 版本一致。需按前文介绍的方法预先安装好 JDK 和 git。

1．编译 Spark

在服务器端和本地计算机下载 Spark 项目。

复制一份 Spark 源码，然后针对指定的 Hadoop 版本进行编译，执行命令如下：

```
SPARK_HADOOP_VERSION=2.6.0 sbt/sbt assembly
```

2．配置服务器端

（1）根据相应的 Spark 配置指定版本的 Hadoop 并启动 Hadoop。

（2）对编译好的 Spark 进行配置，在 conf/spark-env.sh 文件中进行如下配置。下面的命令配置了 Spark 调试所需的 Java 参数。

```
export SPARK_JAVA_OPTS=" -agentlib: jdwp=transport=dt_socket,server=y,suspend=y,address=8888"
```

其中，suspend=y 表示设置为需要挂起的模式。这样，当启动 Spark 的作业时，程序会自动挂起，等待本地的 IDE 附加（Attach）到被调试的应用程序上。address 后接的是开放等待连接的端口号。

3．启动 Spark 集群和应用程序

（1）启动 Spark 集群。

```
./sbin/start-all.sh
```

（2）启动需要调试的程序，以 Spark 中自带的 HdfsWordCount 为例。

```
MASTER=spark: //192.168.1.168:7077 ./bin/run-example
                        //org.apache.spark.examples.streaming.HdfsWordCount
hdfs: //localhost: 9000/test/test.txt
```

执行后程序挂起，并等待本地的 Intellij 进行连接。

4．配置本地 IDE

配置并连接服务器端挂起的程序。

在 Intellij 菜单栏中选择"Run"→"Edit Configurations"命令，在弹出的"Run/Debug Configuration"界面中选择 remote，在远程调试默认配置中将端口号"Port"设置为"8888"，将主机 IP 地址的"Host"改为服务器的地址"192.168.1.168"，同时设置"Debugger mode"为"Attach"（附加）方式，按图 5-41 所示对"Attach"进行设置。选择附加方式后，在程序中设置断点即可进行调试。

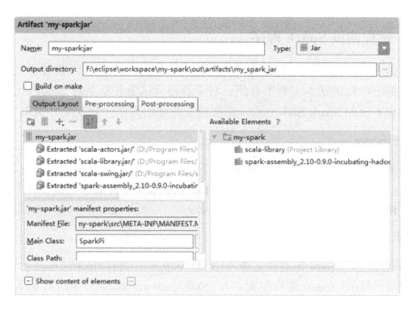

图 5-41　远程调试设置

5.5.6　生成 Spark 部署包

Spark 使用 make-distribution.sh 脚本命令用于生成 Spark 部署包，命令参数和使用方法介绍如下。

1．生成 Spark 部署包命令参数

--hadoop VERSION ：Hadoop 版本号，不加此参数时 hadoop 版本为 1.0.4。

--with-yarn ：是否支持 Hadoop YARN，不加参数时为不支持 yarn。

--with-hive ：是否在 Spark SQL 中支持 hive，不加此参数时为不支持 hive。

--skip-java-test ：是否在编译的过程中略过 Java 测试，不加此参数为忽略。

--with-tachyon ：是否支持内存文件系统 Tachyon，不加此参数时不支持 tachyon。

--tgz ：在根目录下生成 spark-$VERSION-bin.tgz，不加此参数时不生成 tgz 文件，只生成/dist 目录。

--name NAME ：和--tgz 参数结合可以生成 spark-$VERSION-bin-$NAME.tgz 的部署包，不加此参数时 NAME 为 hadoop 的版本号。

2．生成 Spark 部署包

生成支持 yarn、hadoop 2.6.0 的部署包命令示例如下：

```
$make-distribution.sh --hadoop 2.6.0        --with-yarn --tgz
```

5.6　Spark 编程案例

前述章节已介绍了 Spark 的基础知识、运行机制，Spark 安装与配置方法，Scala 语言基础等内容，本节将着重介绍如何使用 Spark 进行程序开发。

5.6.1　WordCount

WordCount 是大数据领域的经典范例，如同程序设计中的 Hello World 一样，是一个入门程序。本节主要从并行处理的角度出发，介绍设计 Spark 程序的过程。

1．需求描述

输入：

Hello World Bye World
Hello Hadoop Bye Hadoop
Bye Hadoop Hello Hadoop

输出：

<Bye,3>
<Hadoop,4>
<Hello,3>
<World,2>

2．设计思路

WordCount 设计思路如图 5-42 所示。

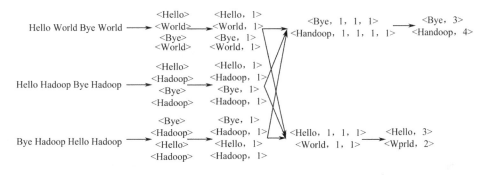

图 5-42　WordCount 设计思路

在 map 阶段会将数据映射为：

<Hello,1>
<World,1>
<Bye,1>
<World,1>
<Hello,1>
<Hadoop,1>
<Bye,1>
<Hadoop,1>
<Bye,1>
<Hadoop,1>
<Hello,1>
<Hadoop,1>

在 reduceByKey 阶段会将相同 Key 的数据合并，并将合并结果相加。

125

```
<Bye,1,1,1>
<Hadoop,1,1,1,1>
<Hello,1,1,1>
<World,1,1>
```

3. 代码示例

WordCount 的主要功能是统计输入中所有单词出现的总次数，程序运行流程如图 5-43 所示。

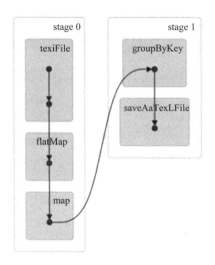

图 5-43　WordCount 程序运行流程

1）初始化

创建一个 SparkContext 对象，该对象有 4 个参数：Spark master 位置、应用程序名称、Spark 安装目录和 Jar 存放位置。

需要引入下面两个文件：

```
import org.apache.spark._
import SparkContext._
val sc = new SparkContext(args(0), "WordCount",
System.getenv("SPARK_HOME"),
Seq(System.getenv("SPARK_TEST_JAR")))
```

2）加载输入数据

从 HDFS 上读取文本数据，可以使用 SparkContext 中的 textFile 函数将输入文件转换为一个 RDD，该函数采用 Hadoop 中的 TextInputFormat 解析输入数据。

```
val textRDD = sc.textFile(args(1))
```

textFile 中的每个 Hadoop Block 相当于一个 RDD 分区。

3）词频统计

对于 WordCount 而言，首先需要从输入数据中的每行字符串中解析出单词，然后分而治之，将相同单词放到一个组中，统计每个组中每个单词出现的频率。

```
val result = textRDD.flatMap{
case(key, value) => value.toString().split("\\s+");
}.map(word => (word, 1)). reduceByKey (_ + _)
```

其中，flatMap 函数的作用是先转换每条记录，转换完成后，如果每个记录是一个集合，则将集合中的元素变为 RDD 中的记录；map 函数将一条记录映射为另一条记录；reduceByKey 函数将 key 相同的关键字的数据聚合到一起进行函数运算。

4）存储结果

可以使用 SparkContext 中的 saveAsTextFile 函数将数据集保存到 HDFS 目录下。

```
result.saveAsTextFile(args(2))
```

4．应用场景

WordCount 的模型可以在非常多的场景中使用，如统计过去一年中访客的浏览量、最近一段时间相同查询的数量和海量文本中的词频等。

5.6.2　Top K

Top K 算法包括两步，一是统计词频，二是找出词频最高的前 K 个词。

1．需求描述

假设取 Top 1，则有如下输入和输出。

输入：

```
Hello World Bye World
Hello Hadoop Bye Hadoop
Bye Hadoop Hello Hadoop
```

输出：

```
词 Hadoop 词频 4
```

2．设计思路

首先统计 WordCount 的词频，将数据转化为（词，词频）的数据对，其次采用分治的思想，求出 RDD 每个分区的 Top K，最后将每个分区的 Top K 结果合并以产生新的集合，在集合中统计出 Top K 的结果。每个分区由于是存储在单机中的，所以，可以采用单机求 Top K 的方式。本例采用堆的方式，也可以直接维护一个含 K 个元素的数组，感兴趣的读者可以参考其他资料了解堆的实现。

3．代码示例

Top K 算法示例代码如下：

```
import org.apache.spark.SparkContext
import org.apache.spark.SparkContext._
object TopK {
def main(args:Array[String]) {
/*执行 WordCount,统计出最高频的词*/
val spark = new SparkContext("local", "TopK",
System.getenv("SPARK_HOME"), SparkContext.jarOfClass(this.getClass))
```

```
val count = spark.textFile("data").flatMap(line =>
line.split(" ")).map(word =>
(word, 1)).reduceByKey(_ + _)
/*统计 RDD 每个分区内的 Top K 查询*/
val topk = count.mapPartitions(iter => {
while(iter.hasNext) {
putToHeap(iter.next())
}
getHeap().iterator
}
).collect()
/*将每个分区内统计出的 TopK 查询合并为一个新的集合,统计出 TopK 查询*/
val iter = topk.iterator
while(iter.hasNext) {
putToHeap(iter.next())
}
val outiter=getHeap().iterator
/*输出 TopK 的值*/
println("TopK 值 :")
while(outiter.hasNext) {
println("\n 词频:"+outiter.next()._1+" 词:"+outiter.next()._2)
}
spark.stop()
}
} def putToHeap(iter :
(
String, Int)) {
/*数据加入含 K 个元素的堆中*/
…
} def getHeap(): Array[(String, Int)] =
{
/*获取含 K 个元素的堆中的元素*/
val a=new Array[(String, Int)]()
…
}
```

4．应用场景

Top K 的示例模型可以应用于求过去一段时间消费次数最多的消费者、访问最频繁的 IP 地址或者最近更新、最频繁更新的微博等应用场景。

5.6.3 倒排索引

倒排索引（Inverted Index）源于实际应用中需要根据属性的值来查找记录。在索引表中，每一项均包含一个属性值和一个具有该属性值的各记录的地址。由于记录的位置由属性值确定，而不是由记录确定，因而称为倒排索引。将带有倒排索引的文件称为倒排索引文件，简称倒排文件（Inverted File）。其基本结构如图 5-44 所示。

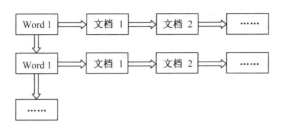

图 5-44　倒排索引基本结构

搜索引擎的关键步骤是建立倒排索引。相当于为互联网上几千亿页网页做了一个索引，与书籍目录相似，用户想看与哪一个主题相关的章节，直接根据目录即可找到相关的页面。

1．需求描述

输入为一批文档集合，合并为一个 HDFS 文件，以分隔符分隔。

```
Id1 The Spark
…
Id3 The Spark
…
```

输出如下（单词，文档 ID 合并字符串）：

```
Spark id1 id2
Hadoop id3 id4
The id1 id3 id6
```

2．设计思路

首先，进行预处理和分词，转换数据项为（文档 ID，文档词集合）的 RDD；然后，将数据映射为（词，文档 ID）的 RDD，去重；最后，在 reduceByKey 阶段聚合每个词的文档 ID。

3．代码示例

倒排索引的示例代码如下：

```
import org.apache.spark.SparkContext
import scala.collection.mutable._
object InvertedIndex {
def main(args : Array[String]) {
val spark = new SparkContext("local", "TopK",
System.getenv("SPARK_HOME"), SparkContext.jarOfClass(this.getClass))
/*读取数据,数据格式为一个大的 HDFS 文件中用\n 分隔不同的文件,用\t 分隔文件 ID 和文件内容,
用" "分隔文件内的词汇*/
val words = spark.textFile("dir").map(file => file.split("\t")).map(item => {
(item(0), item(1))
```

```
}).flatMap(file => {
/*将数据项转换为 LinkedList[(词,文档 id)]的数据项,并通过 flatmap 将 RDD 内的数据项转换为(词,
文档 ID)*/
val list = new LinkedList[(String, String)]
val words = file._2.split(" ").iterator
while(words.hasNext) {
list+words.next()
}
list
}).distinct()
/*将(词,文档 ID)的数据进行聚集,相同词对应的文档 ID 统计到一起,形成*/
(词, "文档 ID1,文档 ID2 ,文档 ID3,…"),形成简单的倒排索引*/
words.map(word => {
(word._2, word._1)
}).reduce((a, b) => {
a+"\t"+b
}).saveAsTextFile("index")
}
}
```

4. 应用场景

搜索引擎及垂直搜索引擎中需要构建倒排索引，文本分析中有的场景也需要构建倒排索引。

习题

1. 简述 Spark 的定义。
2. 对比 Spark 和 Hadoop，分别指出两者之间的区别。
3. Spark 有哪些特性？
4. 请分层简述 Spark 生态系统 BDAS。
5. 简述 Spark 的工作流程。
6. 弹性分布式数据集（RDD）有哪几种创建方式？
7. 分别简述 Spark 算子的作用及分类。
8. Spark 工作机制包含哪些模块？
9. Spark 调度机制有哪些运行模式？
10. Spark 有哪些容错机制？
11. 熟练掌握 Scala 编译器，输入 5.6 节中的例子，使用 Scala 编译器查看结果。
12. 查阅相关资料，实例演示 Spark 环境部署。

参考文献

[1]　http://spark.apache.org/docs/latest/ configuration.html.

[2]　夏俊鸾，程浩，邵赛赛. Spark 大数据处理技术[M]. 北京：电子工业出版社，
2015.

[3]　Holden Karau Andy Konwinski，Patrick Wendell，Matei Zaharia. Spark 快速大数据分析
[M]. 王道远，译. 北京：人民邮电出版社，2014.

[4]　高彦杰. Spark 大数据处理：技术、应用与性能优化[M]. 北京：机械工业出版
社，2014.

[5]　Sandy Ryza，Uri Laserson, Sean Owe. Spark 高级数据分析[M]. 龚少，译. 北京：
人民邮电出版社，2015.

[6]　https://www.usenix.org/conference/nsdi12/technical-sessions/presentation/zaharia.

第6章 Spark SQL

Spark SQL 是 Spark 用来操作结构化数据接口程序包，通过 Spark SQL 可以在 Spark 程序内使用 SQL 语句来查询数据源（如 Json、Hive、Parquet），也可以通过标准数据库连接器（JDBC/ODBC）连接 Spark 进行查询[1]。本节介绍当前最流行的 Spark SQL，讲述大数据 SQL 的基本知识及应用。相比传统的 MapReduce 大数据分析，Spark 效率更高、运行时速度更快，其提供了内存中的分布式计算能力，具备 Java、Scala、Python、R 四种编程语言的 API 编程接口。

6.1 Spark SQL 简介

6.1.1 Spark SQL 发展历程

Spark SQL 是加州大学伯克利实验室 Spark 生态环境的组件之一。由于 MapReduce 在计算过程中消耗了大量的 I/O，降低了运行效率，为了提高 SQL-on-Hadoop 的效率，大量的 SQL-on-Hadoop 工具开始产生，表现较为突出的是 MapR 的 Drill、Cloudera 的 Impala 和 Shark[2]。其中，Shark 即是 Spark SQL 的前身，由于 Spark SQL 与 Spark，引擎和 API 的结合更紧密，Shark 已经被 Spark SQL 所取代。

Spark SQL 吸取了 Shark 的一些优点，如内存列存储（In-Memory Columnar Storage）、Hive 兼容性等，重新开发了 Spark SQL 代码；摆脱了对 Hive 的依赖性，因此，无论在数据兼容、性能优化、组件扩展方面都得到了极大的提升。在数据兼容方面，Spark SQL 不但兼容 Hive，还可以从弹性分布式数据集（Resilient Distributed Datasets，RDD）、parquet 文件、JSON 文件中获取数据，未来版本甚至支持获取 RDBMS 数据，以及 cassandra 等 NoSQL 数据；在性能优化方面，Spark SQL 除了采取 In-Memory Columnar Storage、byte-code generation 等优化技术外，还引进 Cost Model 对查询进行动态评估、获取最佳物理计划等；在组件扩展方面，无论是 SQL 的语法解析器、分析器还是优化器，都可以重新定义，进行扩展。

2014 年 6 月 1 日，Shark 项目和 Spark SQL 项目的主持人 Reynold Xin 宣布，停止对 Shark 的开发，团队将所有资源放到 Spark SQL 项目上，Shark 已经被 Spark SQL 所取代。至此，Shark 的发展画上了句号，但也因此发展出两个直线：Spark SQL 和 Hive on Spark。

Spark SQL 在 Spark 系统中的位置如图 6-1 所示。

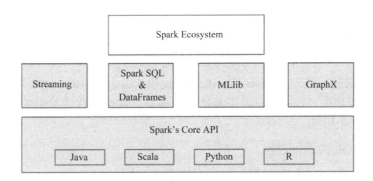

图 6-1　Spark SQL 在 Spark 系统中的位置

整个生态系统构建在 Spark 内核引擎之上，Spark 在集群中可以并行地执行任务，并行度由 Spark 中的主要组件之一——RDD 决定。弹性分布式数据集（Resilient Distributed Data，RDD）是一种数据表示方式，RDD 中的数据被分区存储在集群中，由于数据的分区存储使得任务可以并行执行，分区数量越多，并行越高。

Spark SQL 作为 Spark 生态的一员继续发展[3]，而不再受限于 Hive，只是兼容 Hive；而 Hive on Spark 是一个 Hive 的发展计划，该计划将 Spark 作为 Hive 的底层引擎之一，也就是说，Hive 将不再受限于一个引擎，可以采用 Map-Reduce、Tez、Spark 等引擎。Spark SQL 对 Hive 的支持是单独的 spark-hive 项目，对 Hive 的支持包括 HQL 查询、hive metaStore 信息、hive SerDes、hive UDFs/UDAFs/ UDTFs，类似 Shark。只有在 HiveContext 下通过 Hive API 获得的数据集，才可以使用 HQL 进行查询，其 HQL 的解析依赖的是 org.apache.hadoop.hive.ql.parse.ParseDriver 类的 parse 方法，生成 Hive AST。实际上 SQL 和 HQL 并不是一起支持的。可以理解为 HQL 是独立支持的，能被 HQL 查询的数据集必须读取自 Hive API。

6.1.2　Spark SQL 架构

Spark SQL 的逻辑架构如图 6-2 所示。

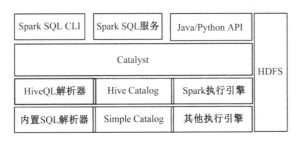

图 6-2　Spark SQL 的逻辑架构

图 6-2 中的 Spark SQL 的逻辑架构图[4]总体上由 4 个模块组成：Core、Catalyst、Hive 和 Hive-ThriftServer[5]。Core 处理数据的输入/输出，从不同的数据源获取数据（RDD、Parquet、json 等），并将查询结果输出成 schemaRDD（一种特殊的 RDD，存放

Row 对象，每个 Row 对象存放一行记录，还包含记录的结构信息，即数据字段），schemaRDD 可以利用结构信息更加高效地存储数据；Catalyst 处理查询语句的整个处理过程，包括解析、绑定、优化、物理计划等，可以说是优化器，也可以说是查询引擎；Hive 对 Hive 数据进行处理；Hive-ThriftServer 提供 CLI 和 JDBC/ODBC 接口[6]。

在这 4 个模块中，Catalyst 处于最核心的部分，其性能优劣将影响整体的性能。这也正是将要学习的内容。

1. Spark SQL 的运行过程

基于逻辑架构，Spark SQL 的运行过程如图 6-3 所示。

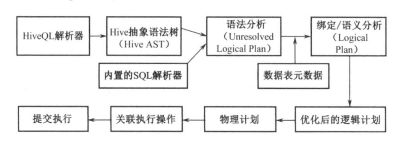

图 6-3　Spark SQL 的运行过程

图 6-3 可分成 5 个阶段[7]。第一阶段是将 Hive 抽象语法树 String 转换为 Unresolved Logical Plan；第二阶段是将 UnResolved 的对象变成 Logical Plan；第三阶段是将 LogicPlan 进行优化，得到优化后的逻辑计划；第四阶段是将优化的逻辑计划变成物理计划；第五阶段是进行操作和执行。

图 6-3 中有两个解析器：内置 SQL 解析器和 HiveQL 解析器，前者不能取代后者。鉴于 Spark SQL 的两个分支：SQLContext 和 HiveContext，前者支持内置 SQL 解析器（SQL-92 语法），后者支持内置 SQL 解析器和 HiveQL 解析器，默认为 HiveQL 解析器，用户可以通过配置切换成内置 SQL 解析器来运行 HiveQL 不支持的语法，如 select 1。

SQLContext 是 Catalyst 的内置 SQL 扩展基类实现，提供了解析、执行和绑定 3 个功能。HiveContext 包括 HiveQL 解析、绑定和生成基于 RDD 的物理计划算子等功能。两者的执行过程分别如下。

1）sqlContext 的运行过程

（1）SQL 语句经过 SqlParse 解析成 UnresolvedLogicalPlan。

（2）使用 analyzer 结合数据字典（catalog）进行绑定，生成 resolvedLogicalPlan。

（3）使用 optimizer 对 resolvedLogicalPlan 进行优化，生成 optimizedLogicalPlan。

（4）使用 SparkPlan 将 LogicalPlan 转换成 PhysicalPlan。

（5）使用 prepareForExecution()将 PhysicalPlan 转换成可执行物理计划。

（6）使用 execute()执行可执行物理计划。

（7）生成 SchemaRDD。

2）HiveContext 的运行过程

（1）SQL 语句经过 HiveQl.parseSql 解析成 UnresolvedLogicalPlan，在这个解析过程中对 hiveql 语句使用 getAst()获取 AST 树，然后再进行解析。

（2）使用 analyzer 结合数据 hive 源数据 Metastore（新的 catalog）进行绑定，生成 resolvedLogicalPlan。

（3）使用 optimizer 对 resolvedLogicalPlan 进行优化，生成 optimizedLogicalPlan，优化前使用了 ExtractPythonUdfs(catalog.PreInsertionCasts(catalog.CreateTables(analyzed)))进行预处理。

（4）使用 hivePlanner 将 LogicalPlan 转换成 PhysicalPlan。

（5）使用 prepareForExecution()将 PhysicalPlan 转换成可执行物理计划。

（6）使用 execute()执行可执行物理计划。

（7）执行后，使用 map（_.copy）将结果导入 SchemaRDD。

本章后续内容基于 sqlContext 进行分析。

2．Spark SQL 解析过程

Spark SQL 与传统的数据型数据库是不同的，通过对传统的关系型数据库的运行过程进行分析，来比较两者的差异[8]。例如，提交一个很简单的查询：

```
Select  a1,a2,a3  From  tableA  Where  condition
```

该语句是由 Projection（a1，a2，a3）、Data Source（tableA）、Filter（condition）组成的，分别对应 SQL 查询过程中的 Result、Data Source、Operation，可以发现 SQL 语句是按 Result→Data Source→Operation 次序来描述的，如图 6-4 所示。

图 6-4 中，数据库系统一般先将读入的 SQL 语句（Query）进行解析（Parse），分辨出 SQL 语句中哪些词是关键词（如 SELECT、FROM、WHERE），哪些是表达式，哪些是 Projection，哪些是 Data Source，等等。这一步可以判断 SQL 语句是否规范，如果不规范，系统将会报错；如果规范，就继续下一步过程绑定（Bind），这个过程将 SQL 语句和数据库的数据字典（列、表、视图等）进行绑定，如果相关的 Projection、Data Source 等都是存在的，就表示这个 SQL 语句是可以执行的；而在执行前，一般的数据库会提供几个执行计划，这些计划一般都有运行统计数据，数据库会在这些计划中选择一个最优计划（Optimize），最终执行该计划（Execute），并返回结果。需要注意的是，在实际的执行过程中，是按 Operation→Data Source→Result 的次序来进行的，和 SQL 语句的次序刚好相反；在执行过程中有时候甚至不需要读取物理表就可以返回结果，如重新运行刚运行过的 SQL 语句，可能直接从数据库的缓冲池中获取返回结果。

以上是对传统的关系型数据库运行过程的分析。Spark SQL 采用类似的方式进行处理。Spark SQL 解析过程有两个重要的概念：Tree 和 Rule。

Spark SQL 首先会将 SQL 语句进行解析（Parse），形成一个 Tree，后续的如绑定、优化等处理过程都是对 Tree 的操作，而操作的方法是采用 Rule，通过模式匹配，对不同类型的节点采用不同的操作。

Tree 的具体操作是通过 TreeNode 来实现的。首先，Spark SQL 定义了 Catalyst.trees 的日志，通过这个日志可以形象地表示出树的结构；然后，TreeNode 可以使用 scala 的集合操作方法（如 foreach、map、flatMap、collect 等）进行操作；最后，通过 Tree 中各个 TreeNode 之间的关系，可以对 Tree 进行遍历操作，如使用 transformDown、transformUp 将 Rule 应用到给定的树段，然后用结果替代旧的树段；也可以使用 transformChildrenDown、transformChildrenUp 对一个给定的节点进行操作，通过迭代将 Rule 应用到该节点及子节点。

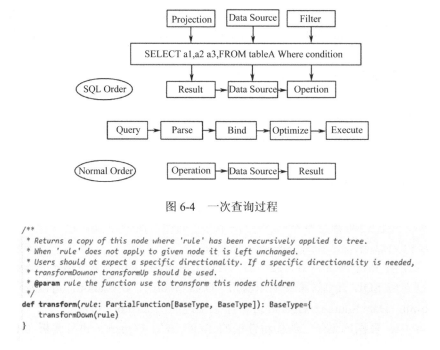

图 6-4　一次查询过程

```
/**
 * Returns a copy of this node where 'rule' has been recursively applied to tree.
 * When 'rule' does not apply to given node it is left unchanged.
 * Users should ot expect a specific directionality. If a specific directionality is needed,
 * transformDownor transformUp should be used.
 * @param rule the function use to transform this nodes children
 */
def transform(rule: PartialFunction[BaseType, BaseType]): BaseType={
    transformDown(rule)
}
```

关于 TreeNode 可以细分成 3 种类型的 Node。

① 一元节点（UnaryNode），即只有一个子节点。如 Limit、Filter 操作。

② 二元节点（BinaryNode），即有左、右子节点的二叉节点。如 Join、Union 操作。

③ 叶子节点（LeafNode），即没有子节点的节点。主要是用户命令类操作，如 SetCommand。

```
/**
* A [[TreeNode]] with a single [child]]
*/
trait UnaryNode[BaseType<: TreeNode[BaseType]] {
    def child: BaseType
     def children = child ::Nil
}

/**
* A [[TreeNode]] that has two children,[[left]] and [[rigt]
*/
trait BinaryNode[BaseType <: TreeNode[BaseType]] {
    def left:BaseType
    def right:BaseType

    def children = seq(left,right)
}

/**
* A [[TreeNode]] with no children
*/
trait LeafNode[BaseType <: TreeNode[BaseType]] {
    def children = Nil
}
```

Rule 是一个抽象类，具体的 Rule 实现是通过 RuleExecutor 来完成的。Rule 通过定义 batch 和 batchs，从而简便地、模块化地对 Tree 进行 transform 操作；通过定义 Once 和 FixedPint，可以对 Tree 进行一次操作和多次操作。

```
abstract class RuleExecutor[TreeType <: TreeNode[_]] extends Loging {
    /**
     * An execution strategy for rules that indicates the maximun number of execution.
     * If the execution reaches fix point (i.e. converge) before maxIterations,it will stop.
     */
    abstract class strategy {def maxIterations: Int }

    /** A strategy that only runs once.*/
    case object Once extends strategy { val maxIterations = 1 }

    /** A strategy that runs until fix point or maxIterations times, whichevercomesfirst. */
    case class FixedPoint(maxIterations: Int) extends strategy

    /** A batch of rules. */
    protected case class batch(name: String, strategy: Strategy, rules: Rule[TreeType]*)

    /** Defines a sequence of rule baeches, to be overridden by the implementation. */
    protected val baeches: Seq[Batch]

}
```

在整个 SQL 语句的处理过程中，Tree 和 Rule 相互配合，完成了解析、绑定（在 Spark SQL 中称为 Analysis）、优化、物理计划等过程，最终生成可以执行的物理计划。

6.2　Spark SQL 编程基础

6.2.1　数据类型及表达式

Spark SQL 数据类型主要体现在表达式计算中，其数据类型主要分成基本数据类型和复杂数据类型两大类[9]。Spark 1.0 中 Spark SQL 的基本数据类型如表 6-1 所示。

表 6-1　基本数据类型

Spark SQL 类型	Spark SQL JVM 数据类型	Hive 数据类型（ObjectInspector）
BooleanType	java.lang.Boolean	BooleanObjectInspector
BytcType	java.lang.Byte	ByteObjectInspector
ShortType	java.lang.Short	ShortObjectInspector
IntegerType	java.lang.Integer	IntObjectInspector
LongType	java.lang.Long	LongObjectInspector
FloatType	java.lang.Float	FloatObjectInspector
DoubleType	java.lang.Double	DoubleObjectInspector
StringType	java.lang.String	StringObjectInspector
DecimalType	scala.math.BigDecimal	HiveDecimalObjectInspector
TimestampType	java.sql.Timestamp	TimestampObjectInspector
BinaryType	Byte[]	BinaryObjectInspector

Spark 1.0 中 Spark SQL 的复杂数据类型如表 6-2 所示。

表 6-2　复杂数据类型

Spark SQL 类型	Spark SQL JVM 数据类型	Hive 数据类型（ObjectInspector）
MapType	scala.collection.immutable.Map[T1,T2]	MapObjectInspector
ArrayType	scala.collection.immutable.List[T]	ListObjectInspector
StructType	org.apache.spark.sql.catalyst.expression.Row	StructObjectInspector

Spark SQL 利用了 Scala 语言可以定义符号为方法学的特点，定义了一些符号方法，帮助应用开发人员以直观、熟悉的方式书写表达式，代码如下：

```
trait ImplicitOperators {
  def expr: Expression
  def + (other: Expression) = Add（expr, other）
  def - (other: Expression) = Subtract（expr, other）
  def * (other: Expression) = Multiply（expr, other）
  def / (other: Expression) = Divide（expr, other）
  def && (other: Expression) = And（expr, other）
  def || (other: Expression) = Or（expr, other）
  def < (other: Expression) = LessThan（expr, other）
  def <= (other: Expression) = LessThanOrEqual（expr, other）
  def > (other: Expression) = GreaterThan（expr, other）
  def >= (other: Expression) = GreaterThanOrEqual（expr, other）
  def === (other: Expression) = Equals（expr, other）
  def !== (other: Expression) = Not(Equals（expr, other）)
  def like (other: Expression) = Like（expr, other）
  def rlike (other: Expression) = RLike（expr, other）
  def cast (to: DataType) = Cast（expr, to）
  def asc = SortOrder（expr, Ascending）
```

由程序定义可知，Spark SQL 的表达式计算算子实现逻辑运算符、数值运算、数组运算、条件判断、字符串函数等。

6.2.2　Spark SQL 查询引擎 Catalyst

若基于 Spark 做一些类 SQL、标准 SQL 甚至其他查询语言的查询，需要基于 Catalyst 提供的解析器、执行计划树结构、逻辑执行计划的处理规则体系等类体系来实现执行计划的解析、生成、优化、映射工作。Catalyst 是与 Spark 解耦的一个独立库，是一个 impl-free 的执行计划的生成和优化框架[10]。Catalyst 架构图如图 6-5 所示。

在图 6-5 中，左侧的 TreeNodelib 及中间三次转化过程中涉及的类结构都是 Catalyst 提供的。右下侧是物理执行计划映射生成过程，基于成本的优化模型，具体物理算子的执行由系统自己实现。在规则方面，Spark SQL 提供的优化规则是比较基础的（没有 Pig/Hive 丰富），一些优化规则是要涉及具体物理算子，因此，部分规则需要在系统方制定和实现（如 Spark-SQL 中的 SparkStrategy）。

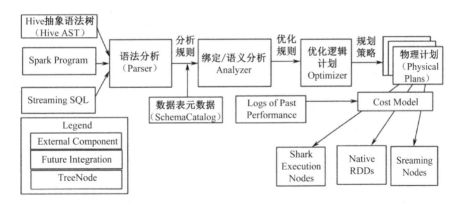

图 6-5　Catalyst 架构图

语法分析器 Parser（如 Spark SQL 的 Catalyst SqlParser）进行词法语法解析，产生语法树。绑定/语义分析器 Analyzer（如 Spark SQL 的 Catalyst Analyzer）解析出初步的逻辑执行计划。 逻辑执行计划优化器 Optimizer（如 Spark SQL 的 Catalyst Optimizer）。

Catalyst 有自己的数据类型，TreeNode 是 Catalyst 执行计划表示的数据结构，是一个树结构，具备一些 scala collection 的操作能力和树遍历能力。这棵树一直在内存里维护，不会 dump 到磁盘以某种格式的文件存在，且无论在映射逻辑执行计划阶段还是优化逻辑执行计划阶段，树的修改是以替换已有节点的方式进行的。TreeNode 内部带一个 children:Seq[BaseType]表示孩子节点，具备 foreach、map、collect 等针对节点操作的方法，以及 transformDown(默认，前序遍历)、transformUp 这样的遍历树上节点，对匹配节点实施变化的方法。提供 UnaryNode、BinaryNode、LeafNode 三种 trait，即非叶子节点允许有一个或两个子节点。TreeNode 有两个子类继承体系，QueryPlan 和 Expression。

图 6-5 中，一些规则和策略如下。

1．分析规则

由前可知，SQLContext 对 SQL 的解析和执行流程的前两步如下。

第一步：parseSql(sql: String)，simple sql parser 做词法语法解析，生成 LogicalPlan。

第二步：analyzer(logicalPlan)，把做完词法语法解析的执行计划进行初步分析和映射。

目前，SQLContext 内的 analyzer 由 Catalyst 提供，定义如下：

new Analyzer (catalog , EmptyFunctionRegistry , caseSensitive = true)

catalog 为 SimpleCatalog，用来注册 table 和查询 relation。

Analyzer 内定义了几批规则，如下：

```
val batches: Seq[Batch] = Seq(
    Batch("MultiInstanceRelations", Once,
      NewRelationInstances),
    Batch("CaseInsensitiveAttributeReferences", Once,
      (if (caseSensitive) Nil else LowercaseAttributeReferences :: Nil) : _*),
```

```
                    Batch("Resolution", fixedPoint,
                       ResolveReferences ::
                       ResolveRelations ::
                       NewRelationInstances ::
                       ImplicitGenerate ::
                       StarExpansion ::
                       ResolveFunctions ::
                       GlobalAggregates ::
                       typeCoercionRules :_*),
                    Batch("Check Analysis", Once,
                       CheckResolution),
                    Batch("AnalysisOperators", fixedPoint,
                       EliminateAnalysisOperators)
                    )
```

相应的规则解释如表 6-3 所示。

表 6-3 定义与 Analyzer 中各规则的用途

MultiIstanceRelations	如果一个实例在 Logical Plan 中出现了多次，则会应用 NewRelationInstances
LowercaseAttributeReferences	将匹配到的属性统一转换为小写
ResolveReferences	将 SQLParser 解析出来的 UnresolvedAttribute 全部都转为对应的实际的 catalyst. expressions.AttributeReference AttributeReferences
ResolveRelations	将 Unresolved Relation 转换为 Resolved Relation
ImplicticGenerate	如果在 select 中只有一个表达式，而且这个表达式是一个 generetor，那么适合这条规则
StarExpansion	在 Project 操作符中，如果是*符号，即 select * 语句，可以将所有的 reference 都展开，即将 select * 中的 * 展开成实际的字段
ResolveFuncation	它和 ResolveRelations 差不多，这里主要是对 udf 进行 resolve
GlobalAggregate	全局的聚合，如果遇到了 Project 就返回一个 Aggregate
typeCoercionRules	Hive 里的兼容 SQL 语法
EliminateAnalysisOperators	将分析的操作符移除，这里仅支持两种：一种是 SubQuery；另一种是 LowerCaseSchema。这些节点都会从 Logical Plan 中移除

2．优化规则

SQLContext 第三步是 Optimizer(plan)。Optimizer 中也是定义了几批规则，按序对执行计划进行优化操作，如下：

```
object Optimizer extends RuleExecutor[LogicalPlan]{
   val batches =
Batch("Combine Limits", FixedPoint(100),
   CombineLimits) ::
Batch("ConstantFolding", FixedPoint(100),
   NullPropagation,
   ConstantFolding,
   LikeSimplification,
   BooleanSimplification,
```

```
    SimpligyFilters,
    SimplifyCasts,
    SimplifyCaseConversionExpressions) ::
Batch("Filter Pushdown",FixedPoint(100),
    CobineFilters,
    PushPredicateThroughProject,
    PushPredicateThrouJoin,
    ColumnPruning) :: Nil
}
```

相应的规则解释如表 6-4 所示。

表 6-4　Optimizer 规则（一）

CombineLimits	如果出现了两个 Limit，则将两个 Limit 合并为一个。要求一个 Limit 是另一个 Limit 的 grandChild
NullPropagation	将 Expression 替换为等价的 Literal 值来优化，并且能够避免 NULL 值在 SQL 语法树的传播
ConstantFolding	常量合并属于 Expression 优化的一种。对于可以直接计算的常量，不用放到物理执行中生成对象来计算，可以直接在计划中计算出来
BooleanSimplification	这是对布尔表达式的优化
CombineFliters	合并两个相邻的 Filter，类似于 CombineLimits
Filter Pushdown	过滤器下推，更早地过滤掉不需要的元素来减少开销
ColumnPruning	列裁剪，常用于聚合操作、Join 操作、合并相邻 Project 的列

3．规划策略

优化后的执行计划，需要 SparkPlanner 进行处理，SparkPlanner 中定义了一些策略，目的是根据逻辑执行计划树生成最后可以执行的物理执行计划树，即得到 SparkPlan。

```
val strategies: Seq[Strategy] =
    CommandStrategy(self) ::
    TakeOrdered ::
    PartialAggregation ::
    LeftSemiJoin ::
    HashJoin ::
    InMemoryScans ::
    ParquetOperations ::
    BasicOperators ::
    CartesianProduct ::
    BroadcastNestedLoopJoin :: Nil
```

相应的规则解释如表 6-5 所示。

表 6-5　Optimizer 规则（二）

CommandStrategy	专门针对 Command 类型的 Logical Plan
TakeOrdered	用于 Limit 操作。如果有 Limit 和 Sort 操作，采用该规则
PartialAggergation	部分聚合的策略，即如果有些聚合操作可以在 Local 中完成，就在 Local 中完成，而不必去 shuffle 所有的字段
LeftSemiJoin	最主要的使用场景就是解决 exist in
HashJoin	HashJoin 在并行和扩展方面优于其他连接，在执行时由构建和裁剪两步组成
InMemoryScans	对 InMemoryRelation 使用这个 Logical Plan 规则
ParquetOperators	支持 ParquetOperations 的读写、插入 Table 等
BasicOperators	有 Project、Filter、Sample、Union、Limit、TakeOrdered、Sort、ExistingRDD
CartesianProduct	笛卡儿级的 Join。有待过滤条件的 Join，注意是利用 RDD 的 Cartesian 实现的
BroadcastNestedLoopJoin	用于 Left Outer Join、Right Outer Join、Full Outer Join 这 3 类型的 Join

在最终真正执行物理执行计划前，最后还要进行两次规则，SQLContext 中定义这个过程叫 prepareForExecution，这个步骤是额外增加的，直接 new RuleExecutor[SparkPlan] 进行的。

```
val batches =
        Batch("Add exchange", Once, AddExchange(self)) ::
        Batch("Prepare Expressions", Once, new BindReferences[SparkPlan]) :: Nil
```

最后调用 SparkPlan 的 execute() 执行计算。execute() 在每种 SparkPlan 的实现中定义，一般都会递归调用 children 的 execute() 方法，所以，会触发整棵 Tree 的计算。

6.2.3　SQL DSL API

Spark 为应用程序开发人员提供了一些 SQL DSL API，以我们熟悉的 SQL 语义方式提供，很大程度上提高了 Spark 应用程序开发效率[11]。在实际操作时，常用的 API 分为两类，一类是 Context（SQLContext 和 HiveContxt）提供的有关数据源管理相关的 API，另一类是 SchemaRDD 对象提供的与 SQL 语言对应的 DSL API，代码如下：

```
class SchemaRDD (
        @transient val sqlcontext: SQLcontext: SQLcontext,
        @transient protected[spark] val logicalplan: Logicalplan)
extends RDD[ROW] (sqlcontext.sparkcontext, Nil) with SchemaRDDLike


override def getPartitions : Array [partition] = firstParent [ROW].partitions


override protected def getDependencies:Seq[Dependency[_]]=
List(new OneToOneDependency(queryExecution.toRdd))
def select(exprs.NamedExpresston*):SchemaRDD=
new SchemaRDD(sqlContext,Projext(exprs,ogicalPlan))
```

这段代码表达了如下信息：

（1）SchemaRDD 是普通 RDD，且是 OneToOneDependency 的 RDD。

（2）SchemaRDD 的构造函数的参数分别是 SQLContext 和逻辑计划。

（3）select 方法是一个创建型方法，它负责创建一个新的 SchemaRDD 实例，实际上，类似 select 的方法有很多，语义上和 SQL 语句的相关子句相同，它们就是 SQL DSL API。

逻辑计划是 SchemaRDD 的一个属性，可以认为逻辑计划对象和 SchemaRDD 对象之间是可以相互转化的。

图 6-6 给出了 DSL API 的对象状态迁移图。

图 6-6 中的 DSL 是指特定应用领域内语言，例如，HTML，ANT 变异的 build.Xml，甚至还有 Pig Latin（基于 Hadoop 的大数据分析框架 Pig 所使用的语言）。Spark SQL DSL API 提供类似 Pig Latin 的编程 API。

表 6-6 列出了一些常用的 DSL API。

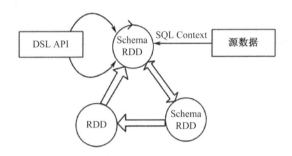

图 6-6　DSL API 的对象状态迁移图

表 6-6　常用的 DSL API

操作名称	语　法	示　例
选取列	select(NamedExpression*)	s.select('a, 'b + 'c, 'd as 'aliaseName)
条件筛选	where (condition: Expression)	s.where('a + 'b > 10)
表相连	join(otherPlan：SchemaRDD, joinType: JoinType = Inner, on: Option [Expression] = None)	s.join(srdd2,Inner, 'x.a== 'y.a)
排序	orderBy (SortOrder*)	schemaRDD.orderBy('a.asc, 'b.desc)
分组聚合	groupBy(groupingExprs:Expression*)(aggregateExps：Expresston*)	groupBy('year)(Sum('sales) as 'totalsales)
取别名	as (alias:Symbol)	val t=schemaRDD.where('a===1).as ('y)
联合	unionAll(SchemaRDD)	schemaRDD.unionAll(schemaRDD2)
插入数据到指定数据表	insertInto(tableName:String，verwrite:Boolean)	s.insertInto ("test3",true)
保存文件	saveAsParquetFile (path.String)	s.saveAsParquetFile("hdfs://s123/user/shark/warehouse/test")

使用 DSL API 可以大大减少需要处理的数据量，从而可以显著加快 Spark SQL 工作效率。随着 Spark SQL 版本的逐步升级和完善，DSL API 会有所变化。

6.2.4 Spark SQL ThriftServer 和 CLI

在 Spark 的众多版本中，Spark 1.1 有着特别重要的意义，因为在这个版本中增加了 ThriftServer 和 CLI，使得 Hive 用户及用惯了命令行的 RDBMS 数据库管理员很容易地上手 Spark SQL，在真正意义上进入了 SQL 时代[12]。

1. Spark SQL ThriftServer

ThriftServer 是一个 JDBC/ODBC 接口，用户可以通过 JDBC/ODBC 连接 ThriftServer 来访问 Spark SQL 的数据。ThriftServer 启动时，启动一个 Spark SQL 的应用程序，通过 JDBC/ODBC 连接的客户端共同分享 Spark SQL 应用程序资源，即不同的用户之间可以共享数据；ThriftServer 启动时还开启一个侦听器，等待 JDBC 客户端的连接和提交查询。所以，在配置 ThriftServer 的时候，至少要配置 ThriftServer 的主机名和端口，若要使用 Hive 数据，还要提供 Hive Metastore 的 uris。

首先，创建并配置 hive-site.xml 文件。在$SPARK_HOME/conf 目录下修改 hive-site.xml 配置文件，如图 6-7 所示。

图 6-7　修改 hive-site.xml 配置文件

设置 hadoop1 为 Metastore 服务器，hadoop2 为 Thrift Server 服务器，配置内容如图 6-8 所示。

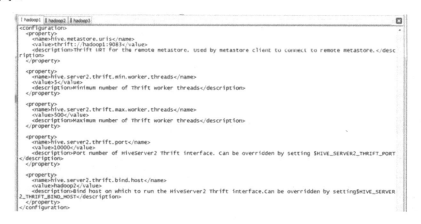

图 6-8　配置内容

其次，启动 Hive。在 hadoop1 节点中，在后台启动 Hive Metastore（如果数据存放在 HDFS 文件系统，还需要启动 Hadoop 的 HDFS），如图 6-9 所示。

最后，启动 Spark 集群和 Spark SQL ThriftServer。在 hadoop1 节点启动 Spark 集群，在 hadoop2 节点上进入 SPARK_HOME/sbin 目录，使用如下命令启动 Thrift-

Server，如图 6-10 所示。

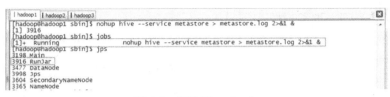

图 6-9　启动 Hive（一）

图 6-10　启动 ThriftServer

这时，在集群监控页面可以看到启动了 Spark SQL 应用程序。

2．Spark SQL CLI

Spark CLI（Command-Line Interface，命令行界面）指的是使用命令界面直接输入 SQL 命令，它通常不支持鼠标，用户通过键盘输入指令，然后发送到 Spark 集群进行执行，计算机接收到指令后予以执行，在界面中显示运行过程和最终的结果。

首先，创建并配置 hive-site.xml。在运行 Spark SQL CLI 中需要使用到 Hive Metastor，故需要在 Spark 中添加其 uris。具体方法是在 SPARK_HOME/conf 目录下创建 hive-site.xml 文件，然后在该配置文件中添加 hive.metastore.uris 属性，具体如图 6-11 所示。

图 6-11　创建并配置 hive-site.xml

其次，启动 Hive。在使用 Spark SQL CLI 之前需要启动 Hive Metastore（如果数据存放在 HDFS 文件系统，还需要启动 Hadoop 的 HDFS），使用如下命令可以使 Hive Metastore 启动后运行在后台，可以通过 jobs 查询，如图 6-12 所示。

图 6-12　启动 Hive（二）

最后，启动 Spark 集群和 Spark SQL CLI。通过如下命令启动 Spark 集群和 Spark

SQL CLI，如图 6-13 所示。

```
$cd /app/hadoop/spark-1.1.0
$sbin/start-all.sh
$bin/spark-sql --master spark://hadoop1:7077 --executor-memory 1g
```

图 6-13　启动 Spark 集群和 Spark SQL CLI

在集群监控页面可以看到启动了 Spark SQL 应用程序，这时就可以使用 HQL 语句对 Hive 数据进行查询。总的来说，ThriftServer 和 CLI 的引入，使得 Spark SQL 可以更方便地使用 Hive 数据，使得 Spark SQL 可以更接近使用者，而非开发者。

6.2.5　Spark SQL 常用操作

Spark SQL 最强大之处是可以在 Spark 应用中使用。Spark SQL 不仅为 Spark 提供了一个 SQL 接口，并且支持开发者将 SQL 和传统的 RDD 编程的数据操作方式相结合，与普通的 Python/Java/Scala 程序代码结合在一起[13]。

若要在应用中使用 Spark SQL，需要创建出一个 SQLContext 或 HiveContext。该上下文环境提供了对 Spark SQL 的数据进行查询和交互的函数。使用 HiveContext 可以创建出表示结构化数据的 SchemaRDD，并且使用 SQL 或类似 map()的 RDD 操作来操作 SchemaRDD[14]。

1．SQL 的 import 声明

```
//Scala 中 SQL 的 import 声明
import org.apache.spark.sql.SQLContext
import org.apache.spark.sql.hive.HiveContext
//Java 中 SQL 的 import 声明 ，导入 JavaSchemaRDD
import org.apache.spark.sql.SQLContext;
import org.apache.spark.sql.hive.HiveContext;
import org.apache.spark.sql. SchemaRDD;
import org.apache.spark.sql.Row;

//Python 中 SQL 的 import 声明
from pyspark.sql import SQLContext,Row
from pyspark.sql import HiveContext,Row
```

2．创建 SQL 上下文环境

Spark 中所有相关功能的入口点是 SQLContext 类或者它的子类，创建一个 SQLContext 仅需要 SparkContext，示例如下：

```
//Scala 语言版
val sc:SparkContext
val sqlContext=new org.apache.spark.sql.SQLContext(sc)
import sqlContext.implicits._    //隐性转换 RDD 到数据帧 DataFrame

//Java 语言版
JavaSparkContext  jsc=new JavaSparkContext(...);
```

```
SQLContext sc= new org.apache.spark.sql.SQLContext(jsc);
```

//Python 语言版
```
sqlContext=SQLContext(sc)
```

3．创建数据帧

在一个 SQLContext 中，应用程序可以从现有的 RDD、Hive 表或数据源中创建数据帧。基于 JSON 文件内容创建数据帧示例如下：

```
//Scala 语言版
val sc: SparkContext // An existing SparkContext.
val sqlContext = new org.apache.spark.sql.SQLContext(sc)
val df = sqlContext.read.json("examples/src/main/resources/people.json")
// Displays the content of the DataFrame to stdout
df.show()
```

```
//Java 语言版
JavaSparkContext sc = new JavaSparkContext(…); // An existing JavaSparkContext.
SQLContext sqlContext = new org.apache.spark.sql.SQLContext(sc);
DataFrame df = sqlContext.read().json("examples/src/main/resources/people.json");
// Displays the content of the DataFrame to stdout
df.show();
```

```
//Python 语言版
from pyspark.sql import SQLContext
sqlContext = SQLContext(sc)
df = sqlContext.read.json("examples/src/main/resources/people.json")
# Displays the content of the DataFrame to stdout
df.show()
```

4．使用数据帧处理结构化数据

示例如下：

```
//Scala 语言版
val sc: SparkContext // An existing SparkContext.
val sqlContext = new org.apache.spark.sql.SQLContext(sc)
// Create the DataFrame
val df = sqlContext.read.json("examples/src/main/resources/people.json")
// Show the content of the DataFrame
df.show()
// age    name
// null Michael
// 30     Andy
// 19     Justin

// Print the schema in a tree format
```

```
df.printSchema()
// root
// |-- age: long (nullable = true)
// |-- name: string (nullable = true)

// Select only the "name" column
df.select("name").show()
// name
// Michael
// Andy
// Justin

// Select everybody, but increment the age by 1
df.select(df("name"), df("age") + 1).show()
// name      (age + 1)
// Michael null
// Andy      31
// Justin    20

// Select people older than 21
df.filter(df("age") > 21).show()
// age name
// 30  Andy

// Count people by age
df.groupBy("age").count().show()
// age    count
// null 1
// 19     1
// 30     1
```

//Java 语言版
```
JavaSparkContext sc;// An existing SparkContext.
SQLContext sqlContext = new org.apache.spark.sql.SQLContext(sc);
// Create the DataFrame
DataFrame df = sqlContext.read().json("examples/src/main/resources/people.json");
// Show the content of the DataFrame
df.show();
// age    name
// null Michael
// 30     Andy
// 19     Justin

// Print the schema in a tree format
```

```
df.printSchema();
// root
// |-- age: long (nullable = true)
// |-- name: string (nullable = true)

// Select only the "name" column
df.select("name").show();
// name
// Michael
// Andy
// Justin

// Select everybody, but increment the age by 1
df.select(df.col("name"), df.col("age").plus(1)).show();
// name      (age + 1)
// Michael null
// Andy      31
// Justin    20

// Select people older than 21
df.filter(df.col("age").gt(21)).show();
// age name
// 30   Andy

// Count people by age
df.groupBy("age").count().show();
// age    count
// null 1
// 19     1
// 30     1


//Python 语言版
from pyspark.sql import SQLContext
sqlContext = SQLContext(sc)
# Create the DataFrame
df = sqlContext.read.json("examples/src/main/resources/people.json")
# Show the content of the DataFrame
df.show()
## age   name
## null Michael
## 30     Andy
## 19     Justin


# Print the schema in a tree format
```

```
df.printSchema()
## root
## |-- age: long (nullable = true)
## |-- name: string (nullable = true)

# Select only the "name" column
df.select("name").show()
## name
## Michael
## Andy
## Justin

# Select everybody, but increment the age by 1
df.select(df['name'], df['age'] + 1).show()
## name      (age + 1)
## Michael null
## Andy      31
## Justin    20

# Select people older than 21
df.filter(df['age'] > 21).show()
## age name
## 30   Andy

# Count people by age
df.groupBy("age").count().show()
## age    count
## null 1
## 19     1
## 30     1
```

5．以 SQL 查询的方式查询数据

在 SQLContext 中，SQL 的功能是以运行 SQL 查询的方式运行程序，并返回一个结果，结果的类型为数据帧。要在一张表上进行查询，需要调用 HiveContext 或 SQLContext 中的 sql()方法。示例如下：

```
//Scala 语言版
val sqlContext = ... // An existing SQLContext
val df = sqlContext.sql("SELECT * FROM table")

//Java 语言版
SQLContext sqlContext = ...    // An existing SQLContext
DataFrame df = sqlContext.sql("SELECT * FROM table")

//Python 语言版
```

```
from pyspark.sql import SQLContext
sqlContext = SQLContext(sc)
df = sqlContext.sql("SELECT * FROM table")
```

6.3　Spark SQL 实战

6.3.1　Spark SQL 开发环境搭建

在介绍 Spark SQL 的使用之前，需要搭建一个 Spark SQL 的测试环境[15]。本次测试环境涉及 Hadoop 的 HDFS、Hive、Spark 及相关的数据文件，相关的信息如下：

- Hadoop 版本为 2.2.0。
- Hive 版本为 0.13。
- Spark 版本为 1.1.0。
- MySQL 版本为 5.6.12。
- 测试数据下载地点：http://pan.baidu.com/s/1eQCbT30#path=%252Fblog 中的 sparkSQL_data.zip。

1．环境配置硬件要求

本测试环境是在一台物理机上搭建的，物理机的配置是 16GB 内存，4 核 8 线程 CPU。hadoop1、hadoop2、hadoop3 是 vitual box 虚拟机，构建 Hadoop 集群和 Spark 集群；物理机 wyy 作为客户端，编写代码和提交计算任务。总的测试环境配置如表 6-7 所示。

表 6-7　总的测试环境配置

机器名	配置	角色	软件安装
hadoop1	4GB 内存，1 核	hadoop：NN/DN Spark：Master/worker	/app/hadoop/hadoop220 /app/hadoop/spark110 /app/scala2104 /usr/java/jdk1.7.0_21
hadoop2	4GB 内存，1 核	hadoop：DN Spark：worker hive0.13 客户端	/app/hadoop/hadoop220 /app/hadoop/spark110 /app/hadoop/hive013 /app/scala2104 /usr/java/jdk1.7.0_21
hadoop3	4GB 内存，1 核	hadoop：DN Spark：worker hive0.13 metaserver service mysql server	/app/hadoop/hadoop220 /app/hadoop/spark100 /app/hadoop/hive013 /app/scala2104 /usr/java/jdk1.7.0_21 MySQL5.6.12
wyy	16GB 内存，4 核	client hive0.13 客户端	/app/hadoop/hadoop220 /app/hadoop/spark110 /app/hadoop/hive013

以上 Hadoop2.2.0、Spark、Hive 安装目录的用户属性都是 Hadoop（组别为 Hadoop），其他安装目录的用户属性是 root:root。

2．Hadoop 的搭建

Hadoop 2.2.0 集群搭建过程如下：

1）规划

在 CentOS 6.4 上搭建 Hadoop 2.2.0 环境，Java 版本为 7UP21。

```
192.168.100.171 hadoop1 (namenode)
192.168.100.172 hadoop2 (预留当 namenode)
192.168.100.173 hadoop3 (datanode)
192.168.100.174 hadoop4 (datanode)
192.168.100.175 hadoop5 (datanode)
```

2）创建虚拟机样板机（VM 和 vitualBOX 都可以）

（1）安装 CentOS 6.4 虚拟机 hadoop1，开通 ssh 服务，屏蔽 iptables 服务。

```
[root@hadoop1 ~]# chkconfig sshd on
[root@hadoop1 ~]# chkconfig iptables off
[root@hadoop1 ~]# chkconfig ip6tables off
[root@hadoop1 ~]# chkconfig postfix off
```

（2）修改/etc/sysconfig/selinux。

```
SELINUX=disabled
```

（3）修改 ssh 配置/etc/ssh/sshd_config，打开注释。

```
RSAAuthentication yes
PubkeyAuthentication yes
AuthorizedKeysFile.ssh/authorized_keys
```

（4）修改/etc/hosts，增加：

```
192.168.100.171    hadoop1
192.168.100.172    hadoop2
192.168.100.173    hadoop3
192.168.100.174    hadoop4
192.168.100.175    hadoop5
```

（5）安装 Java，在环境变量配置文件/etc/profile 末尾增加：

```
export JAVA_HOME=/usr/java/jdk1.7.0_21
export JRE_HOME=/usr/java/jdk1.7.0_21/jre
export HADOOP_FREFIX=/app/hadoop/hadoop220
export HADOOP_COMMON_HOME=${HADOOP_FREFIX}
export HADOOP_HDFS_HOME=${HADOOP_FREFIX}
export HADOOP_MAPRED_HOME=${HADOOP_FREFIX}
export YARN_HOME=${HADOOP_FREFIX}
export CLASSPATH=.:$JAVA_HOME/lib:$JAVA_HOME/lib/tools.jar
export PATH=$JAVA_HOME/bin:$JRE_HOME/bin:${HADOOP_FREFIX}/bin:${HADOOP_FREFIX}/sbin:$PATH
```

（6）增加 Hadoop 组和 Hadoop 用户，并设置 Hadoop 用户密码，然后解压缩安装文件到/app/hadoop/hadoop220，其中将 /app/hadoop 整个目录赋予 hadoop:hadoop，并且在/app/hadoop/hadoop220 下建立 mydata 目录存放数据。

（7）修改 Hadoop 相关配置文件。

```
[hadoop@hadoop1 hadoop205]$ cd etc/hadoop
[hadoop@hadoop1 hadoop]$ vi core-site.xml
*************************************************************************
<configuration>
<property>
<name>fs.defaultFS</name>
<value>hdfs://192.168.100.171:8000/</value>
</property>

<property>
<name>io.file.buffer.size</name>
<value>131072</value>
</property>
</configuration>
*************************************************************************
[hadoop@hadoop1 hadoop]$ vi hdfs-site.xml
*************************************************************************
<configuration>
<property>
<name>dfs.namenode.name.dir</name>
<value>file:/app/hadoop/hadoop220/mydata/name</value>
<description>用逗号隔开的路径相互冗余.</description>
</property>

<property>
<name>dfs.datanode.data.dir</name>
<value>file:/app/hadoop/hadoop220/mydata/data</value>
</property>

<property>
<name>dfs.blocksize</name>
<value>67108864</value>
</property>

<property>
<name>dfs.replication</name>
<value>1</value>
</property>
```

```
    <property>
    <name>dfs.permission</name>
    <value>false</value>
    </property>
</configuration>
    *************************************************************************

    [hadoop@hadoop1 hadoop]$ vi yarn-site.xml
    *************************************************************************
    <configuration>
    <property>
    <name>yarn.resourcemanager.address</name>
    <value>192.168.100.171:8080</value>
    </property>

    <property>
    <name>yarn.resourcemanager.scheduler.address</name>
    <value>192.168.100.171:8081</value>
    </property>

    <property>
    <name>yarn.resourcemanager.resource-tracker.address</name>
    <value>192.168.100.171:8082</value>
    </property>

    <property>
    <name>yarn.nodemanager.aux-services</name>
    <value>mapreduce_shuffle</value>
    <description> 管理员在 NodeManager 上设置 ShuffleHandler service 时，要采用"mapreduce_shuffle"，
而非之前的"mapreduce.shuffle"作为属性值</description>
    </property>
    </configuration>

    ********************************************************************** ****
    [hadoop@hadoop1 hadoop]$ vi mapred-site.xml
    *************************************************************************
    <configuration>
    <property>
    <name>mapreduce.framework.name</name>
    <value>yarn</value>
    </property>

    <property>
    <name>mapreduce.job.tracker</name>
```

```xml
<value>hdfs://192.168.100.171:8001</value>
<final>true</final>
</property>

<property>
<name>mapreduce.map.memory.mb</name>
<value>1536</value>
</property>

<property>
<name>mapreduce.map.java.opts</name>
<value>-Xmx1024M</value>
</property>

<property>
<name>mapreduce.reduce.memory.mb</name>
<value>3072</value>
</property>

<property>
  <name>mapreduce.reduce.java.opts</name>
  <value>-Xmx2560M</value>
  </property>

<property>
  <name>mapreduce.task.io.sort.mb</name>
  <value>512</value>
  </property>

<property>
  <name>mapreduce.task.io.sort.factor</name>
  <value>100</value>
  </property>

<property>
  <name>mapreduce.reduce.shuffle.parallelcopies</name>
  <value>50</value>
  </property>

<property>
  <name>mapred.system.dir</name>
  <value>file:/app/hadoop/hadoop220/mydata/sysmapred</value>
  <final>true</final>
  </property>
```

```
        <property>
        <name>mapred.local.dir</name>
        <value>file:/app/hadoop/hadoop220/mydata/localmapred</value>
        <final>true</final>
        </property>
        </configuration>
    ****************************************************************
    [hadoop@hadoop1 hadoop]$ vi hadoop-env.sh
    ****************************************************************
    export JAVA_HOME=/usr/java/jdk1.7.0_21
    export HADOOP_FREFIX=/app/hadoop/hadoop220
    export PATH=$PATH:${HADOOP_FREFIX}/bin:${HADOOP_FREFIX}/sbin
    export HADOOP_CONF_HOME=${HADOOP_FREFIX}/etc/hadoop
    export HADOOP_COMMON_HOME=${HADOOP_FREFIX}
    export HADOOP_HDFS_HOME=${HADOOP_FREFIX}
    export HADOOP_MAPRED_HOME=${HADOOP_FREFIX}
    export YARN_HOME=${HADOOP_FREFIX}
export YARN_CONF_DIR=${HADOOP_FREFIX}/etc/hadoop
    ****************************************************************
    [hadoop@hadoop1 hadoop]$ vi yarn-env.sh
    ****************************************************************
    export JAVA_HOME=/usr/java/jdk1.7.0_21
    export HADOOP_FREFIX=/app/hadoop/hadoop220
    export PATH=$PATH:${HADOOP_FREFIX}/bin:${HADOOP_FREFIX}/sbin
    export HADOOP_CONF_HOME=${HADOOP_FREFIX}/etc/hadoop
    export HADOOP_COMMON_HOME=${HADOOP_FREFIX}
    export HADOOP_HDFS_HOME=${HADOOP_FREFIX}
    export HADOOP_MAPRED_HOME=${HADOOP_FREFIX}
    export YARN_HOME=${HADOOP_FREFIX}
    export YARN_CONF_DIR=${HADOOP_FREFIX}/etc/hadoop
    ****************************************************************
    [hadoop@hadoop1 hadoop]$ vi slaves
    ****************************************************************
    hadoop3
    hadoop4
    hadoop5
    ****************************************************************
```

3）配置 ssh

（1）关闭样板机，分别复制成 hadoop2、hadoop3、hadoop4、hadoop5：

修改 vmware workstation 配置文件的 displayname；

修改虚拟机的下列文件中相关的信息。

/etc/udev/rules.d/70-persistent-net.rules

```
/etc/sysconfig/network
/etc/sysconfig/network-scripts/ifcfg-eth0
```

（2）启动 hadoop1、hadoop2、hadoop3、hadoop4、hadoop5，确保相互之间能 ping 通。

（3）配置 ssh 无密码登录。

用用户 hadoop 登录各节点，生成各节点的秘钥对。

```
[hadoop@hadoop1 ~]$ ssh-keygen -t rsa
[hadoop@hadoop2 ~]$ ssh-keygen -t rsa
[hadoop@hadoop3 ~]$ ssh-keygen -t rsa
[hadoop@hadoop4 ~]$ ssh-keygen -t rsa
[hadoop@hadoop5 ~]$ ssh-keygen -t rsa
```

切换到 hadoop1，进行所有节点公钥的合并。

```
[hadoop@hadoop1 .ssh]$ ssh hadoop1 cat /home/hadoop/.ssh/id_rsa.pub>>authorized_keys
[hadoop@hadoop1 .ssh]$ ssh hadoop2 cat /home/hadoop/.ssh/id_rsa.pub>>authorized_keys
[hadoop@hadoop1 .ssh]$ ssh hadoop3 cat /home/hadoop/.ssh/id_rsa.pub>>authorized_keys
[hadoop@hadoop1 .ssh]$ ssh hadoop4 cat /home/hadoop/.ssh/id_rsa.pub>>authorized_keys
[hadoop@hadoop1 .ssh]$ ssh hadoop5 cat /home/hadoop/.ssh/id_rsa.pub>>authorized_keys
```

注意修改 authorized_keys 文件的属性（.ssh 目录为 700，authorized_keys 文件为 600，用 chmod 命令修改），不然 ssh 登录的时候还需要密码。

```
[hadoop@hadoop1 .ssh]$ chmod 600 authorized_keys
```

发放公钥到各节点。

```
[hadoop@hadoop1 .ssh]$ scp authorized_keys
hadoop@hadoop2:/home/hadoop/.ssh/authorized_keys
[hadoop@hadoop1 .ssh]$ scp authorized_keys
hadoop@hadoop3:/home/hadoop/.ssh/authorized_keys
[hadoop@hadoop1 .ssh]$ scp authorized_keys
hadoop@hadoop4:/home/hadoop/.ssh/authorized_keys
[hadoop@hadoop1 .ssh]$ scp authorized_keys
hadoop@hadoop5:/home/hadoop/.ssh/authorized_keys
```

确认各节点的无密码访问，在各节点以下命令确保 ssh 无密码访问。

```
[hadoop@hadoop1 .ssh]$ ssh hadoop1 date
[hadoop@hadoop1 .ssh]$ ssh hadoop2 date
[hadoop@hadoop1 .ssh]$ ssh hadoop3 date
[hadoop@hadoop1 .ssh]$ ssh hadoop4 date
[hadoop@hadoop1 .ssh]$ ssh hadoop5 date
```

4）初始化 Hadoop

```
[hadoop@hadoop1 hadoop220]$ hdfs namenode -format
```

5）启动 Hadoop

```
[hadoop@hadoop1 hadoop]$ start-dfs.sh
[hadoop@hadoop1 hadoop]$ start-yarn.sh
```

```
[hadoop@hadoop1 hadoop]$ jps
3422 SecondaryNameNode
3796 Jps
3550 ResourceManager
3245 NameNode
```

6）访问地址

```
NameNode http://localhost:50070/
ResourceManager http:// localhost:8088/
```

7）测试

上传文件，运行 wordcount。值得注意的是，Hadoop 2.2.0 不能在默认的 HDFS 目录下进行文件操作，而是要带上 hdfs:台头（可以设置成不带台头，但还没找到如何设置）。参见官方说明：All FS shell commands take path URIs as arguments. The URI format is scheme://authority/path. For HDFS the scheme ishdfs, and for the Local FS the scheme is file. The scheme and authority are optional. If not specified, the default scheme specified in the configuration is used. An HDFS file or directory such as /parent/child can be specified ashdfs://namenodehost/parent/child or simply as /parent/child (given that your configuration is set to point tohdfs://namenodehost).

[hadoop@hadoop1 hadoop220]$ hdfs dfs -mkdir hdfs://192.168.100.171:8000/input

[hadoop@hadoop1 hadoop220]$ hdfs dfs -put ./etc/hadoop/slaves hdfs://192.168.100.171:8000/input/slaves

[hadoop@hadoop1 hadoop220]$ hdfs dfs -put ./etc/hadoop/masters

hdfs://192.168.100.171:8000/input/masters

[hadoop@hadoop1 hadoop220]$ hadoop jar share/hadoop/mapreduce/hadoop-mapreduce-examples-2.2.0.jar wordcount hdfs://192.168.100.171:8000/input hdfs://192.168.100.171:8000/output

```
[hadoop@hadoop1 hadoop220]$ hdfs dfs -cat hdfs://192.168.100.171:8000/output/part-r-00000
13/10/22 15:32:36 WARN util.NativeCodeLoader: Unable to load native-hadoop library for your platf
192.168.100.171 1
192.168.100.173 1
192.168.100.174 1
192.168.100.175 1
```

3. MySQL 搭建

（1）从 www.mysql.org 下载 64 位版本 mysql5.6.12（MySQL-5.6.12-1.el6.x86_64.rpm-bundle.tar）。

（2）将安装文件上传到虚拟机并解压。

```
[root@mytest mysql5.6.12]# ls -lsa
total 213580
     4 drwxr-xr-x. 2 root root      4096 Jul  2 13:48
     4 drwxr-xr-x. 8 root root      4096 Jul  2 13:47
 18004 -rw-r--r--. 1 7155 wheel 18432852 Jun 21 09:48
  3260 -rw-r--r--. 1 7155 wheel  3337396 Jun 21 09:48
 82368 -rw-r--r--. 1 7155 wheel 84344048 Jun 21 09:48
 55960 -rw-r--r--. 1 7155 wheel 57301660 Jun 21 09:48
  1892 -rw-r--r--. 1 7155 wheel  1936060 Jun 21 09:50
  3880 -rw-r--r--. 1 7155 wheel  3970048 Jun 21 09:50
 48208 -rw-r--r--. 1 7155 wheel 49363320 Jun 21 09:50
```

（3）查找并删除之前的 MySQL 版本。

```
[root@mytest /]# rpm -qa |grep mysql
mysql-libs-5.1.66-2.el6_3.x86_64
[root@mytest /]# rpm -e mysql-libs-5.1.66-2.el6_3.x86_64
error: Failed dependencies:
        libmysqlclient.so.16()(64bit) is needed by (installed) postfix-2:2.6.6-2.2.el6_1.x86_64
        libmysqlclient.so.16(libmysqlclient_16)(64bit) is needed by (installed) postfix-2:2.6.6-2.2.el6_1.
x86_64
```

如果删除不了，根据需要使用--nodeps 参数。

```
[root@mytest mysql5.6.12]# rpm -e mysql-libs-5.1.66-2.el6_3.x86_64 --nodeps
```

注意有的版本可能要使用 rpm -qa |grep MySQL 来查看是否有安装。

（4）安装 MYSQL Server。

```
[root@mytest mysql5.6.12]# rpm -ihv MySQL-server-5.6.12-1.el6.x86_64.rpm
Preparing...                ########################################### [100%]
   1:MySQL-server           ########################################### [100%]
```

注意安装中有提示初始密码在 /root/.mysql_secret 中，用 cat 命令可以查看。

```
[root@mytest mysql5.6.12]# cat /root/.mysql_secret
# The random password set for the root user at Wed Jul  3 16:45:23 2013 (local time): WRYq5SEt
```

（5）安装 MYSQL Client 和 MYSQL Devel。

```
[root@mytest mysql5.6.12]# rpm -ihv MySQL-client-5.6.12-1.el6.x86_64.rpm
Preparing...                ########################################### [100%]
   1:MySQL-client           ########################################### [100%]
[root@mytest mysql5.6.12]# rpm -ihv MySQL-devel-5.6.12-1.el6.x86_64.rpm
Preparing...                ########################################### [100%]
   1:MySQL-devel            ########################################### [100%]
```

（6）启动 MYSQL Server。

```
[root@mytest ~]# service mysql start
Starting MySQL...[  OK  ]
```

（7）登录 MySQL Server 并修改密码，登录时要使用步骤（4）中的初始密码。

```
[root@mysql /]# /usr/bin/mysql -uroot -p
Enter password:
Welcome to the MySQL monitor.  Commands end with ; or \g.
Your MySQL connection id is 1
Server version: 5.6.12

Copyright (c) 2000, 2013, Oracle and/or its affiliates. All rights reserved.

Oracle is a registered trademark of Oracle Corporation and/or its
affiliates. Other names may be trademarks of their respective
owners.

Type 'help;' or '\h' for help. Type '\c' to clear the current input statement.

mysql> SET PASSWORD=PASSWORD('wm471627');
Query OK, 0 rows affected (0.03 sec)
```

（8）本地连接测试。

```
[root@mysql ~]# /usr/bin/mysqlshow -uroot -pwm471627
Warning: Using a password on the command line interface can be insecure.
+--------------------+
|     Databases      |
+--------------------+
| information_schema |
| mysql              |
| performance_schema |
| test               |
+--------------------+
[root@mysql ~]# /usr/bin/mysqladmin version status -uroot -p
Enter password:
/usr/bin/mysqladmin  Ver 8.42 Distrib 5.6.12, for Linux on x86_64
Copyright (c) 2000, 2013, Oracle and/or its affiliates. All rights reserved.

Oracle is a registered trademark of Oracle Corporation and/or its
affiliates. Other names may be trademarks of their respective
owners.

Server version          5.6.12
Protocol version        10
Connection              Localhost via UNIX socket
UNIX socket             /var/lib/mysql/mysql.sock
Uptime:                 20 min 36 sec

Threads: 1  Questions: 15  Slow queries: 0  Opens: 67  Flush tables: 1  Open tables: 60  Queries per second avg: 0.012
Uptime: 1236  Threads: 1  Questions: 16  Slow queries: 0  Open: 67 Flush tables: 1 Open tables: 60 Queries per second avg: 0.012
```

（9）开放客户端连接。

mysql> grant all on *.* to mysql@'%' identified by 'mysql' with grant option;

在服务器端登录 MySQL，然后运行以上语句， %表示允许任何 IP 地址的电脑用 MySQL 账户和密码（mysql）来访问该 MySQL Server。

（10）用客户端连接测试。

```
Python 2.7.5 (default, May 15 2013, 22:44:16) [MSC v.1500 64 bit (AMD64)] on win
32
Type "copyright", "credits" or "license()" for more information.
>>> import MySQLdb
>>> connect=MySQLdb.connect(host='192.168.1.171',user='mysql',passwd='mysql',db=
'test')
>>>
```

4．Hive 的安装

1）安装计划

```
hadoop1    192.168.100.171    (hadoop2.2.0 namenode)
hadoop3    192.168.100.173    (hadoop2.2.0 datanode)
hadoop4    192.168.100.174    (hadoop2.2.0 datanode)
hadoop5    192.168.100.175    (hadoop2.2.0 datanode)
hadoop2    192.168.100.172    (hive0.11.0 client)
hadoop9    192.168.100.179    (MySQL server + hive metastore service)
hadoop2.2.0 的安装目录/app/hadoop/hadoop220
hive 0.11.0 的安装目录/app/hadoop/hive011
```

2）安装和配置 hadoop9(MySQL server + hive metastore service)

```
A：安装配置 MySQL
[root@hadoop9 hadoop]# mysql -uroot -p
mysql> grant all on *.* to mysql@'%' identified by 'mysql' with grant option;
mysql> create user 'hadoop' identified by 'hadoop';
mysql> grant all on *.* to hadoop@'%' with grant option;
mysql> quit;
[root@hadoop9 hadoop]# mysql -uhadoop -p
mysql> create database hive;
mysql> quit;
```

3）安装 Hive 0.11.0

```
[root@hadoop9 soft]# tar zxf hive-0.11.0.tar.gz
[root@hadoop9 soft]# cp -r hive-0.11.0 /app/hadoop/hive011
[root@hadoop9 soft]# cd /app/hadoop
[root@hadoop9 hadoop]# chown -R hadoop:hadoop hive011
```

4）配置环境变量

```
[root@hadoop9 hadoop]# vi /etc/profile
export HIVE_HOME=/app/hadoop/hive011
export PATH=$JAVA_HOME/bin:$JRE_HOME/bin:${HIVE_HOME}/bin:$PATH
[root@hadoop9 hadoop]# source /etc/profile
```

5）Hive 配置

```
[root@hadoop9 hadoop]# cd hive/conf
[hadoop@hadoop9 conf]$ cp hive-default.xml.template hive-site.xml
[hadoop@hadoop9 conf]$ cp hive-env.sh.template hive-env.sh
[hadoop@hadoop9 conf]$ vi hive-env.xml
HADOOP_HOME=/app/hadoop/hadoop220
[hadoop@hadoop9 conf]$ vi hive-site.xml
<property>
  <name>javax.jdo.option.ConnectionURL</name>
  <value>jdbc:mysql://hadoop9:3306/hive?=createDatabaseIfNotExist=true</value>
  <description>JDBC connect string for a JDBC metastore</description>
</property>
<property>
  <name>javax.jdo.option.ConnectionDriverName</name>
  <value>com.mysql.jdbc.Driver</value>
  <description>Driver class name for a JDBC metastore</description>
</property>
<property>
  <name>javax.jdo.option.ConnectionUserName</name>
  <value>hadoop</value>
  <description>username to use against metastore database</description>
</property>
<property>
  <name>javax.jdo.option.ConnectionPassword</name>
  <value>hadoop</value>
  <description>password to use against metastore database</description>
</property>
```

6）安装 MySQL 的 JDBC 驱动包

从 MySQL 官网下载合适的 JDBC 驱动包，找出合适的文件并复制到${HIVE_HOME}/lib 下。

```
[hadoop@hadoop9 hive011]$ cp ../mysql-connector-java-5.1.26-bin.jar lib/mysql-connector-java-5.1.26-bin.jar
```

5. 安装 hadoop2（Hive 0.11.0 client）

1）配置环境变量

```
[root@hadoop2 hadoop]# vi /etc/profile
export HIVE_HOME=/app/hadoop/hive0121
export PATH=$JAVA_HOME/bin:$JRE_HOME/bin:${HIVE_HOME}/bin:$PATH
[root@hadoop2 hadoop]# source /etc/profile
```

2）从 hadoop9 复制 Hive 0.11.0 的安装文件

```
[hadoop@hadoop9 hadoop]$ scp -r hive011 hadoop@hadoop2:/app/hadoop/
```

3）配置 hive-site.xml

```
[hadoop@hadoop2 conf]$ vi hive-site.xml
<property>
  <name>hive.metastore.uris</name>
  <value>thrift://hadoop9:9083</value>
  <description>Thrift uri for the remote metastore. Used by metastore client to connect to remote
metastore.</description>
</property>
```

6. 启动系统进行测试

1）在 hadoop1 启动 Hadoop

```
[hadoop@hadoop hadoop220]$ sbin/start-all.sh
```

2）在 hadoop9 启动 Hive，测试本地连接 MySQL

```
[hadoop@hadoop9 hive011]$ bin/hive
```

3）在 hadoop9 启动 Metastore，测试远程连接 MySQL

```
[hadoop@hadoop9 hive011]$ bin/hive --service metastore
```

```
[hadoop@hadoop9 hive011]$ bin/hive --service metastore
Starting Hive Metastore Server
13/10/31 11:53:41 INFO Configuration.deprecation: mapred.input.dir.recursive is deprecated. Instead, use mapreduce.input.fileinputformat.input.dir.recursive
13/10/31 11:53:41 INFO Configuration.deprecation: mapred.max.split.size is deprecated. Instead, use mapreduce.input.fileinputformat.split.maxsize
13/10/31 11:53:41 INFO Configuration.deprecation: mapred.min.split.size is deprecated. Instead, use mapreduce.input.fileinputformat.split.minsize
13/10/31 11:53:41 INFO Configuration.deprecation: mapred.min.split.size.per.rack is deprecated. Instead, use mapreduce.input.fileinputformat.split.minsize.p
er.rack
13/10/31 11:53:41 INFO Configuration.deprecation: mapred.min.split.size.per.node is deprecated. Instead, use mapreduce.input.fileinputformat.split.minsize.p
er.node
13/10/31 11:53:41 INFO Configuration.deprecation: mapred.reduce.tasks is deprecated. Instead, use mapreduce.job.reduces
13/10/31 11:53:41 INFO Configuration.deprecation: mapred.reduce.tasks.speculative.execution is deprecated. Instead, use mapreduce.reduce.speculative
13/10/31 11:53:42 WARN conf.Configuration: org.apache.hadoop.hive.conf.LoopingByteArrayInputStream@795ee430:an attempt to override final parameter: mapreduc
e.job.end-notification.max.retry.interval;  Ignoring.
13/10/31 11:53:42 WARN conf.Configuration: org.apache.hadoop.hive.conf.LoopingByteArrayInputStream@795ee430:an attempt to override final parameter: mapreduc
e.job.tracker;  Ignoring.
13/10/31 11:53:42 WARN conf.Configuration: org.apache.hadoop.hive.conf.LoopingByteArrayInputStream@795ee430:an attempt to override final parameter: mapreduc
e.cluster.local.dir;  Ignoring.
13/10/31 11:53:42 WARN conf.Configuration: org.apache.hadoop.hive.conf.LoopingByteArrayInputStream@795ee430:an attempt to override final parameter: mapreduc
e.jobtracker.system.dir;  Ignoring.
13/10/31 11:53:42 WARN conf.Configuration: org.apache.hadoop.hive.conf.LoopingByteArrayInputStream@795ee430:an attempt to override final parameter: mapreduc
e.job.end-notification.max.attempts;  Ignoring.
SLF4J: Class path contains multiple SLF4J bindings.
SLF4J: Found binding in [jar:file:/app/hadoop/hadoop220/share/hadoop/common/lib/slf4j-log4j12-1.7.5.jar!/org/slf4j/impl/StaticLoggerBinder.class]
SLF4J: Found binding in [jar:file:/app/hadoop/hive011/lib/slf4j-log4j12-1.6.1.jar!/org/slf4j/impl/StaticLoggerBinder.class]
SLF4J: See http://www.slf4j.org/codes.html#multiple_bindings for an explanation.
SLF4J: Actual binding is of type [org.slf4j.impl.Log4jLoggerFactory]
```

[hadoop@hadoop2 hive011]$ bin/hive

```
[hadoop@hadoop2 hive011]$ bin/hive
13/10/31 11:54:37 INFO Configuration.deprecation: mapred.input.dir.recursive is deprecated. Instead, use mapreduce.input.fileinputformat.input.dir.recursive
13/10/31 11:54:37 INFO Configuration.deprecation: mapred.max.split.size is deprecated. Instead, use mapreduce.input.fileinputformat.split.maxsize
13/10/31 11:54:37 INFO Configuration.deprecation: mapred.min.split.size is deprecated. Instead, use mapreduce.input.fileinputformat.split.minsize
13/10/31 11:54:37 INFO Configuration.deprecation: mapred.min.split.size.per.rack is deprecated. Instead, use mapreduce.input.fileinputformat.split.minsize.p
er.rack
13/10/31 11:54:37 INFO Configuration.deprecation: mapred.min.split.size.per.node is deprecated. Instead, use mapreduce.input.fileinputformat.split.minsize.p
er.node
13/10/31 11:54:37 INFO Configuration.deprecation: mapred.reduce.tasks is deprecated. Instead, use mapreduce.job.reduces
13/10/31 11:54:37 INFO Configuration.deprecation: mapred.reduce.tasks.speculative.execution is deprecated. Instead, use mapreduce.reduce.speculative
13/10/31 11:54:38 WARN conf.Configuration: org.apache.hadoop.hive.conf.LoopingByteArrayInputStream@63d7e5f7:an attempt to override final parameter: mapreduc
e.job.end-notification.max.retry.interval;  Ignoring.
13/10/31 11:54:38 WARN conf.Configuration: org.apache.hadoop.hive.conf.LoopingByteArrayInputStream@63d7e5f7:an attempt to override final parameter: mapreduc
e.job.tracker;  Ignoring.
13/10/31 11:54:38 WARN conf.Configuration: org.apache.hadoop.hive.conf.LoopingByteArrayInputStream@63d7e5f7:an attempt to override final parameter: mapreduc
e.cluster.local.dir;  Ignoring.
13/10/31 11:54:38 WARN conf.Configuration: org.apache.hadoop.hive.conf.LoopingByteArrayInputStream@63d7e5f7:an attempt to override final parameter: mapreduc
e.jobtracker.system.dir;  Ignoring.
13/10/31 11:54:38 WARN conf.Configuration: org.apache.hadoop.hive.conf.LoopingByteArrayInputStream@63d7e5f7:an attempt to override final parameter: mapreduc
e.job.end-notification.max.attempts;  Ignoring.

Logging initialized using configuration in jar:file:/app/hadoop/hive011/lib/hive-common-0.11.0.jar!/hive-log4j.properties
Hive history file=/tmp/hadoop/hive_job_log_hadoop_18530hadoop2_201310311154_1543780105.txt
SLF4J: Class path contains multiple SLF4J bindings.
SLF4J: Found binding in [jar:file:/app/hadoop/hadoop220/share/hadoop/common/lib/slf4j-log4j12-1.7.5.jar!/org/slf4j/impl/StaticLoggerBinder.class]
SLF4J: Found binding in [jar:file:/app/hadoop/hive011/lib/slf4j-log4j12-1.6.1.jar!/org/slf4j/impl/StaticLoggerBinder.class]
SLF4J: See http://www.slf4j.org/codes.html#multiple_bindings for an explanation.
SLF4J: Actual binding is of type [org.slf4j.impl.Log4jLoggerFactory]
hive> show tables;
OK
aaa
Time taken: 3.022 seconds, Fetched: 1 row(s)
hive> create table bbb(cc string);
OK
Time taken: 0.992 seconds
hive>
```

4）Web 方式测试

[hadoop@hadoop9 hive011]$ cp /usr/java/jdk1.7.0_21/lib/tools.jar lib/tools.jar
[hadoop@hadoop9 hive011]$ bin/hive --service hwi

```
[hadoop@hadoop9 hive011]$ bin/hive --service hwi
13/10/31 14:09:12 INFO hwi.HWIServer: HWI is starting up
13/10/31 14:09:12 INFO Configuration.deprecation: mapred.input.dir.recursive is deprecated. Instead, use mapreduce.input.fileinputformat.input.dir.recursive
13/10/31 14:09:12 INFO Configuration.deprecation: mapred.max.split.size is deprecated. Instead, use mapreduce.input.fileinputformat.split.maxsize
13/10/31 14:09:12 INFO Configuration.deprecation: mapred.min.split.size is deprecated. Instead, use mapreduce.input.fileinputformat.split.minsize
13/10/31 14:09:12 INFO Configuration.deprecation: mapred.min.split.size.per.rack is deprecated. Instead, use mapreduce.input.fileinputformat.split.minsize.p
er.rack
13/10/31 14:09:12 INFO Configuration.deprecation: mapred.min.split.size.per.node is deprecated. Instead, use mapreduce.input.fileinputformat.split.minsize.p
er.node
13/10/31 14:09:12 INFO Configuration.deprecation: mapred.reduce.tasks is deprecated. Instead, use mapreduce.job.reduces
13/10/31 14:09:12 INFO Configuration.deprecation: mapred.reduce.tasks.speculative.execution is deprecated. Instead, use mapreduce.reduce.speculative
13/10/31 14:09:13 WARN conf.Configuration: org.apache.hadoop.hive.conf.LoopingByteArrayInputStream@4337aefa:an attempt to override final parameter: mapreduc
e.job.end-notification.max.retry.interval;  Ignoring.
13/10/31 14:09:13 WARN conf.Configuration: org.apache.hadoop.hive.conf.LoopingByteArrayInputStream@4337aefa:an attempt to override final parameter: mapreduc
e.job.tracker;  Ignoring.
13/10/31 14:09:13 WARN conf.Configuration: org.apache.hadoop.hive.conf.LoopingByteArrayInputStream@4337aefa:an attempt to override final parameter: mapreduc
e.cluster.local.dir;  Ignoring.
13/10/31 14:09:13 WARN conf.Configuration: org.apache.hadoop.hive.conf.LoopingByteArrayInputStream@4337aefa:an attempt to override final parameter: mapreduc
e.jobtracker.system.dir;  Ignoring.
13/10/31 14:09:13 WARN conf.Configuration: org.apache.hadoop.hive.conf.LoopingByteArrayInputStream@4337aefa:an attempt to override final parameter: mapreduc
e.job.end-notification.max.attempts;  Ignoring.
SLF4J: Class path contains multiple SLF4J bindings.
SLF4J: Found binding in [jar:file:/app/hadoop/hadoop220/share/hadoop/common/lib/slf4j-log4j12-1.7.5.jar!/org/slf4j/impl/StaticLoggerBinder.class]
SLF4J: Found binding in [jar:file:/app/hadoop/hive011/lib/slf4j-log4j12-1.6.1.jar!/org/slf4j/impl/StaticLoggerBinder.class]
SLF4J: See http://www.slf4j.org/codes.html#multiple_bindings for an explanation.
SLF4J: Actual binding is of type [org.slf4j.impl.Log4jLoggerFactory]
13/10/31 14:09:13 INFO mortbay.log: Logging to org.slf4j.impl.Log4jLoggerAdapter(org.mortbay.log) via org.mortbay.log.Slf4jLog
13/10/31 14:09:13 INFO mortbay.log: jetty-6.1.26
13/10/31 14:09:13 INFO mortbay.log: Extract /app/hadoop/hive011/lib/hive-hwi-0.11.0.war to /tmp/Jetty_0_0_0_0_9999_hive.hwi.0.11.0.war__hwi__9jHpf1/webapp
13/10/31 14:09:14 INFO mortbay.log: Started SocketConnector@0.0.0.0:9999
```

客户端打开 Web 操作界面 http://hadoop9:9999/hwi。

5）Tips

A：安装 Hive 的时候建议使用 Hive 0.11.0 版，最新版 Hive 0.12.0 配置模板文件本身有错误，另外无论连接 Hadoop1.2.0 还是 Hadoop2.2.0 都有问题。

B：客户端 Hive 连接 Metastore 的时候，只需要修改参数 hive.metastore.uris，不需要设置 MySQL 连接所需要的参数。该参数对应老版本 hive.metastore.local 参数。

C：在使用 Hive 运行的时候，如果想看到更多的信息，可以用 debug 方式，命令如下：

```
[hadoop@hadoop9 hive011]$ bin/hive -hiveconf hive.root.logger=DEBUG,console
```

D：Metastore 服务可以以后台服务方式启动，这样不需要单独占一个终端。

```
[hadoop@hadoop9 hive011]$ nohup bin/hive --service metastore > metastore.log 2>&1 &
```

E：hwi 服务也可以以后台服务方式启动。

```
[hadoop@hadoop9 hive011]$ nohup bin/hive --service hwi > hwi.log 2>&1 &
```

F：hwi 访问出现如下的错误，应该是 tools.jar 找不到引起，直接复制到 ${HIVE_HOME}/lib 下即可。

```
[hadoop@hadoop9 hive011]$ cp /usr/java/jdk1.7.0_21/lib/tools.jar lib/tools.jar
```

G：hwi 访问同样是 HTTP ERR 500 java.lang.IllegalStateException: No Java compiler available 错误，应该是没有安装 ant 引起的，再安装 ant 后，在/etc/profile 里增加 ANT_HOME 和 ANT_LIB 环境变量即可。注意，ANT_LIB 是必需的。

本测试中使用的 Hive 0.13.0，和 Hive 0.11.0 的安装一样。Hive 安装在 hadoop3、hadoop2、wyy。其中 hadoop3 启动 metastore serive；hadoop2、wyy 配置 uris 后作为 Hive 的客户端。

7．Spark 1.1.0 Standalone 集群搭建

本测试中使用的是 Spark 1.1.0，部署包生成命令 make-distribution.sh 的参数发生了变化，Spark 1.1.0 的 make-distribution.sh 使用格式如下：

```
./make-distribution.sh [--name] [--tgz] [--with-tachyon] <maven build options>
```

参数的含义如下。

--with-tachyon：是否支持内存文件系统 Tachyon，不加此参数时为不支持。

--tgz：在根目录下生成 spark-$VERSION-bin.tar.gz，不加此参数时不生成 tgz 文件，只生成/dist 目录。

--name NAME :和 tgz 结合可以生成 spark-$VERSION-bin-$NAME.tgz 的部署包,不加此参数时 NAME 为 Hadoop 的版本号。

maven build options：使用 maven 编译时可以使用的配置选项，如使用-P、-D 的选项

本次要生成基于 Hadoop 2.2.0 和 YARN 并集成 Hive、Ganglia、Asl 的 Spark 1.1.0 部署包，可以使用命令：

```
./make-distribution.sh --tgz --name 2.2.0 -Pyarn -Phadoop-2.2 -Pspark-ganglia-lgpl -Pkinesis-asl -Phive
```

最后生成部署包 spark-1.1.0-bin-2.2.0.tgz，按照测试环境的规划进行安装。

客户端的搭建如下：客户端 wyy 采用的 Ubuntu 操作系统，而 Spark 虚拟集群采用的是 CentOS，默认的 Java 安装目录两个操作系统是不一样的，所以，在 Ubuntu 下安装 Java 的时候特意将 Java 的安装路径改成和 CentOS 一样。不然，每次 scp 了虚拟集群

的配置文件之后，要修改 Hadoop、Spark 运行配置文件中的 JAVA_HOME。

客户端 Hadoop 2.2.0、Spark 1.1.0、Hive 0.13.0 是直接从虚拟集群中 scp 出来的，放置在相同的目录下，拥有相同的用户属性。开发工具使用的 IntelliJ IDEA，程序编译打包后复制到 Spark1.1.0 的根目录/app/hadoop/spark110 下，使用 spark-submit 提交虚拟机集群运行。

8．文件数据准备工作

启动 Hadoop 2.2.0（只需要 HDFS 启动就可以了），然后将数据文件上传到对应的目录[22]，如图 6-14 所示。

Goto : /sparksql   go

Go to parent directory

Name	Type	Size	Replication	Block Size	Modification Time	Permission	Owner	Group
SogouQ.full.txt	file	4.38 GB	1	128 MB	2014-09-14 09:41	rw-r--r--	hadoop	supergroup
graphx-wiki-edges.txt	file	1.19 MB	1	128 MB	2014-09-14 09:19	rw-r--r--	hadoop	supergroup
graphx-wiki-vertices.txt	file	924.42 KB	1	128 MB	2014-09-14 09:20	rw-r--r--	hadoop	supergroup
people.json	file	73 B	1	128 MB	2014-09-07 08:36	rw-r--r--	hadoop	supergroup
people.txt	file	32 B	1	128 MB	2014-09-07 08:35	rw-r--r--	hadoop	supergroup

图 6-14　将数据文件上传到对应的目录

people.txt 和 people.json 作为 Spark SQL 的基础应用实验数据。

graphx-wiki-vertices.txt 和 graphx-wiki-edges.txt 作为 Spark SQL 的综合应用中图处理数据。

SogouQ.full.txt 来源于 Sogou 实验室，下载地址为 http://download.labs.sogou.com/dl/。

q.html 完整版（2GB）：gz 格式，作为 Spark SQL 的调优的测试数据。

Hive 数据准备工作为：在 Hive 里定义一个数据库 saledata 和三个表 tblDate、tblStock、tblStockDetail，并装载数据，具体命令如下：

```
CREATE DATABASE SALEDATA;
use SALEDATA;
//Date.txt 文件定义了日期的分类，将每天分别赋予所属的月份、星期、季度等属性
//日期，年月，年，月，日，周几，第几周，季度，旬、半月
CREATE TABLE tblDate(dateID string,theyearmonth string,theyear string,themonth string,thedate string,theweek string,theweeks string,thequot string,thetenday string,thehalfmonth string) ROW FORMAT DELIMITED FIELDS TERMINATED BY ',' LINES TERMINATED BY '\n' ;
//Stock.txt 文件定义了订单表头
//订单号，交易位置，交易日期
CREATE TABLE tblStock(ordernumber string,locationid string,dateID string) ROW FORMAT DELIMITED FIELDS TERMINATED BY ',' LINES TERMINATED BY '\n' ;
//StockDetail.txt 文件定义了订单明细
//订单号，行号，货品，数量，金额
CREATE TABLE tblStockDetail(ordernumber STRING,rownum int,itemid string,qty int,price int,amount int) ROW FORMAT DELIMITED FIELDS TERMINATED BY ',' LINES TERMINATED BY '\n' ;
//装载数据
LOAD DATA LOCAL INPATH '/home/mmicky/mboo/MyClass/doc/sparkSQL/data/Date.txt' INTO
```

```
TABLE tblDate;
    LOAD  DATA  LOCAL  INPATH  '/home/mmicky/mboo/MyClass/doc/sparkSQL/data/Stock.txt'  INTO
TABLE tblStock;
    LOAD  DATA  LOCAL  INPATH  '/home/mmicky/mboo/MyClass/doc/sparkSQL/data/StockDetail.txt'
INTO TABLE tblStockDetail;
```

最终在 HDFS 中可以看到相关的数据，如图 6-15 所示。

Goto : /user/hive/warehouse/saleda [go]

Go to parent directory

Name	Type	Size	Replication	Block Size	Modification Time	Permission	Owner	Group
tbldate	dir				2014-09-07 10:43	rwxr-xr-x	hadoop	supergroup
tblstock	dir				2014-09-07 10:44	rwxr-xr-x	hadoop	supergroup
tblstockdetail	dir				2014-09-07 10:44	rwxr-xr-x	hadoop	supergroup

图 6-15　在 HDFS 中可以看到相关的数据

6.3.2　Spark SQL 使用入门

Spark SQL 使得用户使用他们最擅长的语言查询结构化数据，DataFrame 位于
Spark SQL 的核心，DataFrame 将数据保存为行的集合，对应行中的各列都被命名，通
过使用 DataFrame，可以非常方便地查询、绘制和过滤数据。DataFrames 也可以用于数
据的输入与输出，例如，利用 Spark SQL 中的 DataFrames，可以轻易将下列数据格式加
载为表并进行相应的查询操作：RDD、JSON、Hive、Parqute、MySQL、HDFS、S3、
JDBC 等。

数据一旦被读取，借助于 DataFrames 便可以很方便地进行数据过滤、列查询、计
数、求平均值及将不同数据源的数据进行整合。Spark SQL 可以轻易地将整个过程自动
化。下面对 Spark SQL 和 DataFrame 进行介绍，演示 Spark、Spark SQL 结合 Cassandara
的使用。

1．常用基本操作

在使用 Spark SQL 之前，需要启动 Python Spark Shell：

```
cd spark-1.5.0-bin-hadoop2.4
./bin/pyspark
```

运行结果如下：

```
Welcome to
```

```
      ____              __
     / __/__  ___ _____/ /__
    _\ \/ _ \/ _ `/ __/  '_/
   /__ / .__/\_,_/_/ /_/\_\   version 1.5.0
      /_/
```

```
Using Python version 2.7.5 (default, Mar   9 2014 22:15:05)
SparkContext available as sc, HiveContext available as sqlContext.
```

从 github 上获取提交历史，并保存到名称为 test.log 的文件中，代码如下：

```
git log > test.log
```

因示例使用的是 Python，所以，需要先通过 textFile 方法将 test.log 加载为 RDD，然后在该 RDD 上执行一些操作：

```
textFile = sc.textFile("../qbit/test.log")
```

执行完上面这条语句，可以得到一个 textFile RDD，该 RDD 由文本行组成的分区数据构成，下面可以进行相关的操作。例如，统计一个 RDD 中的文本行数，代码如下：

```
textFile.count()
5776
```

执行后，得到的行数为 5776。将带有 commit 关键字的行筛选出来，代码如下：

```
linesWithCommit = textFile.filter(lambda line: "commit" in line)
```

通过 Python 使用 RDD 操作非常简单。下面演示以 Json 为交换格式，Spark SQL 操作 DataFrame 的应用示例。

首先，将 github 上的提交历史保存为 JSON，代码如下：

```
gitlog pretty=format:'{"commit":"%H","author":"%an","author_email":"%ae","date":"%ad","message":"%f"}' > sparktest.json
```

在 Spark SQL 操作之前，先创建 SQLContext，代码如下：

```
from pyspark.sql import SQLContext
sqlContext = SQLContext(sc)
```

在 shell 命令行中，SQLContext 同 SparkContext 一样都是自动创建的，无须自己手动去创建，SparkContext 以 SC 变量名的形式存在，SQLContext 则以 SQLContext 变量名的形式存在。然后将 JSON 数据加载为 Spark 的 DataFrame，变量命名为 dataframe，代码如下：

```
dataframe = sqlContext.load("../qbit/sparktest.json", "json")
```

加载数据时，只需调用 SQLContext 的 load()方法，方法中传入的参数为文件目录和文件类型。Spark 会为 dataframe 解析所有的列及对应名称，为确保所有的工作都已按预期执行，可以打印出 dataframe 的模式（Schema），代码如下：

```
dataframe.printSchema()
```

将输出如下结果：

```
root
 |-- author: string (nullable = true)
 |-- author_email: string (nullable = true)
 |-- commit: string (nullable = true)
 |-- date: string (nullable = true)
 |-- message: string (nullable = true)
```

运行结果展示了各行对应的列名及其对应类型。在此基础上，可以进行进一步分析。如获取文件的最近一次提交的记录：

```
dataframe.first()
Row(author=u'Linton', author_email=u'Linton@gmail.com',
commit=u'696a94f80d1eedae97175f76b9139a340fab1a27',
date=u'Wed Aug 19 17:51:11 2016 -0200',
message=u'Merge-pull-request-359-from-advantageous-add_better_uri_param_handling')
```

完成上述操作之后，可以对提交的记录进行分析。例如，采用 Spark SQL 进行分析——查询 author 列并返回最近的 20 条记录，代码如下：

```
dataframe.select("author").show()
```

查询 Date 列并显示最近的 8 条提交日期记录，代码如下：

```
dataframe.select("date").show(8)
```

2. 通过反射机制创建 DataFrame

可以通过如下两种方式创建 DataFrame。

（1）如果列及其类型在运行时之前都是未知的，可以通过创建模式并将其应用到 RDD 上来创建。

Spark 能够非常方便地赋予非结构化数据相应的结构化信息以利于查询，Spark 甚至能够将集群节点中的数据进行分割并进行并行分析。目前可以视 Apache Spark 为一个能够进行实时数据分析和即席查询分析的快速、通用的大规模数据处理引擎。为方便演示，本例使用 Spark 自带的 people.txt 文件创建 RDD，该文件中有 3 个人名及对应年龄，姓名与年龄使用逗号分隔，该文件可以通过下列文件路径找到：~/spark/examples/src/main/resources/people.txt。下面的编码步骤在"#"后详细注释以便于理解。People.txt 文件内容如下：

```
Michael, 29
Andy, 30
Justin, 19
```

按第（1）种方式创建 DataFrame 并应用到 RDD 上：

```
# Import data types
from pyspark.sql.types import *
# Create a RDD from 'people.txt'
# then convert each line to a tuple.
lines = sc.textFile("examples/src/main/resources/people.txt")
parts = lines.map(lambda l: l.split(","))
people = parts.map(lambda p: (p[0], p[1].strip()))
# encode the schema in a string.
schemaString = "name age"
# Create a type fields
fields = [StructField(field_name, StringType(), True) \
            for field_name in schemaString.split()]
# Create the schema
schema = StructType(fields)
# Apply the schema to the RDD.
schemaPeople = sqlContext.createDataFrame(people, schema)
# In order to query data you need
# to register the DataFrame as a table.
schemaPeople.registerTempTable("people")
# Using sql query all the name from the table
results = sqlContext.sql("SELECT name FROM people")
# The results of SQL queries are RDDs
```

```
# and support all the normal RDD operations.
names = results.map(lambda p: "Name: " + p.name)
for name in names.collect():print name
```

上面的代码运行后，输出结果如下：

```
Name: Michael
Name: Andy
Name: Justin
```

输出内容为所有人的名字。

（2）如果列及其类型是已知的，可以通过反射机制来创建。

如查找年龄为 21～50 岁的人，代码如下：

```
# First we need to import the following Row class
from pyspark.sql import SQLContext, Row
# Create a RDD peopleAge,
# when this is done the RDD will
# be partitioned into three partitions
peopleAge = sc.textFile("examples/src/main/resources/people.txt")
# Since name and age are separated by a comma let's split them
parts = peopleAge.map(lambda l: l.split(","))
# Every line in the file will represent a row
# with 2 columns name and age.
# After this line will have a table called people
people = parts.map(lambda p: Row(name=p[0], age=int(p[1])))
# Using the RDD create a DataFrame
schemaPeople = sqlContext.createDataFrame(people)
# In order to do sql query on a dataframe,
# you need to register it as a table
schemaPeople.registerTempTable("people")
# Finally we are ready to use the DataFrame.
# Let's query the adults that are aged between 21 and 50
adults = sqlContext.sql("SELECT name FROM people \
        WHERE age >= 21 AND age <= 50")
# loop through names and ages
adults = adults.map(lambda p: "Name: " + p.name)
for Adult in adults.collect():print Adult
```

代码运行结果如下：

```
Name: Michael
Name: Andy
```

经过分析得出两人的年龄确实为 21～50 岁。

3. Spark、SparkSQL 与 Cassandra 协同使用

Cassandra 是一套开源分布式 NoSQL 数据库系统，用于存储收件箱等简单格式数据，集 GoogleBigTable 的数据模型与 Amazon Dynamo 的完全分布式的架构于一身，Facebook 于 2008 年将 Cassandra 开源，由于 Cassandra 良好的可扩展性，被 Digg、

Twitter 等知名 Web 2.0 网站所采纳，成为一种流行的分布式结构化数据存储方案。

Spark SQL 能够让用户查询结构化的数据，包括 RDD 和任何存储在 Cassandra 中的数据，为使用 Spark SQL 需要做以下操作：

（1）创建 SQLContext（SQLContext 构造函数参数为 SparkContext）。

（2）加载 parquet 格式数据 （parquet 数据格式是一种列式数据存储格式，意味着数据表按列组织而非行组织）。数据加载完成后便得到 DataFrame。

利用 Spark 和 Cassandra 并通过 Java 编写演示使 Apache Spark 与 Apache Cassandra 协同使用的实例。在使用之前，需要做如下操作：

```
spark-cassandra-connector_2.10:1.1.1-rc4'
spark-cassandra-connector-java_2.10:1.1.1'
spark-streaming_2.10:1.5.0'
```

使用 Gradle 管理依赖：Spark SQL 和 Cassandra 协同使用进行数据分析时的 Gradle 构建文件。

```
dependencies {
    //Spark and Cassandra connector to work with java
    compile 'com.datastax.spark:spark-cassandra-connector_2.10:1.1.1-rc4'
    compile 'com.datastax.spark:spark-cassandra-connector-java_2.10:1.1.1'
    compile 'org.apache.spark:spark-streaming_2.10:1.5.0'
}
```

然后，设置 Spark 配置文件，SparkConf 用于对 Spark 的配置属性（如 Spark Master 及应用程序名称）进行配置，也可以通过 set()方法进行任意的键值对（如 spark.cassandra.connection.host）进行配置。

Spark master 为需要连接的集群管理器，支持以下几种 URL：

- local，将 Spark 运行在本地的一个 Woker 线程上，本例使用的便是这种方式。
- local[K]，将 Spark 运行在本地的 K 个线程上，通常 K 被设置为机器的 CPU 核数。
- spark://HOST:PORT ，连接给定的集群 master，端口必须与 master 匹配，默认值为 7077。

另外，需要设置 spark.cassandra.connection.host 为 Spark master 的主机地址，在本例中为本地主机地址，具体配置如下：

```
SparkConf conf = new SparkConf();
    ...
        conf.setAppName("TODO spark and cassandra");
        conf.setMaster("local");
        conf.set("spark.cassandra.connection.host", "localhost");
```

完成前面的配置后，需要创建模式（Schema），该模式为 Cassandra 的表和 Keyspace，它可以保存后期需要加载的数据。

创建一个 CassandraConnector 的连接器实例，同时创建 Cassandra 的 Keyspacce todolist 和 Table 的 todolist，代码如下：

```
private void createSchema(JavaSparkContext sc) {
        CassandraConnector connector =
                CassandraConnector.apply(sc.getConf());
```

```
            try (Session session = connector.openSession()) {
                session.execute(deletekeyspace);
                session.execute(keyspace);
                session.execute("USE todolist");
                session.execute(table);
                session.execute(tableRDD);
            }
        }
```

经过上述准备，就成功创建了一个 CassandraConnector 的实例，在此基础上可以执行 Cassandra 查询语言。

```
/* Delete keyspace todolist if exists. */
String deletekeyspace = "DROP KEYSPACE IF EXISTS todolist";
/* Create keyspace todolist. */
String keyspace = "CREATE KEYSPACE IF NOT EXISTS todolist" +
    " WITH replication = {'class': 'SimpleStrategy'," +
    " 'replication_factor':1}";
/* Create table todolisttable. */
String table = "CREATE TABLE todolist.todolisttable(" +
                + " id text PRIMARY KEY, "
                + " description text, "
                + " category text, "
                + " date timestamp )";
/* Create table temp. */
String tableRDD = "CREATE TABLE todolist.temp(id text PRIMARY KEY, "
                + "description text, "
                + "category text )";
```

经过上述步骤，创建了两张表：todolisttable 和 temp。下面使用 Cassandra CQL 将 todo 项的数据加载到 todolisttable 当中。

```
private void loadData(JavaSparkContext sc) {
        CassandraConnector connector = CassandraConnector.apply(sc.getConf());
        try (Session session = connector.openSession()) {
            session.execute(task1);
            session.execute(task2);
            session.execute(task3);
            session.execute(task4);
            session.execute(task5);
            session.execute(task6);
            session.execute(task7);
        }
```

为进行查询，需要对 Cassandra 中的 Todo 项加载，实现如下。

需要加载到 Spark 中的 Todo 项目，加载时使用 Cassandra CQL 命令。

```
TodoItem item = new TodoItem("George", "Buy a new computer", "Shopping");
    TodoItem item2 = new TodoItem("John", "Go to the gym", "Sport");
```

```
        TodoItem item3 = new TodoItem("Ron", "Finish the homework", "Education");
        TodoItem item4 = new TodoItem("Sam", "buy a car", "Shopping");
        TodoItem item5 = new TodoItem("Janet", "buy groceries", "Shopping");
        TodoItem item6 = new TodoItem("Andy", "go to the beach", "Fun");
        TodoItem item7 = new TodoItem("Paul", "Prepare lunch", "Coking");
    /索引数据
        String task1 = "INSERT INTO todolisttable (ID, Description, Category, Date)"
                + item.toString();
        String task2 = "INSERT INTO todolisttable (ID, Description, Category, Date)"
                + item2.toString();
        String task3 = "INSERT INTO todolisttable (ID, Description, Category, Date)"
                + item3.toString();
        String task4 = "INSERT INTO todolisttable (ID, Description, Category, Date)"
                + item4.toString();
        String task5 = "INSERT INTO todolisttable (ID, Description, Category, Date)"
                + item5.toString();
        String task6 = "INSERT INTO todolisttable (ID, Description, Category, Date)"
                + item6.toString();
        String task7 = "INSERT INTO todolisttable (ID, Description, Category, Date)"
                + item7.toString();
```

在上述基础上，可进行数据查询。在 Cassandra 的 todolisttable 中查询数据应用示例如下：

```
    private void queryData(JavaSparkContext sc) {
            CassandraConnector connector =
                        CassandraConnector.apply(sc.getConf());
            try (Session session = connector.openSession()) {
                ResultSet results = session.execute(query);
                System.out.println("Query all results from cassandra:\n" + results.all());
            }
    将 Cassandra 的表作为 Spark RDD 并从中获取数据：
    public    void accessTableWitRDD(JavaSparkContext sc){
            JavaRDD<String>      cassandraRDD    =    javaFunctions(sc).cassandraTable("todolist",
"todolisttable")
                        .map(new Function<CassandraRow, String>() {
                        @Override
                        public String call(CassandraRow cassandraRow) throws Exception {
                            return cassandraRow.toString();
                        }
                });
        }
```

习题

1. 主流的大数据 SQL 引擎有哪几种？
2. 为什么 MapReduce 不适合实时数据处理？
3. 简述大数据 SQL 的实现机制。
4. 简述 Spark SQL 的逻辑架构。
5. 简述 Spark SQL 的运行过程。
6. 简述 Spark SQL 的解析过程。
7. Spark SQL 常用的数据类型及表达式有哪些？
8. Spark 1.1 相对于其他版本有什么特别重要的意义？
9. Spark SQL 查询引擎 Catalyst 有哪些规则和策略？
10. Spark SQL 常用操作有哪些？
11. 查阅相关资料，实例演示 Spark SQL 开发环境搭建。
12. 查阅相关资料，实例演示 Spark SQL 常用基本操作。

参考文献

[1] 夏俊鸾，程浩，邵赛赛. Spark 大数据处理技术[M]. 北京：电子工业出版社，2015.
[2] 张安站. Spark 技术内幕[M]. 北京：机械工业出版社，2015.
[3] http://my.oschina.net/kingwjb/blog/307380?fromerr=EqzpkWG0.
[4] http://blog.csdn.net/bluejoe2000/article/details/41247857.
[5] http://www.aboutyun.com/thread-11562-1-1.html.
[6] http://www.aboutyun.com/thread-11575-1-1.html.
[7] http://spark.apache.org/docs/latest/sql-programming-guide.html.
[8] 高彦杰. Spark 大数据处理：技术、应用与性能优化[M]. 北京：机械工业出版社，2014.
[9] http://blog.csdn.net/book_mmicky/article/details/25714201.
[10] https://databricks.com/blog/201https://databricks.com/blog/2015/01/09/spark-sql-data-sources-api-unified-data-access-for-the-spark-platform.html.
[11] Tom White. Hadoop 权威指南（第 3 版）[M]. 华东师范大学数据科学与工程学院，译. 北京：清华大学出版社，2015.
[12] http://www.csdn.net/article/2014-08-07/2821098-6-sparkling-feat.
[13] http://blog.csdn.net/book_mmicky/article/details/25714049.
[14] Holden Karau, Andy Konwinski, Patrick Wendell, Matei ZahariaSpar. 快速大数据分析[M]. 王道远，译. 北京：人民邮电出版社，2014.
[15] Sandy Ryza, Uri Laserson, Sean Owen, Josh Wills. Spark 高级数据分析[M]. 龚少成，译. 北京：人民邮电出版社，2015.

第7章 键值数据库

键值数据库是 NoSQL 数据库中最基本和最重要的数据模型，它以键值（Key-Value）对的形式存储数据，类似于一张哈希表，所有数据库操作均通过键（Key）来实现[1]。Key 和 Value 之间通过哈希函数来建立映射关系，这种简单的数据结构极大地简化了数据之间的关系，在实际应用中显得更为灵活和高效。

键值数据库种类较多，如 DynamoDB、Riak、Redis 和 Memcached 等[2]，具有代表性的是 Memcached 和 Redis。其中，Memcached 只提供最小功能集，所有数据全部缓存至内存，这就构成一种非常简洁和高效的分布式缓存系统，广泛应用于高流量网站，如 Wikipedia、Facebook、YouTube 和 Twitter 等[3]。而 Redis 除了内存操作外，主要支持集合、列表等复杂数据类型的操作，而且包含持久化功能，大量应用于流行的 Web 2.0 网站和服务，如 reddit、github、digg、新浪微博等[4]。

7.1 概述

传统的关系型数据库采用简单和容易实现的二维表存储和处理数据，在数据规模不大的情况下，具有不错的性能和很高的稳定性，而且使用简单，功能强大，有大量成功的案例可以借鉴，完全可以满足需要。然而，随着 Web 2.0 的快速发展，海量数据的涌现，二维表结构表现得不再高效与灵活，表现在扩展性差、大数据下 I/O 压力大及表结构难以更改等方面。

在此背景下，非关系型和分布式数据库技术得到了快速发展，NoSQL（Not Only SQL）[5]就是其中之一，它对数据存储不需要基于关系模型的二维表结构，也没有基于表的连接操作。NoSQL 的提出主要是为了满足高性能的需求，优点是查找迅速，缺点是数据无结构化，通常只被当做字符串或者二进制数据。

根据数据存储的模式和特点，NoSQL 数据库可分为很多种，如键值数据库、列式数据库、文档数据库、图形数据库等[6]，然而用得最多的还是键值数据库，因为它以聚合方式存储数据，可以是任何数据，而且只能通过"键值式"查询，简化了客户端操作。因此，本章主要讨论键值数据库及其应用。

7.1.1 键值存储

键值存储的主要思想来自于哈希表（HashMap）[7]，它是可容纳键/值对的最简单的数据结构，处理速度非常快，其访问数据的时间复杂度为 $O(1)$，而且键/值对中的键在集合中是唯一的，只要通过键的完全一致查询就可获取数据，非常便捷。

1. 键值存储的概念

由于互联网的快速发展，人们对非关系型数据处理的需求越来越强烈，以解决传统关系数据模型难以解决的海量数据的高并发访问问题。键值存储正是为此目的而产生的，其目标并不是要取代关系数据模型，而是弥补关系数据模型的不足。

键值模型主要存储海量半结构和非结构化数据[8]，以应对数据量和用户规模的不断扩张。如果采用基本的键值存储模型来保存结构化数据，则需要在应用层来处理具体的数据结构。因为在键值存储模型中，数据存取层并不关心这个数据代表什么，也不在意存储值（Value）的内部结构，对 Value 的解释和管理只依赖于数据应用层。

键值存储模型利用哈希函数对每一个 Key 产生一个 Value 指针，该指针指向特定的数据，以此实现基于 Key 对 Value 的访问。每个 Key 对应唯一的 Value，称为键值对（Key-Value）。在实际应用中，这些键值对可以被创建或者删除，与键相关联的值也可以被更新。通常，键值存储模型不提供事务处理机制，但却支持基于键的本有的隐式索引。

因为键值存储模型弱化了数据结构，如果需要对数据结构内容进行属性访问或修改，则需要额外的实现。通常，键值存储模型只支持基于键的基本操作。

Put：保存一个 Key-Value。

Get：读取一个 Key-Value。

Delete：删除一个 Key-Value。

键值存储初看起来好像没有太多用处，但是因为 Value 可以存储各种类型的信息，而使它发挥出了巨大的威力，特别是在非结构化数据应用中，显得更为突出。人们在 Value 上不仅可以存储数值、文本、二进制数据，而且可以存储 XML 文档、JSON 对象[9]，甚至可以存储列表、集合或者其他任何序列化形式的数据等。

2. 键值存储的种类

由于应用场景的不同，键值数据的存储位置也各不相同。主要包括三类：将数据保存在内存、将数据持久化到磁盘、将数据保存在内存同时持久化到磁盘。数据持久化到磁盘的过程实际上是将键值对分散保存到集群节点中。下面逐一介绍。

1）数据在内存

内存型键值存储是指将所有需要处理的数据全部加载到内存的一种处理方式。具有以下几个特点：

（1）所有数据保存在内存中。

（2）可以进行高速的数据保存和读取。

（3）无法处理超出内存容量的数据。

（4）数据会因为程序的终止而丢失。

这种类型非常适合做海量数据的高速缓存。

2）数据在磁盘

磁盘型键值存储是指将所需要处理的数据持久化到磁盘的一种处理方式。最大的优势在于"数据不会丢失"，但由于要对硬盘进行 I/O 操作，所以，在性能上不及内存型键值存储。

3）数据既在内存又在磁盘

这种键值存储类型兼具内存型和磁盘型的优点，它首先把数据保存到内存，在满足特定条件（固定的时间周期或者单位时间键值的大量变更）时，将数据写入硬盘。这样既保证了内存对数据处理的高速响应，又可通过写入硬盘来保证数据的永久性。

这种类型非常适合处理数组类型的数据。

3. 键值模型的特点

对海量数据存储系统而言，键值模型最大的优势在于数据模型简单和易于实现，非常适合通过 Key 对数据进行查询和修改的场合。需要注意的是，如果海量数据存储的需求侧重于批量数据的查询和更新，则键值数据模型又不能胜任，此时，它的效率处于明显的劣势。

键值模型支持的数据集通常非常有限，主要是字符串和对象值，一般也不支持特别复杂逻辑的数据操作。但随着技术的发展，键值模型支持的数据类型也在不断扩展和增强。如 Redis 键值存储系统支持一些非常复杂的数据结构[10]，如链表、集合、序列等，Memcached 和 Membase 键值存储系统则支持存储时间敏感的数据，并且会根据配置自动清除所有旧数据。

7.1.2　键值数据库

随着互联网的高速发展，非关系型数据处理的需求与日俱增，进一步彰显了非关系数据库（NoSQL）的重要。因此，学术界和企业界都在不断加大对键值存储系统的研究，目前已经研究出了多种开源存储系统和一些商业产品。国际知名互联网企业Google、Amazon 等时刻面临着大量用户在使用它们提供的服务，这些服务带来了大量的数据吞吐量，单台服务器及传统的关系数据库已远远不能满足这些数据处理的需求，于是出现了多台服务器组成集群和高并发的非关系数据库[11]来解决这一难题。

1. 键值数据库概念

键值数据库是最常见和最简单的 NoSQL 数据库，它的数据是以键值的形式存储在服务器节点上。客户可以根据键查询值，设置某键所对应的值，或者从数据库中删除键。所谓的"值"只是数据库存储的一块数据，数据库系统并不需要了解它的内容和含义，而是由应用层负责解释。

目前流行的键值数据库有：Redis 也被称做数据结构服务器（Data Structure Server）、Memcached、Riak、Berkeley DB、Amazon DynamoDB（商业）和 Voldemort（DynamoDB 的开源实现），以及适合嵌入式开发的 HamsterDB 等[8]。

键值数据库最主要的优势在于其极高的并发读/写能力，原因在于键值数据库是通过Key 的哈希值来访问 Value，因此性能一般都很高。另外，目前流行的 Redis 是用 C 语言编写实现的，在系统效率上自然具有出色的表现。还有一些键值数据库（如 Dynamo和 Voldemort 等）支持分布式数据存储，在系统容错和扩展性上都有着很好的表现。

2．键值数据库特点

目前，大量的 NoSQL 系统采用了键值模型（Key-Value 模型），每行记录都是由主键和值两部分构成。为了更好地利用键值数据库和充分发挥其效能，不论哪一种 NoSQL 数据库，都需要首先理解其特性，以及和传统关系数据库之间的异同。与 RDBMS 相比，Key-Value 存储模型最大的一个特征就是没有模式的概念。在 RDBMS 中，模式就是表示对数据的约束，包括数据之间的关系和数据的完整性。例如，RDBMS 会要求某个数据属性的数据类型和范围都是确定的，而在 Key-Value 存储模型中并没有这样的约束，数据的存储更加自由，对于一个给定的 Key，相应的 Value 可以是任何数据类型。

对于给定的数据库系统，都需要从数据的一致性、事务支持、查询特性、数据结构及可扩展性等方面进行研究，下面给出键值数据库的特征。

1）数据的一致性

对键值数据库来说，只有针对单个键的操作才具备"一致性"，因为这种操作只有"获取""设置"和"删除"三种可能。"乐观写入"（Optimistic Write）也可以实现，但由于数据库本身无法侦测数值的变动，所以，实现成本太高。

2）事务支持

不同类型的键值数据库对事务支持的规范不同，实现的方式当然也不同。一般来说，对于事务写入操作的一致性很难保证。比如，Riak[12]在调用写入数据的 API 函数时，采用写入因子 W 与集群复制因子之间的"仲裁"来决定写入操作的成功与否。

3）查询特性

所有键值数据库都提供按关键字查询，其查询也就仅此而已。如果想根据"值列"（Value Column）的某些属性来查询，数据库本身是无法完成此操作的，需要客户应用程序读出数据并判断其属性是否符合查询条件。

按关键字查询会带来一个弊端，当不能确定关键字时，查询将无法进行。如果键值数据库提供了关键字列表，就可以根据列表进行筛选，虽然这个过程很烦琐，但可以解决问题。更好的做法是支持数值搜寻，目前已经有一些键值数据库支持此功能了。

4）数据结构

键值数据库对存储的数据没有任何要求，也不关心这些数据的含义，只是将它们看做一个数据区，这些数据区可以是文本数据、二进制数据、JSON、XML 等。

5）可扩展性

很多键值数据库都采用"分片"技术[13]进行扩展。一般来说，键的名字就决定了存储该键的节点。假设按照键名前 3 个字母"分片"，那么键名 stu201509se 和 tch200004cs 将存储在不同的节点上，因为它们的前 3 个字母不同。当集群中节点数增多时，这种"分片"设置可提高存取的效率。

"分片"技术也会引发某些问题，比如存放前三个字母为 stu 的键所在节点出现了故障，那么其上的数据将无法访问，而且也不能再写入其他键名前 3 个字母为 stu 的新数据了。

3．键值数据库应用

键值数据库是海量数据处理的一种基本数据存储模型。当系统对于存储的并发性和可扩展性要求很高时，应该考虑使用 Key-Value 解决方案，下面给出几个应用键值数据库的例子。

（1）网络会话（Session）信息：可以通过 Session ID 将每个用户的会话信息存放于键值数据库中，对于 Session 信息的保存和读取只需要简单的一条 PUT 或 GET 来完成。

（2）网络用户配置信息：首先将每个用户的所有配置信息（如 userID、userName等）封装进一下对象，通过一条 PUT 操作将信息存入数据库，随后通过一条 GET 操作获取某个用户的所有配置信息。

（3）购物车数据：在电子商务网站中，购物车数据必须具有一致性，仅和登录的用户关联，和用户访问的时间、地点及环境没有任何关系。因此，可以把购物信息存入Value 属性，并将其绑定到用户的 ID（键名）上，实现购物车数据的键值访问。

7.2　Redis

7.2.1　简介

Redis[14]是一个开源的键值数据库，采用内存进行数据存储以保证最佳的性能，而且它会根据实际应用场景的不同，定期通过异步操作将内存中的数据持久化到磁盘或者将对数据的操作记录保存到日志。因为 Redis 是纯粹的内存操作，所以，其性能表现非常出色，每秒可以处理超过 10 万次的读/写操作。

作为一个高性能的 Key-Value 数据库，Redis 在业内得到了广泛的应用。特别是在Web 2.0 应用中，面对巨大的用户和信息，Redis 发挥了很好的作用。除了新浪微博外，国外一些流行的 Web 2.0 网站也大量应用了 Redis，如 reddit.com 和 Digg.com 新闻网站、Foresquare 地理信息服务网站、Instagram 照片分享网站等都采用了 Redis 相关技术。

为了便于不同应用场景的开发，Redis 支持多种语言的客户端调用，其代码遵循ANSI C 标准，可以在支持 Posix 标准的系统上安装运行，如 Linux、Mac OS、BSD、Solaris 等。目前，Redis 官方没有提供 Windows 下的编译部署支持。

表 7-1 给出了 Redis 产品的相关信息。

Redis 主要的不足是数据库容量容易受到物理内存大小的限制，不能简单地用做大量数据的高性能读/写，而且 Redis 本身没有扩展机制，需要依赖客户端实现分布式读/写。因此，Redis 适合的场景局限在较小数据量的高性能操作和运算。

下面从两个方面进一步讨论 Redis 产品特征及其应用。

表 7-1　Redis 产品信息

序号	名　称	内　容
1	官方资源	http://redis.io
2	开发历史	2009 年 Salvatore Sanfilippo 启动该项目，Salvatore 为其初创公司 LLOOGG (http://lloogg.com/)开发 Redis。虽然目前仍是独立项目，Redis 主要作者已受雇于 VMWare，该公司赞助 Redis 开发
3	技术和语言	C 语言实现
4	访问方法	支持丰富的方法和操作。可通过 Redis 命令行接口和一系列维护良好的客户端类库进行访问，支持的语言包括 Java、Python、Ruby、C、C++、Lua、Haskell、AS3 等
5	开源许可证	BSD 协议
6	使用者	Craigslist

1．Redis 数据类型

Redis 通常被看做一个数据结构服务器[14]，因为它的 Value 不仅包括基本的 string 类型，而且支持 list、set、sorted set 和 hash 等复杂的数据结构，支持对这些类型进行很多原子性操作，如表 7-2 所示。例如，从链表两端加入或取出数据、取链表某一区间数据、对链表进行排序，对集合进行各种交集、并集和差集操作，甚至可以获取 sorted set 中的最大值。此外，单个 Value 可以存储达 1GB 的数据。

表 7-2　Redis 支持的数据类型

序号	数据类型	说　明
1	字符串（string）	是 Redis 可以处理的最基本类型
2	链表（list）	是指字符串链表，新元素可添加在表头（左侧）或表尾（右侧），操作的复杂度与表长无关
3	集合（set）	是指字符串类型的无序集合，元素添加、删除和判断操作的复杂度都是 O(1)，支持集合的交、并、差集运算
4	有序集合（zset）	与集合类似，只是每个元素都拥有一个被称为 score（可以是任意值）的值，并以此排序
5	散列表（hash）	是指没有顺序的字符串类型字段和值的映射，也就是说，为散列表形式

正是这些数据结构的支持，利用 Redis 就可以实现很多有用的功能。例如，用它的链表结构可以做 FIFO 双向链表，实现一个轻量级的高性能消息队列服务，用它的集合结构可以做高性能的标签系统等。另外，由于 Redis 可以对存入的键值设置生存周期，因此，还可当做一个功能增强的 Memcached。

2．Redis 基本架构

在 Redis 中一切皆是字符串，甚至像链表、集合、有序集合和散列表也是由字符串组成。Redis 定义了一个"简单动态字符串"（Simple Dynamic String，SDS）结构来描述字符串，这个结构包含以下三部分。

- buff：存储字符串的字符数组。
- len：存储长整型的 buff 长度。

- free：可用字节数。

Redis 在内存中保存数据，并按需将其持久化到磁盘，原因在于 Redis 实现了它自己的虚拟内存子系统[15]和事件库。利用虚拟内存子系统可以完成数据的持久化，当一个值从内存换出到磁盘时，一个指向该磁盘页的指针和键将一起存储。而事件库则用来协调非阻塞的套接字操作。

Redis 基本架构如图 7-1 所示。

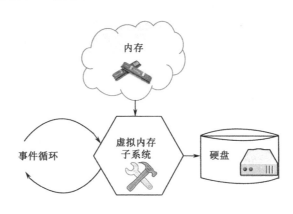

图 7-1　Redis 基本架构

Redis 为什么不依赖操作系统虚拟内存交换？Redis 作者 Salvatore Sanfillipo 在博文 "Redis Virtual Memory: the story and the code" [16]中给出了详细讨论，主要有以下两方面原因：

（1）Redis 对象与内存页并不一一对应。通常，内存页大小固定为 4096 B，一个 Redis 对象既可以跨越多个内存页存储，也可以将多个 Redis 对象存储在一个内存页上。即使访问少量 Redis 对象，也可能触及大量内存页，操作系统会跟踪对内存页的访问。另外，假使一页中只有一个字节被访问过，它也会被排除到交换系统之外。

（2）Redis 数据在内存和在磁盘上的格式不同。在磁盘上的数据是经过压缩的，它远小于在内存中数据大小，因此，利用自定义交换技术可以减少磁盘的 I/O 操作。

由于 Redis 支持压缩文件形式的数据持久化，因此，要备份 Redis 数据库就非常简单，只需要复制 Redis 的 DB 文件，应用于另一个 Redis 实例就可以了。

7.2.2　Redis 数据服务及集群技术

Redis 源代码不是很大（2.2 release 版只有 2 万行），开发者也竭力使它简单和容易理解。介绍 Redis 内部的主要技术细节。

1. Redis 动态字符串

字符串是 Redis 数据类型构成的基本要素。在 Redis 的键值存储模型中，不仅所有的键都是字符串，而且字符串也是最简单的一种数据类型。例如，列表、集合、有序集合及哈希表这些复杂数据类型，是由字符串组成的[17]。

Redis 字符串的实现是在 sds.c 文件中，其中 sds 表示 Simple Dynamic Strings（简单动态字符串）。用结构体 sdshdr 表示一个 Redis 字符串，其声明包含在 sds.h 头文件中，具体声明语法如下：

```
struct sdshdr {
    long len;
    long free;
    char buf[];                        /* 动态数组长度为 0  */
};
```

这里，成员字符数组 buf 用来存放实际的字符串；成员 len 用来存放 buf 的长度，这使得获取字符串长度算法的时间复杂度为常量 O(1)；成员 free 用来存放剩余的字节数。len 和 free 两个成员共同确定了字符数组 buf 中字符的多少。

需要注意的是，Redis 字符串创建函数 sdsnewlen 在创建新字符串结构体 sdshdr 后，返回的却是 buf 的地址，也就是字符指针。如果需要得到字符串结构体指针，根据以上结构体定义，则需要将 buf 地址减去 2 个长整数的长度即可。

从应用层来看，Redis 字符串只接受字符指针，相当简单，然而，在它简单的操作背后却是复杂的技术实现。对用户来讲，并不需要关心背后实现和处理的技术细节，只需要把它当做一个字符指针就可以了。

2．Redis 事件库

事件库 libevent 为了通用性增加了很多扩展功能，显然这会导致体积增加（目前 libevent 的代码量是 Redis 的 3 倍）和性能下降。尽管事件库 libev 已经比较轻量级了，但却缺乏 http 等高级特性。因此，Redis 专门实现了一套和 libevent 类似但更为简洁的事件驱动模型 ae，整个代码不到 500 行，用于处理时间和文件事件。ae 事件库没有进行过多优化，以便快速调试，而且没有特别复杂和晦涩的实现，非常适合小型项目[18]。

事件是 Redis 服务器的核心，它必须处理文件和时间两类重要事件[19]。

1）文件事件

在多个客户端中实现多路复用，接受它们发来的命令请求，并将命令的执行结果返回给客户端。Redis 将这类因为对套接字进行多路复用而产生的事件称为文件事件（File Event）。由于文件事件底层主要是指网络 I/O 事件处理，因此，这一类事件又称为 I/O 事件，包括 I/O 读事件和写事件，在底层可以使用 select、epoll 或者 kqueue，Redis 默认采用的是 epoll 方式。

2）时间事件

时间事件记录那些要在指定时间点运行的事件，主要完成服务器常规操作（server cron job）。多个时间事件以无序链表的形式保存在服务器状态中。

3）事件调度与处理流程

Redis 服务器既有文件事件，又有时间事件，如何调度就是一个关键问题。然而，这两种事件之间却存在一种合作关系，这种合作关系可进一步描述为以下 3 种调度策略：一种事件会等待另一种事件执行完毕后，才开始执行，事件之间不会出现抢占；事件处理器先处理文件事件（命令请求），再执行时间事件（调用 ServerCron）；文件事件的等待时间（poll 函数的最大阻塞时间），由距离到达时间最短的时间事件决定。

这个策略表明，实际处理时间事件的时间通常会比时间事件所预定的时间要晚，延迟时间的长短取决于时间事件执行之前，执行文件事件所消耗的时间。

下面简单讨论一下 ae 事件的处理流程。首先，通过在单线程内执行 aeMain 主循环，在每一次循环中，先查看是否有其他阻塞的客户端或 aof 需要执行；然后，在具体的 aeProcessEvents 事件处理中根据传递的参数判断如何处理文件事件和时间事件[18,19]，具体逻辑如图 7-2 所示。

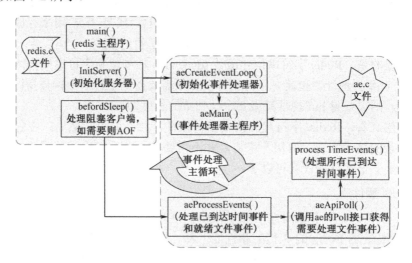

图 7-2 ae 的事件处理流程

为了进一步提高事件处理的效率，在 ae 实现中通过多分配一些内存单元避免在事件循环内部进行各种线性复杂度类型 O(N)的操作，这个多分配的内存对于 Redis 内存数据库来说完全可以忽略不计（只占总占用内存的 0.001%）。此时，所带来的效率却是非常明显的，添加和删除一个事件（event）的时间复杂度降为常量 O(1)了[20]，这对于有 10K 个客户连接的服务器来说极其重要。

ae 事件库还有一个重要特点是代码的简洁和语义的简单，这不仅保证了高效完成事件处理任务，而且易于阅读和理解[20]。只要有一定 C 语言基础的工程技术人员都能够打开 ae.c 源文件，非常清楚地看到 ae 事件循环过程，了解它是如何工作的，而且很容易编译，甚至不需要配置就可以运行。

3. Redis 守护技术

Redis 守护的目的是为 Redis 提供高可用性。从通俗意义上讲，如果利用守护来创建 Redis 部署，就可以抵御人工干预所带来的系统故障。除此之外，Redis 守护还提供了一些附属任务，如监控、通知及客户配置工具[21]。

1）守护的主要功能

● 监视：守护会不断检查主从实例的工作状态。

- 通知：守护会通过 API 通知系统管理者（另一计算机程序），某一个 Redis 实例出了故障。
- 自动灾备：如果主机出现了异常，守护会启动一个灾备进程将一个从机提升为主机，其余的从机将重新配置指向新的主机，应用程序在连接 Redis 服务器时，会收到一个新的服务器地址。
- 配置工具：守护还扮演了一个客户服务发现的角色：客户连接守护是为了请求某一个服务相应的 Redis 服务器地址。如果出现灾备，守护将报告新的地址。

2）守护的分布特性

Redis 守护被设计成一个分布式系统，以便在多个守护进程共同运行的网络环境中协同工作[21]。

多个守护进程协同工作可以带来以下两个好处：当多个守护都报告某一个主机不可用时，灾备发生，这有利于灾备的自动检测和提高灾备的可靠性；守护工作并不以其他所有守护进程的正常工作为前提，有效地提升了系统的稳定性。毕竟具有单点故障的灾备系统没有意义。

所有守护，也就是 Redis 实例（包括主从机），以及连接到守护和 Redis 的客户，本身也构成了一个庞大而且特殊的分布式系统。

3）守护的启动

Redis 守护有两种启动方式，一种是使用守护程序 redis-sentinel（或者具有相同名字的符号链接指向 redis-server 可执行程序），可通过下列命令启动：

```
redis-sentinel /path/to/sentinel.conf
```

另一种是使用服务器程序 redis-server 启动服务器，并进入守护模式，其命令如下：

```
redis-server /path/to/sentinel.conf --sentinel
```

需要注意的是，不论哪一种方式启动守护，都必须指定配置文件，因为守护程序需要利用配置文件保存当前状态信息，以便重启时恢复。如果没有指定配置文件或者配置文件路径没有写权限，则守护程序不能启动[21]。

默认情况下，守护进程监听 TCP 连接的 26379 端口。为了守护能正常工作，服务器的 26379 端口必须打开以接收其他守护 IP 地址的连接，否则，守护之间不能会话，更不能协同工作，当然也无法完成灾备。

4）守护部署关键点

对一个稳健系统，至少需要 3 个守护实例。这 3 个守护实例应该放在 3 个故障独立的计算机或者虚拟机内，例如，不同的物理服务器或者隔离在不同区的虚拟机，而且客户端也需要支持守护，主流的客户包一般都支持守护，但并不是所有的客户都支持。

"守护"+"Redis"这种分布式系统并不能保证在故障期间回写被保留，因为 Redis 采用的是异步复制，然而，可以采用某种方法部署守护让时间窗在某个特定的时刻不能写，当然这会降低部署的安全性[21]。

守护、Docker 及其他网络地址或端口映射要特别小心进行组合，Docker 要进行端口的重映射，这会中断其他守护进程，以及主从机列表的自动检测。

最后需要说明的是，没有在开发环境中进行反复测试，就不可能有安全的高可用安装。如果生产环境允许，最好进行反复测试，因为有的错误配置可能只有在很晚的时候才会出现（例如，凌晨 3 点主机宕机）。

5）守护的配置

Redis 源代码版本中包含一个 sentinel.conf 配置文件，这是一个自说明的示例配置文件，可以直接用来配置守护，下面列出的就是最小典型配置的内容：

```
sentinel monitor mymaster 127.0.0.1 6379 2
sentinel down-after-milliseconds mymaster 60000
sentinel failover-timeout mymaster 180000
sentinel parallel-syncs mymaster 1
sentinel monitor resque 192.168.1.3 6380 4
sentinel down-after-milliseconds resque 10000
sentinel failover-timeout resque 180000
sentinel parallel-syncs resque 5
```

4．Redis 集群特点及原理

从功能上看，Redis 集群是 Redis 单机版的一个子集，也是 Redis 的一个分布式实现，具有高性能可扩展、不需要代理、异步复制、数据原子操作、数据回写最大限度安全及高可用等特点，最多可支持 1000 个节点[22]。具体来说，它实现了单机版 Redis 上的所有单键命令，对于多键操作的复杂命令，如集合类型的交集和并集等，在这些键隶属于单个节点时也可以使用。Redis 集群采用了一种叫做哈希标签（Hash Tags）的技术强制某些键存储在同一节点，然而在手工数据库重分片（Resharding）期间，多键操作会有一段时间不可用，而这并不影响单键操作。Redis 集群不支持单机版 Redis 的多数据库操作，因为它只有一个 0 号数据库，当然也不能使用 Select 命令切换数据库。

1）在 Redis 集群协议中客户和服务器的角色

在 Redis 集群中，节点负责数据存储及集群的状态，包括将键映射到正确的节点。集群节点也能自动发现其他节点，检测故障节点，以及在需要时提升从节点为主节点以保证在故障出现时系统继续工作。

为了完成各自的任务，所有的集群节点利用 TCP 总线和一个二进制协议（叫做 Redis 集群总线，Redis Cluster Bus）连接起来。在集群中，每个节点都有一个唯一的名字 ID 用做标识，该名字是一个十六进制表示 160bit 随机数。这些节点利用集群总线连接到其他任何一个节点。节点利用 gossip 协议传播集群信息，可以发现新节点，发送 ping 包确认所有其他节点工作正常，发送需要的集群消息以激活特定的条件。集群总线也用于在集群中传播发布/订阅消息，以及用户请求时部署手工灾备（手工灾备是指那些没有经过 Redis 集群故障诊测器初始化，而是由系统管理员直接请求的灾备）。

2）回写安全

Redis 集群在节点之间使用异步复制，并且最后一次灾备具有隐式融合功能[22]。这意味着最后选定的主数据集会逐渐替换所有其他复本，但是，在分区期间总是有一个很短时间会导致回写失败。

对于灾备主机来说，在节点超时（NODE_TIMEOUT）期间它对大多数主机是不可用的，所以，如果分区在此之前完成，所有的回写都不会丢失。当分区持续时间超过了节点超时，在分区少数这一边的所有向这个节点的回写都可能丢失。然而，只要节点超时时间已到且没有和分区多数这一边的主机通信，Redis 集群的分区少数这一边会开启拒绝回写，所以，存在一个最大的时间间隔，此后分区少数一边主机将不再可用。因此，经过这个时间，不再接收回写也不会产生丢失。

3）集群的可用性

Redis 集群在分区少数一边是不可用的，然而，在分区多数一边，假设存在多个主机及每一个不可用主机至少一个从机，则经过节点超时时间再延时几秒等待选定从机以灾备其主机（灾备执行通常需要 1～2 秒）后，Redis 集群将再次变得可用。这就是说，Redis 集群设计目标就是在集群中几个节点故障后仍能正常工作，但是，对于要求大量网络分区仍然保证集群可用的应用场合，Redis 集群并不适用。

在一个拥有 N 个主节点，每个节点有 1 个单一的从节点的集群中，只要单个节点分开分区，集群分区多数一边将保持可用，可用的概率是 $1-(1/(N\times2-1))$，条件是主从两个节点分开分区（1 个节点失败后，共剩余 $N\times2-1$ 个节点，并且没有故障复制的单一主节点的概率是 $1/(N\times2-1)$）。

4）Redis 集群性能

Redis 中的数据量通常都很大，拥有百万个元素的列表或有序集在 Redis 中是很常见的。而且数据类型的语义也很复杂。迁移或者融合这些值变成了系统的主要瓶颈，而且还可能涉及某些重要的应用逻辑、存储元数据的附加内存等。因此，在 Redis 集群中，并没有提升高性能和可扩展性，而是为了提供更好的数据安全和可用性。

在 Redis 集群中，客户会逐渐获取新集群表征，并且了解哪个节点服务哪些键集的信息，所以，在正常操作期间，客户直接连接正确节点，发送指定的命令。而且，多键命令已经被限制在附近的节点，除了分区时，数据从来不会在节点之间移动。普通操作完全是在单个 Redis 实例中完成的，也就是说，在一个具有 N 个主节点的 Redis 集群中，当设计规模线性增长时，可以得到同样线性增长的性能，即单个 Redis 实例乘以 N。同时，查询通常是在一个往复中完成，因为客户通常会保持和节点的一个永久连接，所以，网络时延也是和单个独立 Redis 节点一样没有增长。

5）Redis 集群分布特性

键空间被划分为 16384 个哈希槽（Hash Slot），这也正是集群主节点数目的上限（建议最大节点数为 1000），每个主节点处理哈希槽的一个子集[22]。在没有集群配置的情况下，也就是说，没有将槽从一个节点移到另一个节点，集群是稳定的。当集群处于稳定状态时，一个哈希槽只服务一个节点，其哈希算法如下：

```
HASH_SLOT = CRC16(key) mod 16384
```

这里，CRC16 的 16 位二进制输出中只用了 14 位，因此，最大值为 16384。

为了实现 Redis 集群的多键操作，Redis 采用哈希标签技术，强制将某个键的操作分配到同一节点。在某个特定条件下某些键哈希槽算法会有稍许的不同，例如，如果这个键包含"{…}"模式，为了获取其哈希槽，只取{和}中间的子串用于哈希。

6）Redis 集群的网络特性

Redis 集群中每个节点都有一个专用 TCP 端口用于接收 Redis 集群中其他节点的连接请求，该端口和接收客户端连接请求的普通 TCP 端口之间有一个固定偏移 10000，即 Redis 集群端口等于普通端口加上 10000。例如，如果有个 Redis 节点正在监听 6379 端口上的客户连接，那么该节点的集群总线端口 16379 就会被自动打开。

Redis 集群是一个完全网，每个节点都通过 TCP 协议和其他节点建立了连接，并且这些 TCP 连接一直保持着。例如，在 N 个节点的集群中，每个节点就有 N-1 个传出和 N-1 个传入 TCP 连接。当一个节点响应集群总线上的 ping/pong 消息时，在将其标记为不可到达之前，它还是要试图通过重新建立连接来更新和这个节点的连接以排除故障。由于 Redis 集群是一个完整网，所以，正常情况下，节点就可利用 gossip 协议和配置更新机制大幅减少节点之间的数据交换，因此，交换的消息数目不再是衡量的主要指标。

节点总是要响应集群总线端口上的连接，当接收到 ping 时，即使 ping 的节点不可信，还是要响应的，但是，如果它认为发送节点不属于集群，则这些数据包会自动丢弃。如果一个信任节点向其他某个节点发送了 gossip 消息，它就会将该节点注册为集群节点。例如，如果 A 知道 B 并且 B 知道 C，这样，B 就会向 A 发送关于 C 的 gossip 消息，这时，A 就会将 C 注册为网络节点，并且试图连接 C。

7.2.3 Redis 安装

根据 Redis 官网说明，Redis 的发布采用"主版本号.次版本号.补丁级别"的版本约定[23]。次版本号偶数代表稳定发布版，如 1.2、2.0、2.2、2.4、2.6、2.8，奇数代表测试版，如 2.9.x。目前 Redis 的最新稳定版为 3.0.5。

1. 下载和编译

可以通过以下几个网站获取 Redis 最新稳定版代码。
- Redis 官网：http://redis.io/download。
- Github：https://github.com/antirez/redis。
- Google Code：http://code.google.com/p/redis/downloads/list?can=1。

下载后进行解压和编译，下面以当前最新稳定版 3.0.5 为例来说明其安装过程。

（1）通过 wget 命令进行下载：

```
redis@ubuntu:~$ wget http://download.redis.io/releases/redis-3.0.5.tar.gz
```

（2）通过以下命令进行解压和编译安装：

```
redis@ubuntu:~$ tar xzf redis-3.0.5.tar.gz
redis@ubuntu:~$ cd redis-3.0.5
redis@ubuntu:~/redis-3.0.5$ make
```

编译结束后，可以在"./src"目录下找到以下几个编译好的二进制文件。
- redis-server：Redis 服务守护程序，是 Redis 提供服务的基础。

- redis-cli：Redis 客户端交互工具，类似于 shell，通过它可以执行 Redis 操作。
- redis-benchmark：Redis 性能测试工具，测试 Redis 当前系统配置情况。
- redis-stat：Redis 状态检测工具，检测 Redis 当前运行状态。

2．启动 Redis 服务

执行 Redis 服务守护程序，启动 Redis 服务：

```
redis@ubuntu:~/redis-3.0.5$ src/redis-server
```

3．测试 Redis 服务

当 Redis 服务端程序启动后，可以通过 Redis 内置的客户端工具进行交互操作。例如，用 set 和 get 命令设置和读取键值对。下面的命令是先通过 set 添加一个 key 为 "stu_name1"、value 为 "Johnson" 的键值对，然后利用 get 命令读取 key（stu_name1）所对应的 value（Johnson）。

```
redis@ubuntu:~/redis-3.0.5$ src/redis-cli
127.0.0.1:6379> set stu_name1 Johnson
OK
127.0.0.1:6379> get stu_name1
"Johnson"
127.0.0.1:6379>
```

至此，Redis 服务器安装启动成功。

4．Redis 服务器定制

如果需要对 Redis 的运行环境进行定制，如访问端口，默认为 6379，可以通过编辑修改 Redis 配置文件（~/redis-3.0.5/redis.conf），具体配置项如表 7-3 所示。

表 7-3　Redis 常用配置项

序号	配置项	说　　明	默认值
1	daemonize	需要作为后台程序运行时，设置为 yes	no
2	port	指定待机端口	6379
3	timeout	在指定时间（秒）没有响应，则关闭连接	300
4	save <sec> <change>	在 sec 秒内或者至少有 change 次变更时，写入硬盘	save 900 1 save 300 10 save 60 10000
5	dir	指定数据文件写入的目录	./
6	dbfilename	指定数据文件名	dump.rdb
7	slaveof	复制时，指定主数据库的主机名和端口	~

7.2.4　Redis 数据操作

在进行数据操作之前，需要了解 Redis 中 key 和 value 的相关约定，以养成良好的书写习惯。

（1）key 命名约定。如同程序设计中变量和函数的命名约定一样，在 Redis 中对 key 的命名只要采用统一方式都是可接受的。一般来说，key 的命名要尽量做到望名知义，在 Redis 官方文档中推荐采用 "object-type:id:field" 模式[17]，比如 "user:2015100:password" 表示编号为 2015100 的用户密码。对于 key 的命名不能太长，也不能太短，长度应适中。名字太长不仅消耗内存，而且会增加查寻成本。名字太短则会影响阅读和理解的速度。

（2）value 类型约定。正如前文所述，Redis 不仅是一个 Key-Value 数据库，而且还是一个数据结构服务器，除了基本的字符串外，还支持由字符串构成的链表、集合及哈希表等复杂类型[17]，见表 7-2。也就是说，除了字符串，用户还可以把其他数据类型作为 value 存入 Redis。

下面通过 redis 的客户端交互工具（redis-cli）来说明数据操作的基本方法。

1．string 类型

1）基本操作

string 是最简单的 Redis 类型。可以用 set 命令创建或者更新字符串键值对，用 get 命令获取相应键的值，代码示例如下：

```
$ ./redis-cli
127.0.0.1:6379> set myfirstkey "Welcome to the big data world. "    # 创建 myfirstkey
OK
```

创建键 myfirstkey 在系统中的执行过程如下：

```
redis@ubuntu:~/redis-3.0.5/src$ ./redis-cli
127.0.0.1:6379> set myfirstkey "Welcome to the big data world."
OK
```

如果执行一条 Redis 命令，也可在客户端交互工具 redis-cli 后面直接执行，而不必进入客户交互模式，例如：

```
$ ./redis-cli get myfirstkey                          # 获取 myfirstkey 的值
"Welcome to the big data world. "
redis@ubuntu:~/redis-3.0.5/src$ ./redis-cli get myfirstkey
"Welcome to the big data world."
```

```
$ ./redis-cli set myfirstkey "Big data, small world. "    # 更新 myfirstkey 的值
OK
```

这里，value 可以是任何类型的字符串，甚至可以是二进制数据这种特殊的"字符串"，如 JPEG 图片数据。Redis 规定，每个 value 的最大存储空间为 512MB，长度不能超过 1GB。

2）算术操作

虽然 Redis 将基本类型定义为 string，但是仍然可以在这种类型上进行一些基本的原子型的算术操作，如递增（incr）、递减（decr）等，下面的命令说明其用法。

```
$ ./redis-cli set userid 1000            # 创建 userid 键值对，存放 1000
OK                                       # Redis 响应 OK 表示添加或者更新成功
$ ./redis-cli incr userid                # userid 递增，加 1
(integer) 1001
$ ./redis-cli incr userid                # userid 递增，加 1
(integer) 1002
$ ./redis-cli incrby userid 100          # userid 递增，加 100
(integer) 1102
```

这里，incr 命令将字符串值解析为整型，并将其值加 1，然后将结果保存为新的字

符串值。与 incr 类似，incrby 可以指定增加的数值大小。当然也有两个相反的命令 decr 和 decrby 用来完成数据的递减。

原子型操作是指当多个客户端对同一个 key 发出同一个原子命令时，系统绝不会出现不知所从的竞争场面。也就是说，当一个客户端发出一个原子命令时，其他客户端不会在同一时间执行任何命令。

3）其他操作

对字符串来讲，还有一个重要的命令 getset。顾名思义，这个命令是先为 key 设置一个新值并返回原始值。例如，要统计一个网站的日访问量，就可以定义一个 visited 键，每当有用户访问时就用 incr 命令操作 visited，当一天结束时，就可以用 GETSET 将 visited 赋值为 0 并读取原始的值。

2．list 类型

一般来讲，list（列表）是指有序元素的集合，如 3，5，7，9。在计算机中，列表实现既可以用数组，也可以用链表，但两者在操作和属性方面有很大的差异。Redis 的 list 是基于链表实现的，这意味着在 list 的首尾添加元素非常高效，只需要修改相应的首尾指针，而不受列表中元素个数的影响。对于拥有数百万个元素的列表和只有数十个元素的列表，其首尾添加元素的效率是一样的。这种实现的不足之处在于索引访问元素的速度没有数组那么快速。但对数据库系统来讲，快速添加元素显得更为重要。

list 主要操作包括以下几个命令。

- lpush：向列表头部（左侧）添加元素，如果列表不存在，则创建。
- rpush：向列表尾部（右侧）添加元素，如果列表不存在，则创建。
- lpop：从列表头部（左侧）删除一个元素。
- rpop：从列表尾部（右侧）删除一个元素。
- lindex：返回列表中指定索引的元素。
- lrange：取得一定范围元素。
- llen：返回列表长度。

下面通过示例说明这些命令的用法。

```
$ ./redis-cli rpush messages "Done. "        # 创建一个列表，并在右端添加消息
(integer) 1
$ ./redis-cli rpush messages "Great, thank you. "     # 在右端附加一个消息
(integer) 2
$ ./redis-cli lpush messages "What's going on with the project? "   # 在左端插入消息
(integer) 3
$ ./redis-cli lrange messages 0 -1              # 获取索引从 0 到最后一个的所有消息
1) "What's going on with the project? "
2) "Done. "
3) "Great, thank you. "
```

获取索引从 0 到最后一个的所有消息命令在系统中的执行结果如下：

```
redis@ubuntu:~/redis-3.0.5/src$ ./redis-cli lrange messages 0 -1
1) "What's going on with the project?"
2) "Done."
3) "Great, thank you."
```

这里，lrange 命令包含两个索引，表示某个范围的第一个和最后一个位置的索引。这两个索引也可以为负数，表示从列表的尾部开始计数，-1 表示最后一个元素，-2 表示倒数第二个元素，以此类推。

在 Redis 命令中还有和 list 有关的其他更为复杂的操作，如删除元素、旋转 list 等。为了节省篇幅，这里不再罗列，使用时请参阅官方有关命令的文档[24]。

3. set 类型

Redis 中的 set 为无序集，即未排序的集合，其元素为字符串。Redis 对集合相关的操作也进行实现，如计算两个集合的交集、并集和差集等。对于集合来说，最重要的操作是向集合中添加一个新元素，以及判断某个元素是否存在。

与集合 set 有关的主要命令如下。

- sadd：向集合添加一个元素。
- sismember：判断一个元素是否存在。
- smembers：返回集合中的所有元素。
- sunion：计算两个集合的并集。
- sinter：计算两个集合的交集。
- sdiff：计算两个集合的差集。

下面通过示例来说明其用法。

（1）添加元素。

```
$ ./redis-cli sadd shape "triangle"        # 创新一个集合 shape，并添加一个元素
(integer) 1
$ ./redis-cli sadd shape "rectangle"       # 向集合 shape 添加新元素：rectangle
(integer) 1
$ ./redis-cli sadd shape "circle"          # 向集合 shape 添加新元素：circle
(integer) 1
$ ./redis-cli smembers shape               # 返回集合中的元素，可以看到是无序的
1) "rectangle"
2) "circle"
3) "triangle"
```

返回集合中成员命令 smembers 在系统中的执行结果如下：

```
redis@ubuntu:~/redis-3.0.5/src$ ./redis-cli smembers shape
1) "rectangle"
2) "triangle"
3) "circle"
```

（2）判断某个元素是否存在。

```
$ ./redis-cli sismember shape    "circle"      # circle 是元素，返回 1
(integer) 1
$ ./redis-cli sismember shape    "square"      # square 不是元素，返回 0
(integer) 0
```

由于集合的交集、并集和差集运算涉及两个以上集合，操作较为复杂，因此，将这些命令放在 4.2.4 节介绍。

需要注意的是，在 Redis 中，如果查询一个不存在的列表或集合，Redis 并不抛出异常，而是返回一个空列表或空集合：empty list or set。

4．sorted set 类型

集合是使用频率非常高的一种数据类型，但很多场合又需要元素位置有序，因此，Redis 引入了有序集。有序集和集合类似，只是有序集中每个元素附加一个浮点型的 score，用来对元素进行排序。

与 sorted set 有关的主要命令如下。

- zadd：向有序集添加或者更新元素。
- zrange：依据 score 升序方式（默认），返回指定索引范围内的所有元素。
- zrevrange：依据 score 降序方式（逆序），返回指定索引范围内的所有元素。
- zrangebyscore：正序返回指定 score 范围内的所有元素。

下面的示例是将 3 位员工的信息添加到有序表 workers 中，并将任职时间作为 score。

```
$ ./redis-cli zadd workers 15 "Thomas"      # 创建有序集 workers，并添加一个员工
(integer) 1
$ ./redis-cli zadd workers 20 "Johnson"     # 添加新员工：Johnson，20
 (integer) 1
$ ./redis-cli zadd workers 5 "Michelle"     # 添加新员工：Michelle，5
(integer) 1
```

在 Redis 中，有序集是通过一个 dual-ported 数据结构实现的，它包含一个精简有序表和一个哈希表。当访问有序集元素时，Redis 不必再进行任何额外的排序工作，因为它已经是有序的，例如：

```
redis@ubuntu:~/redis-3.0.5/src$ ./redis-cli zrange workers 0 -1
1) "Michelle"
2) "Thomas"
3) "Johnson"
```

如果想得到这些元素的逆序结果，可以用 zrevrange 命令来实现，例如：

```
redis@ubuntu:~/redis-3.0.5/src$ ./redis-cli zrevrange workers 0 -1
1) "Johnson"
2) "Thomas"
3) "Michelle"
```

虽然有序集只有一个默认排序，但是可以利用 sort 命令对有序集进行不同的排序。如果想得到多种不同的排序结果，可以将每个元素同时加入多个有序集。

有序集的 score 也可以随时更新，只需要用 zadd 对有序集中的某个元素进行操作，就会更新它的 score 及该元素的位置，其时间复杂度是 $O(\log(N))$。因此，即使有大量的更新操作，有序集的效率也是令人满意的。

5．hash 类型

在 Redis 中，hash 类型和 string 类型非常相似，两者最主要的区别是 hash 结构对数据存储提供了一种分层机制，也就是说，每个键下面可以存储多个属性（field）及相应

的属性值（哈希表），这样可以提高数据访问的速度。

与 hash 有关的主要命令如下。

- hset：向 hash 结构添加主键，并为该键设置一个属性和对应的值。
- hmset：向 hash 结构添加主键，并为该键设置多个属性和相应的值。
- hget：获取一个属性的值。
- hgetall：获取一个键的所有属性和相应的值。
- hmget：获取多个属性及相应的值。
- hkeys：获取当前键下面所有的属性（fields）。

（1）hset 和 hget 命令用法如下：

```
$ ./redis-cli hset users:wisdomlife password 123        # 添加属性 password
(integer) 1
$ ./redis-cli hget users:wisdomlife password            # 返回 password 属性的值
"123"
```

（2）hmset、hmget、hmgetall 命令用法如下：

```
$ ./redis-cli hmset users:wisdomlife password 123 age 28    # 添加属性 password 和 age
OK
$ ./redis-cli hmget users:wisdomlife password age           # 返回 password 和 age 属性的值
1) "123"
2) "28"
$ ./redis-cli hgetall users:wisdomlife                       # 返回 wisdomlife 所有属性的值
1) "password"
2) "123"
3) "age"
4) "28"
```

返回 hash 类型 wisdomlife 所有属性值 hgetall 命令在系统中的执行结果如下：

```
redis@ubuntu:~/redis-3.0.5/src$ ./redis-cli hgetall users:wisdomlife
1) "password"
2) "123"
3) "age"
4) "28"
```

```
$ ./redis-cli hkeys users:wisdomlife                         # 返回 wisdomlife 所有属性
1) "password"
2) "age"
```

6. 事务类型

Redis 支持有限的事务，一个命令或者操作可以放在一个事务内执行。与事务有关的主要命令如下。

- multi：初始化一个事务过程。
- exec：执行初始化后事务。
- discard：对事务进行回滚。

对于事务命令，需要进入客户端交互环境方可执行，下面的示例是利用事务同步更新 name 和 age 两个键。

```
$ ./redis-cli                                               # 进入客户端交互模式
```

```
127.0.0.1:6379> multi                    # 初始化事务过程
OK
127.0.0.1:6379>  set name "George W. Bush"    # 添加第 1 事务
QUEUED
127.0.0.1:6379>  set age 65               # 添加事务
QUEUED
127.0.0.1:6379> exec                      # 执行事务
1) OK
2) OK
```

Redis 事务具体初始化与执行过程如下：

```
redis@ubuntu:~/redis-3.0.5/src$ ./redis-cli
127.0.0.1:6379> multi
OK
127.0.0.1:6379> set name "George W. Bush"
QUEUED
127.0.0.1:6379> set age 65
QUEUED
127.0.0.1:6379> exec
1) OK
2) OK
127.0.0.1:6379>
```

7．通用操作

Redis 除了提供和类型有关的操作外，还提供了一些与类型无关的操作，常用的如下。

- del：删除键对应的数据。
- keys：返回以 glob 形式的所有 key。
- exists：判断指定的键是否存在。
- type：返回指定键存储数据的类型。
- rename：对指定的键进行重命名。

7.2.5　案例：网站访问历史记录查询

由于网站访问记录是一个历史数据，数据之间自然存在一个先后关系。如果以访问次序（id）作为访问记录的先后顺序，就可以采用无序集 webrecs 来存储这些历史数据。为了分析网站资源受欢迎程度，额外为每一条记录增加一个资源标签属性。

下面给出每条记录包含的属性及含义。

- id：记录唯一标识。
- date：访问日期。
- time：访问时间。
- cs_ip：访问者 IP。
- cs_method：访问方法（GET 或者 POST）。
- cs_uri：访问资源的 uri。
- cs_urtags：访问资源标签（为 set 类型）。
- s_port：访问的端口。
- sc_status 表示响应状态，200 表示成功，403 表示没有权限，404 表示打不到该页面，500 表示程序错误。

为了突出业务逻辑及 Redis 应用，下面仍以 redis 客户端交互工具为例来说明。

1. 定义网站资源标签

由于网站资源标签没有顺序，故采用无序集合来描述，具体定义如下：

```
$ ./redis-cli sadd urtag:1:name "news"              # 新闻标签
(integer) 1
$ ./redis-cli sadd urtag:2:name "document"          # 技术文档标签
(integer) 1
$ ./redis-cli sadd urtag:3:name "software"          # 软件标签
(integer) 1
$ ./redis-cli sadd urtag:4:name "appdata"           # 应用数据标签
(integer) 1
$ ./redis-cli sadd urtag:5:name "specialty"         # 专业类标签
(integer) 1
$ ./redis-cli sadd urtag:6:name "common"            # 普通类标签
(integer) 1
```

定义资源标签的具体执行过程如下：

```
redis@ubuntu:~/redis-3.0.5/src$ ./redis-cli sadd urtag:1:name "news"
(integer) 1
redis@ubuntu:~/redis-3.0.5/src$ ./redis-cli sadd urtag:2:name "document"
(integer) 1
redis@ubuntu:~/redis-3.0.5/src$ ./redis-cli sadd urtag:3:name "software"
(integer) 1
redis@ubuntu:~/redis-3.0.5/src$ ./redis-cli sadd urtag:4:name "appdata"
(integer) 1
redis@ubuntu:~/redis-3.0.5/src$ ./redis-cli sadd urtag:5:name "specialty"
(integer) 1
redis@ubuntu:~/redis-3.0.5/src$ ./redis-cli sadd urtag:6:name "common"
(integer) 1
```

2. 增加网站访问记录

作为示例，下面添加 3 条网站访问记录。

```
$ ./redis-cli incr next. webrecs.id                 # 添加第 1 条记录
(integer) 1
$ redis-cli sadd webrecs:1:date "20151030"
(integer) 1
$ redis-cli sadd webrecs:1:time "231532004"
(integer) 1
$ redis-cli sadd webrecs:1:cs_ip "101.12.56.81"
(integer) 1
$ redis-cli sadd webrecs:1:cs_method "POST"
(integer) 1
$ redis-cli sadd webrecs:1:cs_uri "./comments.jsp"
(integer) 1
$ redis-cli sadd webrecs:1:s_port 8080
(integer) 1
$ redis-cli sadd webrecs:1:sc_status 200
```

```
(integer) 1
$ ./redis-cli incr next. webrecs.id                    # 添加第 2 条记录
(integer) 2
$ redis-cli sadd webrecs:2:date "20151029"
(integer) 1
$ redis-cli sadd webrecs:2:time "112044345"
(integer) 1
$ redis-cli sadd webrecs:2:cs_ip "61.112.40.58"
(integer) 1
$ redis-cli sadd webrecs:2:cs_method "GET"
(integer) 1
$ redis-cli sadd webrecs:2:cs_uri "./sqlattacks.pdf"
(integer) 1
$ redis-cli sadd webrecs:2:s_port 8080
(integer) 1
$ redis-cli sadd webrecs:2:sc_status 404
(integer) 1
# ----------------------------------
$ ./redis-cli incr next. webrecs.id                    # 添加第 3 条记录
(integer) 3
$ redis-cli sadd webrecs:3:date "20151102"
(integer) 1
$ redis-cli sadd webrecs:3:time "112044345"
(integer) 1
$ redis-cli sadd webrecs:3:cs_ip "131.200.162.78"
(integer) 1
$ redis-cli sadd webrecs:3:cs_method "GET"
(integer) 1
$ redis-cli sadd webrecs:3:cs_uri "./news.jsp"
(integer) 1
$ redis-cli sadd webrecs:3:s_port 8080
(integer) 1
$ redis-cli sadd webrecs:3:sc_status 200
(integer) 1
```

以上添加记录的执行过程与上面示例代码完全类似，这里不再赘述。

3．为访问记录添加资源标签

为了在访问记录和资源标签之间建立关联，需要通过以下两个过程在两者之间建立交叉关系。

（1）在访问记录中添加相应的资源标签。

```
# ----------------------------------
$ redis-cli sadd webrecs:1:urtags 4                    # 为第 1 条记录添加资源标签
(integer) 1
```

```
$ redis-cli sadd webrecs:1:urtags 5              # 为第 1 条记录添加资源标签
(integer) 1
# ------------------------------------
$ redis-cli sadd webrecs:2:urtags 2              # 为第 2 条记录添加资源标签
(integer) 1
$ redis-cli sadd webrecs:2:urtags 5              # 为第 2 条记录添加资源标签
(integer) 1
# ------------------------------------
$ redis-cli sadd webrecs:3:urtags 1              # 为第 3 条记录添加资源标签
(integer) 1
$ redis-cli sadd webrecs:3:urtags 2              # 为第 3 条记录添加资源标签
(integer) 1
$ redis-cli sadd webrecs:3:urtags 6              # 为第 3 条记录添加资源标签
(integer) 1
```

（2）在资源标签中添加关联的访问记录。

```
# ------------------------------------
$ redis-cli sadd urtag:1:webrecs 3               # 为第 1 个资源标签添加记录
(integer) 1
$ redis-cli sadd urtag:2:webrecs 2               # 为第 2 条记录添加资源标签
(integer) 1
$ redis-cli sadd urtag:2:webrecs 3
(integer) 1
$ redis-cli sadd urtag:4:webrecs 1               # 为第 4 个资源标签添加记录
(integer) 1
$ redis-cli sadd urtag:5:webrecs 1               # 为第 5 条记录添加资源标签
(integer) 1
$ redis-cli sadd urtag:5:webrecs 2
(integer) 1
$ redis-cli sadd urtag:6:webrecs 3               # 为第 6 个资源标签添加记录
(integer) 1
```

至此，访问记录和资源标签之间的关联关系建立完成。

4．网站访问记录查询

下面通过几个示例说明记录查询的基本方法。

（1）查询第 2 条记录相关信息。

```
$ ./redis-cli smembers webrecs:2:cs_uri          # 查询第 2 条记录访问资源资源
```

执行结果如下：

```
redis@ubuntu:~/redis-3.0.5/src$ ./redis-cli smembers webrecs:2:cs_uri
1) "./sqlattacks.pdf"
```

```
$ ./redis-cli smembers webrecs:2:sc_status       # 查询第 2 条记录响应状态
```

执行结果如下：

```
redis@ubuntu:~/redis-3.0.5/src$ ./redis-cli smembers webrecs:2:sc_status
1) "404"
```

（2）列出第 3 条记录访问资源的标签。

```
$ ./redis-cli smembers webrecs:3:urtags        # 列出第 3 条记录资源标签
```

执行结果如下：

```
redis@ubuntu:~/redis-3.0.5/src$ ./redis-cli smembers webrecs:3:urtags
1) "1"
2) "2"
3) "6"
```

（3）查询访问标签为 document 资源的所有记录。

```
$ ./redis-cli smembers urtag:2:name            # 确认 2 为 document 标签
```

执行结果如下：

```
redis@ubuntu:~/redis-3.0.5/src$ ./redis-cli smembers urtag:2:name
1) "document"
```

```
$ ./redis-cli smembers urtag:2:webrecs         # 查询所有访问标签 document 的记录
```

执行结果如下：

```
redis@ubuntu:~/redis-3.0.5/src$ ./redis-cli smembers urtag:2:webrecs
1) "2"
2) "3"
```

（4）查询访问标签为 appdata 或者为 news 资源的所有记录。

```
$ ./redis-cli sunion urtag:4:webrecs urtag:1:webrecs   # 查询访问任一资源标签，并集
```

执行结果如下：

```
redis@ubuntu:~/redis-3.0.5/src$ ./redis-cli sunion urtag:4:webrecs
urtag:1:webrecs
1) "1"
2) "3"
```

（5）查询同时访问标签为 document 和为 specialty 资源的所有记录。

```
$ ./redis-cli                                  # 进入客户端交互模式
127.0.0.1:6379> sinter urtag:2:webrecs urtag:5:webrecs #查询访问多个资源标签，交集
```

执行结果如下：

```
redis@ubuntu:~/redis-3.0.5/src$ ./redis-cli
127.0.0.1:6379> sinter urtag:2:webrecs urtag:5:webrecs
1) "2"
127.0.0.1:6379>
```

（6）查询不同时访问标签为 document 和为 common 资源的所有记录。

```
$ ./redis-cli                                  # 进入客户端交互模式
127.0.0.1:6379> sdiff urtag:2:webrecs urtag:6:webrecs #查询访问多个资源标签，差集
```

执行结果如下：

```
redis@ubuntu:~/redis-3.0.5/src$ ./redis-cli
127.0.0.1:6379> sdiff urtag:2:webrecs urtag:6:webrecs
1) "2"
127.0.0.1:6379>
```

至此，Redis 存储和查询网站访问记录基本操作演示完了。当然，每条记录也可以用哈希类型来存储，操作过程和集合完全类似，读者可自行修改。

接下来，学习另一种键值数据库——Memcached。

7.3 Memcached

Memcached 是由 LiveJournal 旗下 Danga Interactive 公司为首所开发的一款简单而有效的键值型内存数据库，被广泛应用于 Web 应用访问的性能提升。

7.3.1 简介

Memcached 是最常见的 NoSQL 数据库之一，是一款基于内存的 Key-Value 存储数据库软件，用来存储小块的任意数据（字符串、对象），这些数据可以是数据库调用、API 调用或者是页面渲染的结果，通过该数据库可以提供高性能的分布式内存缓存服务器功能。它将关键数据存储在内存中，大大减少存取数据的时间，但是由于数据保存在内存中，一旦断电或 Memcached 停止运行，内存中的所有数据会丢失，所以，Memchached 是一种临时性的键值存储数据库，并且受内存大小的限制，无法操作超出内存容量的数据。

Memcached 简洁而强大。它的简洁设计便于快速开发，减轻开发难度，解决了大数据量缓存的很多问题，所以目前应用广泛。它的 API 兼容大部分流行的开发语言。

7.3.2 Memcached 缓存技术

传统的 Web 应用一般把数据保存到关系数据库中，需要在浏览器中展示数据时由应用服务器从数据库中读取。但随着用户和数据量的增加、访问量不断增大，会出现数据库管理系统软件的负担加重、数据库响应缓慢、网站显示延迟等重大影响。解决的办法就是通过缓存数据库查询结果，减少数据库访问次数，以提高动态 Web 应用的速度、提高可扩展性，而 Memcached 数据库是解决这一问题的不二之选。

Memcached 是一个键值缓存系统，一般位于关系数据库和应用服务器之间，它将数据库中需要访问的数据全部存储在内存中，供 Web 应用程序访问，解决处理大量数据或者访问非常集中时系统响应缓慢的问题，大大减少了存取数据的时间。Memcached 通信机制及用途如图 7-3 所示。具体处理过程如下：用户访问 Web 网站，浏览器把访问请求发送给 Web 应用服务器，Web 应用服务器根据请求，访问 Memcached 缓存，如果访问的数据存在，则直接把数据读出，并进行相应的处理后发送给浏览器，浏览器显示数据给访问者，完成本次访问，如果首次访问的数据在 Memcached 中不存在则需要从关系数据库中调取数据到 Memcached 缓存中。通过 Memcached 将数据库负载大幅度降低，避免了 Web 应用对数据库的频繁访问，减少了磁盘 I/O，更好地分配资源，从而大大提高了系统的响应速度[25]。

由于其在 Web 应用中对响应速度提高的优势，许多编程语言都能连接 Memcached 进行开发，如 Perl、PHP、Python、Ruby、C#、C/C++等。目前，Memcached 使用的用户主要有：LiveJournal、Wikipedia、Facebook、Twitter、YouTube、WordPress.com、Craigslist、Mixi 等。

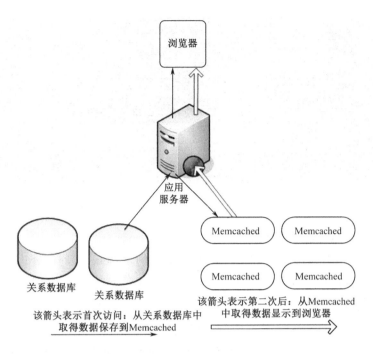

图 7-3　Memcached 通信机制及用途

Memcached 缓存技术的主要特点[25,26]如下。

1. 基于文本协议通信

Memcached 缓存系统中，服务器与客户端使用简单的基于文本的协议通信。所以，可以通过 Telnet 等多种方式来从服务器上获取数据。Telnet 访问的简单例子如下：

```
$ telnet localhost 11211
Trying 127.0.0.1…
Connected to localhost.localdomain (127.0.0.1).
Escape character is '^]'.
set a 0 0 3          （保存命令）
bar                  （数据）
STORED               （结果）
get a                （取得命令）
VALUE a 0 3          （数据）
bar                  （数据）
END
quit
```

该例子对应实际运行效果如图 7-4 所示。

注意，如果提示 Telnet 命令不存在，则需要先安装 Telnet，具体语句如下：

```
yum install telnet *
```

图 7-4　Telnet 访问的简单例子

2．基于 libevent 的事件处理

Memcached 使用 libevent 程序库，将 Linux 的 kqueue 等时间处理功能封装成统一的接口。因此，Memcached 能在 Linux、Solaris 等操作系统上发挥其高性能。

3．内置内存存储方式

为了提高性能，Memcached 中保存的数据都存储在 Memcached 内置的内存空间中。由于数据仅存在于内存中，因此重启 Memcached、重启操作系统会导致全部数据消失。另外，内容容量达到指定的值之后 Memcached 会自动删除不适用的缓存。

4．基于 Key-Value 的数据管理

Memcached 以守护进程 daemon 的形式驻留在服务器内存中，等待接受来自客户端的连接。目前，常用的客户端 API 主要有 PHP、Perl、Java 等。

当客户端和服务器通信时，客户端首先与服务器建立连接以存取数据。在存取数据时，每条数据都有唯一的 Key，所有对该条数据操作都基于这个 Key。图 7-3 表示了 Memcached 的通信机制。

5．分布式数据管理在客户端实现

Memcached 尽管是分布式缓存服务器，但服务器端并没有分布式功能。各个 Memcached 服务器不会互相通信以共享信息。它的分布式主要是通过客户端实现的。

7.3.3　Memcached 安装

这里主要以 Linux Redhat 6.4 系统中 Memcached 的安装为例进行说明。为方便实验，选择 Linux 虚拟机下进行安装。安装前首先需要配置基本的环境，然后进行安装和验证[8]。具体过程如下：

1．安装前的准备工作

1）配置联网 yum 源

（1）设置虚拟机联网方式。首先在虚拟机的虚拟网络设置中联网方式为 NAT 或桥接方式，并在虚拟机设置中网络适配器中选择连接方式与之前的 NAT 或桥接模式对应。

（2）开启 httpd 服务。启动虚拟机后执行 service httpd start 开启 httpd 服务。

（3）配置 yum 源。首先使用 df 查看到镜像文件所挂载路径，用 umount 命令将其卸载，使用 mount 命令重新挂载至/mnt 目录下，再使用 cp 命令将 rhel-source.repo 文件备份，然后把 rhel-source.repo 文件改为如下即可：

```
[root@NoSQL ~]# vi /etc/yum.repos.d/rhel-source.repo
[base]
name=LocalBase
baseurl=file:///mnt
enabled=1
gpgcheck=0
gpgkey=file:///etc/pki/rpm-gpg/RPM-GPG-KEY-redhat-legacy-release
```

最后执行:wq，保存退出即可。过程如下：

```
[root@NoSQL ~]# df
Filesystem              1K-blocks      Used Available Use% Mounted on
/dev/mapper/vg_nosql-lv_root
                         7813292   5100844   2315548  69% /
tmpfs                     247208        76    247132   1% /dev/shm
/dev/sda1                 495844     33748    436496   8% /boot
/dev/sr0                 3632776   3632776         0 100% /media/RHEL_6.4 x86_64 D
isc 1
[root@NoSQL ~]# umount /dev/sr0
[root@NoSQL ~]# mount /dev/sr0 /mnt/
mount: block device /dev/sr0 is write-protected, mounting read-only
[root@NoSQL ~]# cp /etc/yum.repos.d/
packagekit-media.repo  rhel-source.repo       rhel-source.repo.bak
[root@NoSQL ~]# cp /etc/yum.repos.d/rhel-source.repo /etc/yum.repos.d/rhel-sourc
e.repo.bak
```

（4）测试 yum 配置是否成功。可使用 yum 命令测试，出现如图 7-5 所示的界面，表明配置成功。

```
[root@NoSQL ~]# yum list gcc
Loaded plugins: product-id, refresh-packagekit, security, subscription-manager
This system is not registered to Red Hat Subscription Management. You can use su
bscription-manager to register.
base                                                      | 3.9 kB     00:00 ...
Installed Packages
gcc.x86_64                              4.4.7-3.el6                        @base
[root@NoSQL ~]#
```

图 7-5　yum 配置成功测试界面

2）安装 gcc

使用 yum 安装 gcc，过程如下：

```
gcc.x86_64                              4.4.7-3.
[root@NoSQL ~]# yum install gcc*
Loaded plugins: product-id, refresh-packageki
```

3）编译安装 libevent

编译安装 libevent-devel 前需要先到其官网 http://libevent.org/下载相应的安装程序，

我们选择稳定版本 libevent-1.4.9-stable.tar。进行解压缩,并编译安装,具体过程如下:

```
[root@NoSQL ~]# tar zvxf libevent-1.4.9-stable.tar.gz
libevent-1.4.9-stable/
[root@NoSQL ~]# cd libevent-1.4.9-stable
[root@NoSQL libevent-1.4.9-stable]#
[root@NoSQL ~]# cd libevent-1.4.9-stable
[root@NoSQL libevent-1.4.9-stable]# ./configure -prefix=/usr/
[root@NoSQL libevent-1.4.9-stable]# make && make install
```

注意:libevent 版本要尽量与所用系统自带的一些包版本相近,否则,在进行高可用性实验时会出现链接文件失效[26],无法开启。

2. 安装 Memcached

可直接使用 yum 联网安装稳定版本的 Memcached,语句如下:

```
[root@NoSQL Packages]# yum install memcached
Loaded plugins: product-id, refresh-packagekit
```

安装完成后,切换到 Memcached 程序目录,启动 Memcached,过程如图 7-6 所示。

图 7-6　Memcached 启动和查看过程

使用 ps aux 命令,可以查询到 Memcached 的详细信息及基本使用格式。具体 Memcached 安装、卸载、启动、配置相关的基本命令[27]如下:

-p:监听的端口。

-l:连接的 IP 地址,默认是本机。

-d start:启动 Memcached 服务。

-d restart:重启 Memcached 服务。

-d stop|shutdown:关闭正在运行的 Memcached 服务。

-d install：安装 Memcached 服务。

-d uninstall：卸载 Memcached 服务。

-u：以管理员的身份运行（仅在以 root 运行的时候有效）。

-m：最大内存使用，单位为 MB，默认为 64MB。

-M：内存耗尽时返回错误，而不是删除项。

-c：最大同时连接数，默认是 1024。

-f：块大小增长因子，默认是 1.25。

-n：最小分配空间，key+value+flags 默认是 48。

-h：显示帮助。

7.3.4　Memcached 数据操作

Memcached 中的数据操作主要包括数据存储、数据获取和数据删除 3 个方面。数据存储方法包括 add、set 和 replace 三种。add 适用于存储空间中不存在同一键值数据时才保存；replace 仅当存储空间中存在键相同的数据才保存（替换）；而 set 不管存储空间是否存在键相同数据都保存[28]。

当 Memcached 启动后，用于对 Memcached 管理的数据和本身运行状态相关的命令如表 7-4 所示。

表 7-4　Memcached 常用命令表

命　令	命令描述	示　例
Get	读一个键值	get mykey
Set	无条件保存键值	set mykey 0 60 5
Add	添加一个新键值	add newkey 0 60 5
Replace	覆盖已有键值	replace key 0 60 5
Append	向已存在键追加值	append key 0 60 15
Prepend	已存在键前面追加值	prepend key 0 60 15
Incr	用给定数字增加键值	incr mykey 2
Decr	用给定数字减少键值	decr mykey 5
delete	删除存在键值	delete mykey
flush_all	特定项目立即失效	flush_all
	所有项目 900 秒后失效	flush_all 900
stats	输出总统计	stats
	输出内存统计	stats slabs
	输出内存统计	stats malloc
	输出更高级别的分配统计	stats items
		stats detail
		stats sizes
	重置统计	stats reset
version	输出服务器版本	version
verbosity	增加日志级别	verbosity
quit	终止 Telnet 会话	quit

这里 get、set、add 等数据操作相关命令的格式类似，下面以 set 命令格式为例进行说明。set 命令基本格式如下：

```
set <key>  <flag>  <expires>  <byte>
```

这里 key 是键；flag 用于指定是否压缩数据，0 不压缩，1 压缩；expires 是指定数据过期的期限，单位是秒，如果是 0 表示有效期无限；byte 表示保存值的字节数。

Memcached 本身是使用 C 语言开发的，客户端可以是 PHP、Perl、Java 等语言。下面以比较常用的 Java 客户端 java_memcached-release_2.5.0 为例说明数据操作，并比较 Memcached 和 MySQL 访问的性能。

可到 https://github.com/gwhalin/Memcached-Java-Client/downloads 网址下载最新的客户端 java_memcached-release_2.5.0 包，解压后将所有 lib 添加到所建的 Java 工程中，因为要比较 Memcached 和 MySQL 的性能，所以将 MySQL 驱动包也加入进去，如图 7-7 所示。

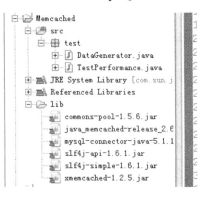

图 7-7　lib 添加到 Java 工程示例

编写程序实现向 MySQL 数据库表中插入 500 条数据，核心代码如下：

```java
public class DataGenerator {
    public static void main(String[] args) throws Exception {
        Class.forName("com.mysql.jdbc.Driver");
        Connection conn = DriverManager.getConnection("jdbc:mysql://192.168.90.244:3306/test",
            "root", "273091");
        String sql = "select count(*) from test_memcached";
        Statement stat = conn.createStatement();
        stat.executeUpdate("truncate table test_memcached");
        System.out.println("truncated table test_memcached... ");
        ResultSet rs = stat.executeQuery(sql);
        for (int i = 101; i <= 600; i++) {
            stat.addBatch("insert into test_memcached values("+i+","+i+")");
        }
        int[] rows = stat.executeBatch();
        System.out.println("inserted " + rows.length + " rows... ");
    }
}
```

编写程序实现向 Memcached 中插入 500 条数据，核心代码如下：

```
MemcachedClientBuilder builder = new
XMemcachedClientBuilder(AddrUtil.getAddresses("192.168.132.128:11211"));
MemcachedClient memcachedClient = builder.build();
for (int i = 101; i <= 600; i++) {
    memcachedClient.delete("id" + i);
}
System.out.println("purge memcached... ");
for (int i = 101; i <= 600; i++) {
    memcachedClient.set("id" + i, 0, "value" + i);
}
System.out.println("set 500 entries into memcached... ");
memcachedClient.shutdown();
```

然后从 MySQL 和 Memcached 中分别读取 500 条数据，比较效率，核心代码如下：

```
public class TestPerformance {
    public static void main(String[] args) throws Exception {
        // MySQL 读取数据查询代码
        Class.forName("com.mysql.jdbc.Driver");
        Connection conn =
                DriverManager.getConnection("jdbc:mysql://192.168.90.244:3306/test", "root",
                "273091");
        Statement stat = conn.createStatement();
        ResultSet rs = null;
        long start1 = System.currentTimeMillis();
        for (int i = 101; i <= 600; i++) {
            String sql = "select * from test_memcached where id = 'id" + i + "'";
            rs = stat.executeQuery(sql);
            while (rs.next()) {
                String id = rs.getString(1);
                String value = rs.getString(2);
System.out.println("From mysql, id = " + id + ", value = " + value);
            }
}
        long end1 = System.currentTimeMillis();
        system.out.println("From mysql query 500 rows, Cost time:" + (end1 - start1)+ "ms");
        //Memcached 读取数据查询代码
MemcachedClientBuilder builder = new
XMemcachedClientBuilder(AddrUtil.getAddresses("192.168.132.128:11211"));
        MemcachedClient memcachedClient = builder.build();
        long start2 = System.currentTimeMillis();
        for (int i = 101; i <=600; i++) {
            String value = memcachedClient.get("id" + i);
        }
        long end2 = System.currentTimeMillis();
```

```
        System.out.println("From memcached query 500 rows, Cost time:" + (end2 - start2) + "ms");
    }
}
```

运行程序，出现如图 7-8 所示的结果，表明已成功。由图中的数据可知 Memcached 比 MySQL 速度要快。

```
From mysql query 500 rows, Cost time:260ms
10 [main] WARN net.rubyeye.xmemcached.XMemcachedClient - XMemcachedClient use Text protocol
40 [main] INFO com.google.code.yanf4j.nio.impl.SelectorManager - Creating 8 rectors...
60 [main] WARN com.google.code.yanf4j.core.impl.AbstractController - The Controller started at localhost/127.0.0.1:0 ...
70 [Xmemcached-Reactor-0] WARN com.google.code.yanf4j.core.impl.AbstractController - add session: /192.168.132.128:11211
From memcached query 500 rows, Cost time:190ms
270 [main] WARN com.google.code.yanf4j.core.impl.AbstractController - remove session /192.168.132.128:11211
270 [main] INFO com.google.code.yanf4j.core.impl.AbstractController - Controller has been stopped.
```

图 7-8　Memcached 和 MySQL 运行性能比较

在运行程序时可能会出现以下错误：

```
com.schooner.MemCached.SchoonerSockIOPool Thu Nov 12 09:37:05 CST 2015 - ++++ failed to get SockIO obj for
com.schooner.MemCached.SchoonerSockIOPool Thu Nov 12 09:37:05 CST 2015 - ++++ failed to create connection
com.schooner.MemCached.SchoonerSockIOPool Thu Nov 12 09:37:26 CST 2015 - ++++ failed to get SockIO obj for
setValue:testMemCached
```

原因是防火墙设置，使只有 22 端口能够访问。所以，进入 vi /etc/sysconfig/iptables 进行如下更改，开放 11211、11212 端口，然后重启 iptables。具体过程如下：

```
[root@NoSQL ~]# vi /etc/sysconfig/iptables
# Firewall configuration written by system-config-firewall
# Manual customization of this file is not recommended.
*filter
:INPUT ACCEPT [0:0]
:FORWARD ACCEPT [0:0]
:OUTPUT ACCEPT [0:0]
-A INPUT -m state --state ESTABLISHED,RELATED -j ACCEPT
-A INPUT -p icmp -j ACCEPT
-A INPUT -i lo -j ACCEPT
-A INPUT -m state --state NEW -m tcp -p tcp --dport 22 -j ACCEPT
-A INPUT -m state --state NEW -m tcp -p tcp --dport 11211 -j ACCEPT
-A INPUT -m state --state NEW -m tcp -p tcp --dport 11212 -j ACCEPT
-A INPUT -j REJECT --reject-with icmp-host-prohibited
-A FORWARD -j REJECT --reject-with icmp-host-prohibited
COMMIT
```

```
[root@NoSQL ~]# service iptables restart
iptables: Flushing firewall rules:                         [  OK  ]
iptables: Setting chains to policy ACCEPT: filter          [  OK  ]
iptables: Unloading modules:                               [  OK  ]
iptables: Applying firewall rules:                         [  OK  ]
```

7.3.5 Memcached 分布式技术

Memcached 是一种无阻塞的 Socket 通信方式服务，基于 libevent 库，由于无阻塞通信，对内存读/写速度非常快。通常较小的应用，一台 Memcached 服务器就可以满足需求，但是大中型项目可能需要多台 Memcached 服务器，这就牵涉一个分布式部署的问题。Memcached 本身没有内置分布式功能，无法实现使用多台 Memcache 服务器来存储不同的数据，最大限度地使用相同的资源；各个 Memcached 不会互相通信以共享信息，无法同步数据，容易造成单点故障。那么，怎样进行分布式呢？这完全取决于客户端的实现。下面以 3 个节点的 Memcached 服务器为例介绍 Memcached 的分布式原理[25]。

　　假设 Memcached 服务器有 node1～node3 三台，应用程序要保存键名为"tokyo""kanagawa""chiba""saitama""gunma"的数据。3 个服务器节点的分布式结构如图 7-9 所示。

　　首先向 Memcached 中添加"tokyo"。将"tokyo"传给客户端程序库后，客户端实现的算法就会根据"键"来决定保存数据的 Memcached 服务器。 服务器选定后，即命令它保存"tokyo"及其值。具体过程如图 7-10 所示。

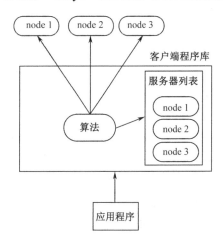

图 7-9　Memcached 三个服务器节点分布式结构

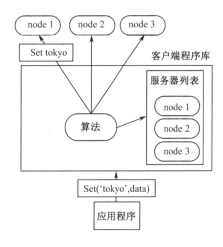

图 7-10　Memcached 添加键到服务器节点的过程

　　同样，"kanagawa""chiba""saitama""gunma"都是先选择服务器再保存。

　　接下来获取保存的数据。获取时要将要获取的键"tokyo"传递给函数库。函数库通过与数据保存时相同的算法，根据"键"选择服务器。使用的算法相同，就能选中与保存时相同的服务器，然后发送 get 命令。只要数据没有因为某些原因被删除，就能获得保存的值。具体过程如图 7-11 所示。

　　这样，将不同的键保存到不同的服务器上，就实现了 Memcached 的分布式。Memcached 服务器增多后，键就会分散，即使一台 Memcached 服务器发生故障无法连接，也不会影响其他的缓存，系统依然能继续运行。

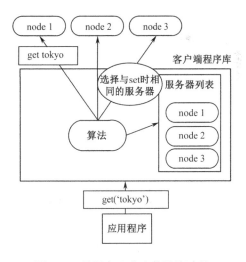

图 7-11　从服务器获取数据的过程

7.3.6　案例：论坛帖子信息缓存

　　通常，大型论坛中都有大量的帖子，如果用户访问帖子都直接从 MySQL 数据库读取的话，增加了系统 I/O 操作，导致系统缓慢，因此，大型论坛会借助 Memcached 对帖子信息进行缓存，用户访问的帖子内容可以全部放在一个对象中，使用一条 put 请求就可以把某帖子信息存放到缓存，而且只需要一条 get 请求就能取得该帖子对应所有信息[29]。

下面模拟一下用户看帖、发帖的具体过程。假设用户要想看"大数据未来"的帖子，首先从 Memcached 中查找是否存在，如果存在，使用 get 命令，从 Memcached 缓存中提取该帖子信息，返回给用户，完成了看帖过程。但是，如果该帖子没有被缓存在 Memcached 中，则需要从 MySQL 数据库表中读取该帖子信息，返回给用户，同时使用 set 命令，把该帖子信息缓存到 Memcached 中，第二次访问的时候，直接从 Memcached 中读取即可，提高了帖子访问的速度。

用户发帖的过程如下：用户登录后输入帖子主题、内容等基本信息，发送后，该帖子信息会通过 Insert 语句保存到 MySQL 对应的表中，同时会执行一个 set 命令，把该帖子缓存到 Memcached 中，方便用户查看阅读该帖子，减轻 MySQL 数据库的负荷。基本过程如图 7-12 所示。

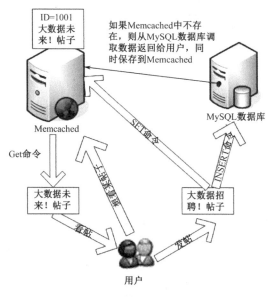

图 7-12　论坛发帖、读帖过程

7.4　典型应用及局限

键值数据库其实类似与关系数据库中的一个简单的二维表，由两列组成，可以称为 ID 和 NAME，就是键和值，主要用于所有数据访问都通过 ID 来操作的情况，但是与传统关系表不同的是，NAME 中存储的信息可以不是单一的信息，其实只是数据库存储的一块数据，它并不关心也无须知道其中的内容，由客户端应用程序负责理解所存数据的含义。由于对键值数据库查询时候都是以关键字查询的，所以，键值数据库非常适合保存会话信息（用会话 ID 作为键）、购物车数据、用户配置信息等。下面举例说明键值数据库的典型应用[2]。

7.4.1　典型应用

1．存放会话信息

对于大型网站系统，每个用户每次访问都对应一个唯一的会话，分配的会话 ID 都是唯一的，如果应用程序需要把会话信息保存到磁盘上或者关系数据库表中，效率会很低，如果借助于键值数据库中的 Memcached 数据库，可以把与会话相关的所有信息放在一个对象中，全部会话内容可以用一条 put 请求来存放，只需要一条 get 语句就可以获取到会话信息，从而把操作过程变为"单请求操作"，效率会高很多。

2．用户信息缓存

通常来说，大型网站中都有大量的用户，每位用户都有 userid、username 和其他相关属性，而且用户的配置信息也各自独立，诸如语言、时区、访问历史等。这些内容可以全部放在一个对象中，使用一条 put 请求就可以把某个用户的全部配置信息存放到缓存，而且只需要一条 get 请求就能取得该用户的所有配置信息。

下面以 Memcached 缓存 MySQL 数据库读取的用户数据为例说明用户信息缓存的例子，并结合 Java 代码进行简单实现。

这里假设用户的基本信息保存在 MySQL 数据库表 users 中，当用户 A 读取自己的数据进行登录等操作时，处理流程如下：

（1）确认 Memcached 是否有该用户数据。

（2）如果数据在 Memcached 中缓存，则从中取出该数据。

（3）如果数据在 Memcached 中没有缓存，则从 MySQL 数据库的 users 表中读取数据，同时把数据缓存到 Memcached 中，下次就可以直接从 Memcached 中读取数据，减轻 MySQL 数据库的负荷。具体处理过程如图 7-13 所示。

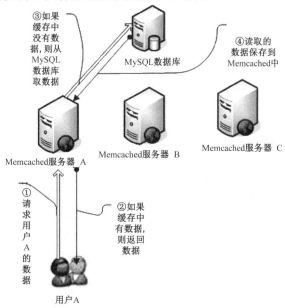

图 7-13　用户信息缓存过程

在 Java 中简单模拟该例子，代码如下：

```java
public class Num {
    public String id;
    public String value;
    public String getId() {
        return id;
    }
    public void setId(String id) {
        this.id = id;
    }
    public String getValue() {
        return value;
    }
    public void setValue(String value) {
        this.value = value;
    }
}
public class MySQL_Memc {
    public static void main(String[] args) throws Exception {
        // 从 memcached 中读取用户信息
        Scanner sc = new Scanner(System.in);
        System.out.println("您输入您要查询的关键字");
        String id = sc.nextLine();
        MemcachedClientBuilder builder = new XMemcachedClientBuilder(
        AddrUtil.getAddresses("192.168.132.128:11211"));
        MemcachedClient memcachedClient = builder.build();
        Num num = new Num();
        String value = memcachedClient.get(id);
        num.setId(id);
        num.setValue(value);
        System.out.println("the value is " + num.getValue());
        if (num.getValue() == null || num.getValue().equals("")) {
            Class.forName("com.mysql.jdbc.Driver");
            Connection conn = DriverManager.getConnection(
            "jdbc:mysql://192.168.90.244:3306/test", "root", "273091");
            Statement stat = conn.createStatement();
            ResultSet rs = null;
            String sql = "select * from test_memcached where id = " + id;
            memcachedClient1.set(num1.getId(), 0, num1.getValue());
        }
    }
}
```

7.4.2　键值数据库局限

由于键值数据库的特点，决定了在某些场合下并不是最佳方案。具体的不适合键值数据库应用的场合主要有复杂数据关系、关键字组合操作、包含多项操作的事务和查询特定数据等。下面分别简单描述。

1．复杂数据关系

如果要建立不同数据集合之间的关系，或者需要对关键字集合进行联系，即便键值数据库提供了"链接遍历"等功能，对访问性能的提高也大打折扣，这时候键值数据库就不是最佳选择了。

2．关键字组合操作

键值数据库一次只能对一个键进行操作，所以，无法同时操作多个关键字。如果需要操作多个关键字，需要在客户端使用循环进行相应的处理，不能直接借助于键值数据库实现。

3．包含多项操作的事务

如果在操作多个键值对的时候，需要实现一个关键字出现问题，其他操作也要回滚或复原，这时键值数据库就不是最好的解决方案了，因为键值数据库对事务的支持非常有限。

4．查询特定数据

如果查询数据时不是根据键值查询，而是根据键值对的某部分值来查找关键字，由于键值数据库没办法直接查找键值对中的具体值，那么键值数据库就不是最理想的选择了。

习题

1．什么是 NoSQL 数据库？它和传统的关系数据库有什么不同？
2．什么是键值存储？目前流行的键值数据库有哪些？
3．键值数据库的特点有哪些？适合应用在哪些场合？
4．Redis 为什么又被称做数据结构服务器？主要支持哪些数据类型？
5．Redis 为什么要实现虚拟内存子系统？它有什么优点？
6．请写出 Redis 数据库中 Key 命名基本规则。
7．Redis 实现 sorted set 的原理是什么？它的效率如何？
8．简述 Redis 中 set 和 hash 两种数据类型的异同。
9．Memcached 的主要特点是什么？
10．Memcached 是如何实现数据缓存提高访问速度的？
11．Memcached 常用的数据操作命令有哪些？命令格式是什么？
12．键值数据库的局限性有哪些？

参考文献

[1] http://dba.stackexchange.com/questions/607/what-is-a-key-value-store-database.

[2] Pramod J，Sadalage，Martin Fowler. NoSQL 精粹[M]. 爱飞翔，译. 北京：机械工业出版社，2013.

[3] Shashank Tiwari. 深入 NoSQL[M]. 巨成，译. 北京：人民邮电出版社，2012.

[4] 罗勇. NoSQL 数据库入门[M]. 北京：人民邮电出版社，2011.

[5] https://en.wikipedia.org/wiki/NoSQL.

[6] Jing Han, Haihong E, Guan Le, Jian Du. Survey on NoSQL database[C]. In Proc. of The 6th International Conference on Pervasive Computing and Applications (ICPCA), 2011, On page(s): 363- 366.

[7] I Gorton, J Klein. Deployment: Software Architecture Convergence in Big Data Systems[J]. Software, IEEE, 2015, 32(3): 78-85.

[8] 陆嘉恒. 大数据挑战与 NoSQL 数据库技术[M]. 北京：电子工业出版社，2013.

[9] Yishan Li, Manoharan, S.A performance comparison of SQL and NoSQL databases, Communications, Computers and Signal Processing (PACRIM), 2013 IEEE Pacific Rim Conference on, On page(s): 15-19.

[10] Tiago Macedo, Fred Oliveira. Redis Cookbook[M]. Published by O'Reilly Media, Inc. 2014.

[11] 谢毅，高宏伟，范朝冬. NoSQL 非关系型数据库综述[J]. 先进技术研究通报，2010，4(8)：46-50.

[12] https://en.wikipedia.org/wiki/Riak.

[13] http://redis.io/topics/partitioning.

[14] http://redis.io/topics/introduction.

[15] http://redis.io/topics/internals-vm.

[16] http://oldblog.antirez.com/post/redis-virtual-memory-story.html.

[17] http://redis.io/topics/data-types-intro.

[18] http://my.oschina.net/u/917596/blog/ 161077.

[19] http://redis.io/topics/internals-rediseventlib.

[20] https://groups.google.com/forum/#!topic/redis-db/tSgU6e8VuNA.

[21] http://redis.io/topics/sentinel#redis-sentinel-documentation.

[22] http://redis.io/topics/cluster-spec.

[23] http://redis.io/download.

[24] http://redis.io/commands.

[25] http://blog.sina.com.cn/s/blog_493a845501013ei0.html.

[26] http://ronxin999.blog. 163.com/blog/static/4221792020121753522686.

[27] http://yidao620c.iteye.com/blog/1899814.

[28] http://www.itpub.net/thread-1778530-1-1.html.

[29] http://acooly.iteye.com/blog/1120819.

第8章　流式数据库

在大数据环境下，流式数据库处理流式数据的存储和计算，其处理模型不同于批量计算，采用的是流式计算。大数据处理中，不仅需要侧重准确性和全面性的批量计算模型，而且需要实时性要求高但数据精确度较宽松的流式计算模型。批量计算模型下数据往往需要先存储，而流式计算模型因数据的实时性和无限性等特点，无法存储全部数据，其计算一般在内存中进行。目前生产环境中已经涌现出一批能适应流式数据特点的流式计算平台，如 Yahoo 的 S4、Twitter 的 Storm 等。这些平台在流式计算的关键技术如计算拓扑、消息传递、高可用性等方面各有特点。本章首先阐述了流式计算模型的基本概念和关键技术，然后重点分析了当前两种重要的计算平台：Storm 和 Spark Streaming。

8.1　流式计算模型

在大数据时代，越来越多的应用强调低延迟特性，传统的批量计算已经无法满足这种需求。实时计算的需求驱动着流式计算的迅速发展，业界已出现多种流式计算平台。本节在介绍流式计算基本概念的基础上，阐述了其数据特点和几种典型的应用场景，并简单介绍了几种典型的流式计算平台。

8.1.1　流式计算概念

1. 为什么需要流式计算

技术往往是由需求驱动的，实时性是流式计算最主要的驱动因素。大数据处理技术起源于互联网公司，而实时计算在互联网公司占有举足轻重的地位，尤其是在线和近线的海量数据处理[1]。在线系统负责处理在线请求，低延时和高可靠是其核心指标之一。近线系统处理的是线上产生的数据，如在线系统产生的日志、记录用户行为的数据库等。虽然近线系统一般主要是供内部用户使用，不直接服务于互联网用户，但往往也需要低延时和高可靠地处理海量数据。

一个典型的应用是商用搜索引擎[2]，如 Google、Bing 和 Yahoo!等，通常在用户查询响应中提供结构化的 Web 结果，同时也插入基于流量点击付费模式的文本广告。为了在页面上最佳位置展现最相关的广告，通过一些算法来动态估算给定上下文中一个广告被点击的可能性。上下文可能包括用户偏好、地理位置、历史查询、历史点击等信息。一个主搜索引擎可能每秒钟处理成千上万次查询，每个页面都可能会包含多个广告。为了及时处理用户反馈，就需要一个低延迟、可扩展、高可靠的处理引擎。

大数据的迅猛发展也促进了除互联网公司外的其他行业用户对实时计算的爆炸式需

求，例如，金融系统中关于证券交易诈骗、程序交易，需要实时跟踪发现；又如，智能交通系统中，需要通过传感器实时感知车辆、道路的状态，并分析和预测一定范围、一段时间内的道路流量情况，以便有效地进行分流、调度和指挥。对于这些应用，如何满足其海量数据环境下的实时计算呢？流式计算的出现为解决这类实时性要求高的问题提供了一整套解决方案。

2. 什么是流式计算

流式计算的基本理念是数据的价值会随着时间的流逝而不断减少[3]，因此，流式计算总是尽可能快速地分析最新的数据，并给出分析结果，也就是尽可能实现实时计算。流式计算的处理模式是将源源不断的数据视为数据流。如图 8-1 所示是流式计算的基本的数据流模型。

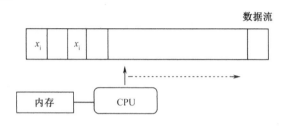

图 8-1　流式计算数据流模型

数据的实时计算是一个很有挑战性的工作，数据流本身具有持续达到、速度快且规模巨大等特点，因此通常不会对所有的数据进行永久化存储，而且数据环境处在不断变化之中，系统很难准确掌握整个数据的全貌。由于响应时间的要求，流式计算的过程基本在内存中完成，内存容量是流式计算的一个主要瓶颈。

3. 流式计算和批量计算

大数据的计算模式可以分为批量计算（Batch Computing）和流式计算（Stream Computing）两种形态[4]，批量计算是比流式计算更普遍的计算模式。批量计算首先进行数据的存储，然后再对存储的静态数据进行集中计算，如图 8-2 所示。Hadoop 是典型的大数据批量计算架构，由 HDFS 分布式文件系统负责静态数据的存储，并通过 MapReduce 将计算逻辑分配到各数据节点进行数据计算和价值发现。

如前所述，流式计算中，无法确定数据的到来时刻和到来顺序，也无法将全部数据存储起来。因此，不再进行流式数据的存储，而是当流动的数据到来后在内存中直接进行数据的实时计算。数据流在任务拓扑中被计算，并输出有价值的信息。

流式计算和批量计算分别适用于不同的大数据应用：批量计算适合于那种对实时性要求不高，可以先存储后计算的场景，在批量计算中，数据的准确性、全面性一般要求较高；而流式计算更适合于那种实时性要求很严格，数据无须先存储，可以直接进行数据计算的场

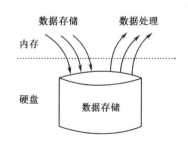

图 8-2　批量计算数据模型

景，在流式计算中，对数据的精确度要求往往较宽松。流式计算和批量计算具有明显的优劣互补特征，在多种应用场合下可以将两者结合起来使用。也就是可以通过组合流式计算和批量计算，使系统兼具实时性和计算精度高的特点，满足在不同阶段的数据计算要求。

8.1.2　流式计算数据特点

与大数据批量计算不同，流式计算中的数据流主要有如下 5 个特征：

1．实时性

实时性是流式大数据的首要特点，流式计算就是从数据流中实时提取数据中的有价值信息，保证反馈结果具有实时性。为了保证流式数据的实时性，流式计算往往在内存中完成计算，很少有数据长期保存在硬盘中。流式系统要求有足够的低延迟计算能力，这样可以快速地进行数据计算，保证反馈结果的实时性，保证数据价值在有效的时间内到充分体现。

2．无序性

流式大数据的元组通常带有时间标签或其他含序属性，因此，同一流式数据往往是被按序处理的。然而，数据的到达顺序是不可预知的，由于时间和环境的动态变化，无法保证重放数据流与之前数据流中数据元素顺序的一致性。这就导致了数据的物理顺序与逻辑顺序不一致。而且，数据源不受接收系统的控制，数据的产生是实时的、不可预知的。此外，数据的流速往往有较大的波动，因此，需要系统具有很好的可伸缩性，能够动态适应不确定流入的数据流，具有很强的系统计算能力和大数据流量动态匹配的能力。

3．异构性

流式数据流中的数据格式可以是结构化的，也可以是半结构化的，甚至是无结构化的。数据流中不仅包含有价值信息，而且往往含有错误元素、垃圾信息等。因此，流式计算的处理系统要求有很好的容错性与异构数据分析能力，能够完成数据的动态清洗、不同数据的格式处理等。

4．活动性

流式大数据是活动的（用完即弃），总数据量随着时间的推移不断增长，这与传统的数据处理模型（先存储后查询）不同，这就要求系统能够根据局部数据进行计算，保存数据流的动态属性。流式计算系统针对该特性，应当提供动态的流式查询接口，如 SQL 查询，实时地返回当前结果。

5．无限性

在大数据流式计算中，数据是源源不断地流着的，只要数据源处于活动状态中，数据就会一直产生和持续增加。也就是说，数据是无限量的。我们无法保存流式计算的全部数据，因为没有无限大的存储空间来支持；同时，我们也没有支撑软件来有效地管理无限量的数据。因此，流式计算的数据一般不存储，只计算中间结果。

8.1.3 流式计算典型应用

大数据流式计算的应用场景较多，已经渗透到互联网、物联网，并且在诸多领域有广泛的应用。这里列举几个典型的应用：

1．实时个性化推荐系统

传统的个性化推荐系统，都是定期对数据进行分析，然后对推荐模型进行更新，进而利用新的模型进行个性化推荐。由于是定期更新模型的，推荐模型无法保持实时性，推荐的结果精准性不高。而实时个性化推荐系统可以通过流式计算来实时分析用户产生的数据，更准确地为用户推荐，与此同时，还可以根据实时推荐结果进行反馈，改进推荐模型，提升系统性能。实现实时个性化推荐系统的关键技术之一就是流式计算。

实时个性化推荐系统应用非常广泛，除了我们熟悉的电子商务领域，还包括新闻个性化推荐、音乐个性化推荐等。

2．商业智能

现代企业内部存在各种各样的数据，库存数据、销售数据、交易数据、客户数据、移动端数据等，企业业务人员往往希望高效管理大量数据，得到正确而完整的信息，以及面对问题实时获取答案，传统的数据库面对这些问题将陷入僵局，很难解决数据量和速度的问题，流式计算是解决这些问题的很好方式。通过流式计算可以实时掌握企业内部各系统的实时数据，实现对全局状态的监控和优化，并提供商业决策支持。商业智能的应用在银行、电信公司、证券公司等交易密集型企业尤其广泛。

3．实时监控

监控应用一般和物联网关联，各类传感器实时地、高速地传递监控数据。通过流式计算可实时地分析、挖掘和展示监控数据。例如，交通监控中，每个城市的交通监管部门每天都要产生海量的视频数据，这些视频数据以流的形式源源不断地输入系统中。又如，在自动化运维过程中，流式系统对于日志进行实时处理，并产生预警。

值得注意的是，以上几个典型应用对于流式计算的应用来说仍是冰山一角，随着大数据对各领域和行业的深入渗透，流式计算的应用也如雨后春笋般涌现。

8.1.4 典型流式计算平台

早期的流式计算产品有 IBM 的 StreamBase，StreamBase 是 IBM 开发的一款商业流式计算系统，在金融行业和政府部门使用；还有 Borealis，它是 Brandeis University、Brown University 和 MIT 合作开发的一个分布式流式计算系统，由之前的流式系统 Aurora、Medusa 演化而来，是一个用于学术研究的产品，2008 年已经停止维护。目前流行的流式计算平台主要包括：

1．Yahoo 的 S4

S4 是一个通用的、分布式的、可扩展的、分区容错的、可插拔的流式系统，Yahoo 开发 S4 系统，主要是为了解决搜索广告的展现、处理用户的点击反馈。最新版本是 S4

0.6.0，使用的协议为 Apache License 2.0，编程语言为 Java。其特点主要如下：Actor 计算模型；对等集群架构；可插拔体系架构；支持部分容错；支持面向对象等。

2．Twitter 实时计算

（1）Twitter 的 Storm：Storm 是一个分布式的、容错的实时计算系统，可用于处理消息和更新数据库（流处理），在数据流上进行持续查询，并以流的形式返回结果到客户端（持续计算）。其主要特点如下：简单的编程模型；支持各种编程语言；支持容错；支持水平扩展；可靠高效的消息处理。Storm 最新版本是 0.10.0。

（2）Twitter 的 Rainbird：Rainbird 是一款分布式实时统计系统，Rainbird 可以用于实时数据的统计，即统计网站中每一个页面，域名的点击次数；内部系统的运行监控（统计被监控服务器的运行状态）；记录最大值和最小值。

3．Facebook 的 Puma

Facebook 使用 Puma 和 Hbase 相结合来处理实时数据，另外，Facebook 发表一篇利用 HBase/Hadoop 进行实时数据处理的论文（Apache Hadoop Goes Realtime at Facebook），通过一些实时性改造，让批处理计算平台也具备实时计算的能力。

4．淘宝的银河流数据处理平台

银河流数据处理平台是通用的流数据实时计算系统，以实时数据产出的低延迟、高吞吐和复用性为初衷和目标，采用 actor 模型构建分布式流数据计算框架（底层基于 Akka），功能易扩展、部分容错、数据和状态可监控。银河具有处理实时流数据（如 TimeTunnel 收集的实时数据）和静态数据（如本地文件、HDFS 文件）的能力，能够提供灵活的实时数据输出，并提供自定义的数据输出接口以便扩展实时计算能力。银河目前主要是为魔方提供实时的交易、浏览和搜索日志等数据的实时计算和分析。

5．Kafka

Kafka 消息系统的架构是由发布者（Producer）、代理（Broker）和订阅者（Consumer）共同构成的显式分布式架构，分别位于不同的节点上。各部分构成一个完整的逻辑组，并对外界提供服务，各部分间通过消息（Message）进行数据传输。其中，发布者可以向一个主题（Topic）推送（Push）相关消息，订阅者以组为单位，可以关注并拉取（Pull）自己感兴趣的消息，通过 Zookeeper 实现对订阅者和代理的全局状态信息的管理，以及负载均衡的实现。

6．Microsoft 的 TimeStream

TimeStream 是 Microsoft 在 StreamInsight 的基础上开发的一款分布式的、低延迟的、实时的大数据流式计算系统，通过弹性替代机制，可以自适应因故障恢复和动态配置所导致的系统负载均衡的变化，使用 C#和.NET 来编写。

TimeStream 的开发是基于大数据流式计算以下两点来考虑的：①连续到达的流式大数据已经远远超出了单台物理机器的计算能力，分布式的计算架构成为必然的选择；②新产生的流式大数据必须在极短的时间延迟内，经过相关任务拓扑进行计算后，产生出能够反映该输入数据特征的计算结果。

7．Spark Streaming

Apache Spark 是一个类似于 MapReduce 的分布式计算框架，其核心是弹性分布式数据集，提供了比 MapReduce 更丰富的模型，可以快速在内存中对数据集进行多次迭代，以支持复杂的数据挖掘算法和图形计算算法。Spark Streaming 是一种构建在 Spark 上的实时计算框架，它扩展了 Spark 处理大规模流式数据的能力。Spark Streaming 的优势在于：能运行在 100+的节点上，并达到秒级延迟；使用基于内存的 Spark 作为执行引擎，具有高效和容错的特性；能集成 Spark 的批处理和交互查询；为实现复杂的算法提供和批处理类似的简单接口。Spark Streaming 最新版本是 1.5.2。

8．Samza

Samza 是 LinkedIn 公司内部使用的分布式流处理平台，于 2013 年开源。该平台主要有两大特点：①数据传输依赖于 LinkedIn 公司的另一开源项目——Kafka 分布式消息队列；②原生支持与 YARN 协作，在后者的支持下可以与其他（非同类）系统共享计算节点，同时还可依靠 YARN 完成集群控制和故障恢复等工作。

后面还将重点介绍两种流式计算平台：Storm 和 Spark Streaming。

8.2　流式计算关键技术

针对具有实时性、活动性、无限性等特征的流式大数据，理想的大数据流式计算系统应该表现出低延迟、高吞吐、持续稳定运行和弹性可伸缩等特性，这其中离不开计算拓扑、消息传递、高可用技术等关键技术的合理规划和良好设计。

8.2.1　计算拓扑

当前分布式流式计算的执行方式一般分三个步骤：

（1）接收流数据。流数据（如日志、系统遥测数据、物联网数据等）流入流式计算集群，数据源可以是其他数据摄取系统，如 Apache Kafka、Amazon Kinesis、Flume 等。

（2）流数据处理。集群对流数据并行处理，这是流式计算引擎的关键所在，将在后面的小节部分进行更细致的讨论。

（3）结果输出。集群将结果存放或输出至下游系统（如 HBase、Cassandra、Kafka 等）。

在集群上，流式计算包含两层含义：

（1）有一系列的工作节点，每个节点执行一个或多个操作。

（2）每个操作一次处理一条或多条流式数据的记录，并且将记录传输给别的节点进行后续操作。

流式计算的工作节点之间的关系构成了它的计算拓扑。计算拓扑包含静态拓扑和动态拓扑两种状态。静态计算拓扑指的是集群中所有工作节点的分布状况和它们之间的关系，动态计算拓扑指的是接受计算任务的情况下，承担任务的节点的组织方式，它是流式计算的执行模型。

1. 静态计算拓扑

当前大数据流式计算的静态拓扑主要有两种，一种是无中心节点的对称式拓扑（如 S4、Puma 等系统），另一种是有中心节点的主从式拓扑（如 Storm 系统）。

（1）对称式拓扑。如图 8-3（a）所示，系统中各个节点的功能是相同的，具有良好的可伸缩性；但由于不存在中心节点，在资源调度、系统容错、负载均衡等方面需要通过分布式协议实现。例如，S4 通过 Zookeeper 实现系统容错、负载均衡等功能。

（2）主从式拓扑。如图 8-3（b）所示，系统存在一个主节点和多个从节点，主节点负责系统资源的管理和任务的协调，并完成系统容错、负载均衡等方面的工作；从节点负责接收来自主节点的任务，并在计算完成后进行反馈。各个从节点间没有数据往来，整个系统的运行完全依赖于主节点控制。

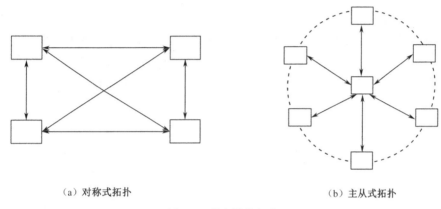

（a）对称式拓扑　　　　　　　　　（b）主从式拓扑

图 8-3　静态计算拓扑

2. 动态计算拓扑

计算任务提交到流式计算平台后，由集群中的若干节点分阶段合力完成。这些节点及数据的流向构成了一个有向无环图（DAG），如图 8-4 所示。

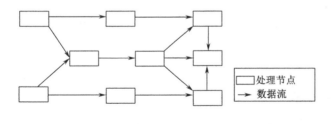

图 8-4　动态计算拓扑

每个流式计算平台，其动态计算拓扑往往具备自身的特点和特色，以 S4[5,6]为例来介绍流式计算的拓扑。

S4 将一个数据流抽象为由（K,A）形式的元素组成的序列，这里 K 和 A 分别是键和属性。在这种抽象的基础上 S4 设计了能够消费和发出这些（K,A）元素的组件，也就是 PE（Process Element）。PE 在 S4 中是最小的数据处理单元，每个 PE 实例只消费事件类型，属性 key 和属性 value 都匹配的事件，并最终输出结果或者输出新的（K,A）元素。

图 8-5（a）所示为 S4 中一个典型的动态计算拓扑，节点表示 PE，有向边表示一个（K,A）元素及其流向。初始化流发出初始（K1,A1）事件，由 PE1 接受并处理，当 PE1 完成处理后，它发出新的（K,A）事件，并经过多个 PE 处理和（K,A）事件后转换得到最终结果。

S4 的静态拓扑是对称式的，处理节点的结构如图 8-5（b）所示。每个 PE 唯一处理一种事件，并且 PE 间独立，PE 间有事件传递的依赖性，S4 中使用 PEC（Processing Element Container）将多个 PE 包含到同一个容器中，PEC 接收源事件，并最终发送结果事件。PEC 加上通信处理模块就形成了 PE 的处理节点 PN（Processing Node）。S4 通过一个 Hash 函数，将事件路由到目标 PN 上，这个 hash 函数作用于事件的所有已知属性值上（需要配置），所以，一个事件可能被路由到多个 PN 上。然后 PN 中的事件监听器会将到来的事件传递给 PEC，PEC 以适当的顺序调用适当的 PE（每个 PE 都会被映射到一个确定的 PN 上，即图中的 PE 并不是物理存在一个 PN 相关，而是逻辑相关）。处理完成后，PN 可能发出输出事件，也可以向通信层请求协助向指定逻辑节点发送消息。通信层还使用一个插件式的架构来选择网络协议，使用 ZooKeeper 在 S4 集群节点之间协调一致性。

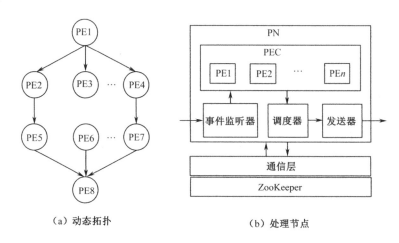

（a）动态拓扑　　　　　　　　　　　　　（b）处理节点

图 8-5　S4 的计算拓扑

8.2.2　消息传递

流式计算的执行模型中，集群中的节点和数据流向构成了有向无环图（DAG），DAG 中节点之间如何进行消息传递或者说数据如何流动，是流式计算平台设计重要部分。消息传递的关键技术包括分布式消息队列、消息传递策略等技术。

1. 分布式消息队列

消息队列（Message Queue，MQ）是操作系统的进程之间用于通信的一种机制，两个或多个进程间通过访问共同的消息队列完成消息的交换。在分布式环境下，分布式消息队列能在客户端和服务端提供同步和异步的连接，实现跨越物理机的应用程序之间的协同。

分布式消息队列是能使各参与者以发布/订阅的方式进行交互的中间件系统[7]，如图 8-6 所示。在该中间件系统中，信息的生产者和消费者之间所交互的信息被称为事件。生产者将事件发送给中间件；消费者则向中间件发出一个订阅条件，表示对系统中的哪些事件感兴趣，如果不再感兴趣，也可以取消订阅；中间件则保证将生产者发布的事件及时、可靠地传送给所有对之感兴趣的消费者。信息的生产者也称为发布者（Publisher），信息的消费者也称为订阅者（Subscriber），发布者和订阅者统称为客户端。匹配算法（Matcher）负责高效地找到与给定的事件相匹配的所有订阅条件，而路由算法（Router）则负责选择适当的路径，将一个事件从发布者传送到订阅者。

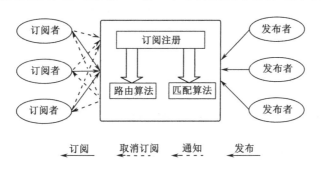

图 8-6 分布式消息队列模型

目前，常见的分布式消息队列系统有 RabbitMQ、ZeroMQ、Netty、Akka 等。流式计算的消息传递功能一般通过分布式消息队列实现，Storm 使用 ZeroMQ/Netty，而 Spark Streaming 则使用了 Akka 来实现节点之间的消息传递。

2. 消息传递策略

在大数据流式计算环境中，为了在 DAG 中高效、可靠地传送消息，需要采用正确的消息传递策略。消息传递的基本策略有两种，分别是拉取策略（pull 方式）和推送策略（push 方式），如图 8-7 所示。

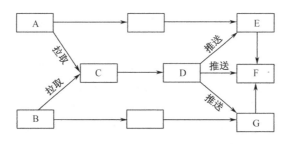

图 8-7 消息传递策略

（1）拉取策略。拉取策略指下游节点有目的地向上游节点查询信息，然后上游节点将信息传送到该下游节点。例如，图 8-7 中 C 节点向 A、B 节点拉取信息。拉取策略的主要优点是针对性强，能满足下游节点的个性化需求；信息传输量小，网络上所传输的信息只包含拉取请求和针对该请求所做的响应；上游节点任务轻，只是被动接受查询，提供下游节点所需的部分信息。其主要缺点是及时性差，当上游节点的信息内容发生变化时，下游节点难以及时拉取新的动态信息。

（2）推送策略。在上游节点产生或计算完数据后，将数据发送到相应的下游节点，其本质是让相关数据主动寻找下游的计算节点。例如，图 8-7 中的 D 节点向 E、F、G 推送信息。推送策略的主要优点是及时性好，上游节点可以及时地向下游节点"推送"不断更新的动态信息。推送策略的缺点如下：推送策略采用广播方式，没有信息跟踪，不能确保发送成功；推送的信息内容缺乏针对性，不能满足下游节点的个性化需求；推送节点要主动地、快速地、不断地将大量信息推送给下游节点，容易出现负载过重的现象。

大数据流式计算的实时性要求较高，数据需要得到及时处理，一般选择推送策略。但是，推送方式和拉取方式不是完全对立的，也可以将两者进行融合，从而在一定程度上实现更好的效果。

8.2.3 高可用性

高可用性（High Availability，HA）中的"可用"表示系统可以对外提供服务的一种状态，从用户角度看，如果在某个时间不能访问到系统则系统就被认为是不可用。可用性可使用系统处于可用状态的时间与运行总时间之比来描述。高可用性是一个模糊的概念[8]，含义是二者比值达到某一较高数值。流式计算平台的很多因素都可能对高可用造成影响，如存储设备的吞吐量、负载均衡、系统容错、故障恢复时间等。因此，为保障高可用性，需要设计好上述每一个具体技术，杜绝"高可用性短板"的产生。

1. 基本技术

流式计算中，要实现高可用，设计好系统容错、故障恢复等技术的具体实现，存在流回放、状态检查点、血缘跟踪、可加性等几种基本技术[9]。

1）流回放

在流式计算系统中，回放数据流的能力至关重要，因为这是确保流式数据被正确处理的唯一方式。当系统要修复、调整或重新部署时，显然需要在新版本的系统中回放全部或部分数据。在系运行过程中，系统的数据处理管道一般具备容错能力，但无论多么完善的容错也不足以确保数据处理万无一失。如果出现问题，可能需要在产生问题的数据上重新运行系统。即使系统总体上是容错的，流式计算系统也必须能够在发生错误时从数据源中重新读取特定消息。一种典型的流回放设计方案是，输入数据通过缓冲区从数据源流入一个流式管道，允许客户端在缓冲区中前后移动读取指针。

为了支持流回放，流式计算系统要考虑的关键问题包括：系统能够存储预定义周期内的原始数据；系统能够撤销一部分处理结果，回放对应的输入数据，产出新版本结果；系统能够快速倒回，回放数据，然后重新调整数据流进度。

2）状态检查点

状态检查点的概念类似关系数据库。流式计算系统中处理消息时，会经常更新节点的状态，当某个环节失败时，需要把节点状态恢复到之前，因此，系统需要持久化节点的计算状态或事务，以免节点失败时发生状态丢失。但是，存储容量往往是有限性的，而且系统恢复需要满足低延时特性，因此，持久化工作不能针对所有节点的所有时刻的事务。一种可行的方案是在流式系统中某一时刻设置状态检查点，记录该时刻正在执行的事务状态，当出现故障时，可以通过记录进行事务恢复。

需要指出的是，持久化状态更新需要消耗系统的存储和计算资源，会导致性能退化。所以，应该尽可能减少或者避免持久化中间计算结果。状态写入可以通过多种方式。一种最简单的方式是事务提交过程中，把内存中的状态复制到持久化存储设施，这种方式要消耗大量存储，因此，不适用于大规模状态保存。另一种方式是存储某种事务日志，如将原始状态转化为新状态的一系列操作日志。这种方式在灾难恢复时较困难，它需要从日志中重建状态。但在很多场景下，它都能提供更好的性能。

3）血缘跟踪

在流式系统中，每个输入事件产生一个由子事件节点（血缘）构成的有向图。有向图从子事件节点开始，流经若干处理节点，终点为产生处理结果的节点。为了保障数据处理可靠性，整个图都必须被成功处理，而且在失败的情况下能重启处理整个血缘处理过程。

血缘跟踪技术旨在保证整个处理过程的可靠执行。Storm 通过签名（校验和）的形式进行血缘跟踪，而 Spark Stream 通过将数据流分批处理，给每个批次指定 ID，系统随时都能根据 ID 获取相应批次进行处理的方式进行血缘跟踪。

4）可加性

计算结果的可加性允许将数据流分成若干批次，每个批次独立计算，从而若发生故障或错误，每个独立的批次可以充分计算，这样有助于进行血缘跟踪和降低状态维护的复杂度。这样，大范围的时间或者大容量的数据计算能够由很小的时间段或者小分区的计算结果组合而来。

然而，要实现可加性往往很困难。某些情况下可加性是很简单的，如简单计数的计算。某些情况下可以通过附加一些信息来实现可加性。例如，系统统计网店每小时平均购买价格，尽管每日平均购买价格不等于对 24 个小时平均购买价格再求平均，但是，如果系统还存储了每个小时的交易量，就能轻易算出每日平均购买价格。在很多情况下，实现可加性非常困难甚至不可能。比如，系统统计某个网站的独立访客数据。假设昨天和今天都有 100 个独立用户访问了网站，但这两天的独立访问用户之和可能是 100 到 200 的任何值。我们不得不维护用户 ID 列表，通过 ID 列表的交集和并集操作来实现可加性。然而，维护用户 ID 列表的处理复杂性几乎和处理原始数据相当。

2. 故障恢复

在大数据流式计算过程中，状态备份和故障恢复是实现高可用的重要一环。故障恢复是指当系统发生故障后，根据预先定义的策略进行数据的重放和恢复。按照实现策略，可以细分为被动备用、主动备用和上游备份这 3 种策略[4]。被动备用方式是指每个主节点定期地做状态检查点，并备份到它的备份节点。主动备用方式是指主节点会和备用节点同时接收上游数据，以并行方式对相同的数据流进行处理并同时将处理结果发往下游节点，下游节点需要按需对数据进行去重操作。这种方式下，主节点发生故障时，备用节点可以无缝接替其工作，起到容错目的。上游备份方式是指每个主节点记录它的输出数据到日志，当下游主节点发生故障时，备份节点可通过重放日志数据来从头重新构建丢失的状态。

针对上层应用需求，可将故障恢复划分为精确恢复（Precise Recovery）、回滚恢复（Rollback Recovery）和有损恢复（Gap Recovery）3 个级别。

（1）精确恢复。精确恢复是指系统恢复后的运行状态会和未发生故障前完全相同，唯一可能的影响是增加一些处理延迟。

（2）回滚恢复。回滚恢复是指系统保证中间数据和状态不会丢失，虽然系统运行过程可能发生改变，但运行结果不会受到影响。回滚恢复级别比精确恢复稍弱一些。

（3）有损恢复。有损恢复保证系统可以重新正确运行，但这种级别下可能会丢失部分中间数据或状态。有损恢复是 3 种恢复级别中最弱的。

8.2.4　语义保障

流式计算系统中需要对数据的处理过程从语义方面进行保障。通常按照每条记录及由它产生的新记录被系统中所有节点完全处理的次数将处理语义分为 4 类，即无保障、最多一次（at most once）、最少一次（at least once）及正好一次（exactly once）。其中无保障语义对处理无任何约束，其余 3 种处理语义如下。

1．最多一次

最多一次语义是指流式计算系统保障每条记录被完全处理一次或者不被完全处理。这种语义保障下，处理记录不会出现重复现象，但记录可能会丢失。最多一次语义对有些应用是不可忍受的，它适用于对数据处理完整性要求不高的场景，例如，通过微博内容预测话题趋势，丢失少量微博记录并不会对话题预测结果产生太大影响。以推送（Push）方式获取数据可以较容易实现最多一次的语义。

2．最少一次

最少一次语义是指系统保障每条记录一定会被完全处理，但可能出现重复处理现象。为实现该语义，通常需要系统对流入的数据进行持久化存储，或依赖于可重复获取数据的可靠数据源，当系统检测到处理失败或超时的情况时能够借助以上功能进行数据重发。这种做法最大的问题是存在冗余处理，效率也会相应降低。

3．正好一次

正好一次需要系统保障对每个记录完全处理且仅处理一次，它是所有语义中最严格的一种。这种方式往往需要记录处理状态，并将状态更新持久化到存储介质中。一个典型的例子是经典的 WordCount 问题，需要精确统计每条记录中的句子的单词频数并进行累加，重复或遗漏都将导致最终结果不准确。为保证该语义，流处理系统需要“记住”哪些数据已经被完全处理。这种语义保障最完善，但效率最低。

除上述 3 类语义保障之外，对于一些具备时间先后顺序的数据，系统除了提供正好一次语义外，还需要对一些存在持久化状态冲突操作的执行顺序提供一定保障。传统关系数据库中的"事务性"概念可以借鉴到分布式流式计算系统来帮助解决这一问题。其基本思路是将数据划分为批次，每批次数据所引发的操作和状态更新看做一次"事务"进行。

8.2.5　其他关键技术

流式计算中的关键技术除了前面几小节提到的之外，还有存储管理、负载控制、可伸缩性等。这些技术在不同的文章或书籍中均有不同的表述，它们之间也不是孤立的，往往是互相关联、互相影响、互相支撑的。

1．存储管理

流式计算系统中的存储管理是指对于元数据（Meta Data）、中间数据，以及全局或局部状态信息（State）的管理和维护[8]。在流式计算系统通常会把集群唯一的元数据交由可靠的文件系统或分布式协调工具如 ZooKeeper 来管理，但对于运行时的状态信息则缺少完美的解决方案。大多数流式计算系统的工作节点是各自管理维护本地内存中的状态，这对管理一些需要全局维护的数据和节点失效故障恢复带来了挑战。为了管理这些数据，Samza 平台提供本地状态持久化策略并支持远程备份；Storm 的 Trident 允许节点状态以增量方式存入远程数据库中；Tachyon 旨在提供一个基于内存的高可靠分布式文件系统。但这些方案都无法满足高速、可靠的全局存储需求。

2．负载控制

负载控制是指为使系统中各节点可以保持高效稳定运行，而采取的任务调度和分配策略。在流式计算系统中，同一类别的计算单元可能存在多个分布在不同节点上，而上游节点的输出数据将直接影响下游节点的任务强度，因此，负载控制除了以负载均衡的方式体现，还会涉及计算单元的并行度选择、数据划分及路由策略等。

3．可伸缩性

可伸缩性是分布式系统的设计目标之一。流式大数据具有无序性的特点，其数据流速或者数据量在不同的时期大相径庭，显然，可伸缩性在流式计算系统中尤为重要。当流式数据流速快，数据量大时，流式计算系统需要更多的资源以适应这个时期的计算能力；当流式数据流速慢，数据量小时，过多的系统配置显然是一种资源浪费，此时需要动态释放部分计算资源。流式系统动态调整资源的过程应保持对用户透明，同时保证整个系统的稳定性，最大限度地满足用户高效使用计算资源的需求。

8.3　Storm 平台

8.3.1　Storm 简介

Storm[9,10]最初由创业公司 BackType 的 Nathan Marz 于 2010 年年底开发，用于社交媒体数据的实时分析。作为全球访问量最多的社交网站之一，为了应对日益增长的流数据实时处理需求，Twitter 于 2011 年 7 月收购了 BackType，Nathan 也随即加盟 Twitter 继续负责 Storm 的开发，随后 Twitter 将 Storm 开源。2014 年 9 月，Storm 成为 Apache 的孵化项目，目前可以在其官方网站（http://storm.apache.org/）中了解更多信息。

Storm 是一个免费、开源的分布式实时计算系统，可以简单、高效和可靠地处理流数据，并支持多种编程语言，如 Clojure、Python 和 Java 等。Storm 框架可以方便地与数据库系统进行整合，从而开发出强大的实时计算系统。

为了处理实时数据，Twitter 采用了由实时系统和批处理系统组成的分层数据处理架构，如图 8-8 所示。在 Twitter 的分层数据处理框架中，批处理系统由 Hadoop 和 ElephantDB（专门用于从 Hadoop 中导出 key/value 数据的数据库系统）组成；实时流处理系统由 Storm 和 Cassandra（一种非关系型数据库）组成。在计算查询时，该系统会同时查询批处理视图和实时处理视图，并结合两个系统的查询结果得到最终结果。实时系统处理的结果最终会由批处理系统来修正，这种设计方式使得 Twitter 的数据处理系统与众不同。

图 8-8　Twitter 的分层数据处理框架

1. Storm 的特点

Storm 具有如下主要特点。

- 整合性：Storm 可以方便地与队列系统和数据库系统进行整合。
- 简单易用的 API：Storm 的 API 在使用上既简单又方便。
- 可扩展性：Storm 的并行特征使其既能以本地模式运行，也能以集群模式运行。
- 容错性：Storm 会管理工作进程与节点的故障，自动进行故障节点的重启，以及故障节点任务的重新分配。
- 快速部署：Storm 仅需要少量的安装和配置就可以快速进行部署和使用；另外，还有专门的工具（如 Chef、Puppet 等）帮助用户实现集群环境下 Storm 的自动化配置。
- 简单的编程模型：类似于 MapReduce 降低了并行批处理复杂性，Storm 降低了进行实时处理的复杂性。
- 可以使用各种编程语言：可以在 Storm 上使用各种编程语言。默认支持 Clojure、Java、Ruby 和 Python。要增加对其他语言的支持，只需实现一个简单的 Storm 通信协议即可。
- 可靠的消息处理：Storm 保证每个消息至少能得到一次完整处理。任务失败时，它会负责从消息源重新加载并执行消息及其相关任务。

- 消息的快速处理：通过使用 ZeroMQ 作为其底层消息队列，Storm 系统的设计保证了消息能得到快速的处理。
- 方便的开发与测试模式：Storm 有一个"本地模式"，可以在处理过程中完全模拟 Storm 集群，可以快速进行开发和单元测试。

2．哪些公司在使用 Storm

Storm 自 2011 年发布以来，凭借其优良的框架设计和开源特性，在流计算领域获得了广泛的认可，吸引了许多大型互联网公司的注意，图 8-9 所示为部分使用 Storm 框架的公司和项目。

图 8-9　部分使用 Storm 框架的公司和项目

淘宝和阿里巴巴的许多业务都需要实时流计算的支撑，如业务监控、广告推送、用户实时分析等业务场景。淘宝和阿里巴巴不仅应用了 Storm 来处理流数据，也针对自身需求对 Storm 进行了定制开发，推出了 JStorm，提供了更多高级特性，进一步推动了流计算框架的发展。

8.3.2　Storm 原理

1．Storm 设计思想

Storm 是一套分布式的、可靠的、可容错的用于处理流式数据的系统。处理工作会被委派给不同类型的组件，每个组件负责一项简单的、特定的处理任务。在 Storm 中也有对于流（Stream）的抽象，流是一个不间断的、无界的、连续 Tuple（元组），注意，Storm 在建模事件流时，把流中的事件抽象为 Tuple，后面会解释 Storm 中如何使用 Tuple。图 8-10 所示为 Tuple 处理组件 Bolt。

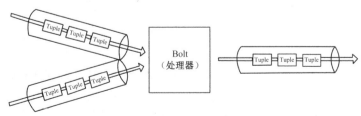

图 8-10　Tuple 处理组件 Bolt

Storm 认为每个 Stream 都有一个 Stream 源，也就是原始元组的源头，并将这个源头抽象为 Spout。Spout 可能是连接 Twitter API 并不断发出 Tweets，也可能是从某个队列中不断读取队列元素并装配为 Tuple 发射。

有了源头（Spout）也就是有了 Stream，那么该如何处理 Stream 内的 Tuple 呢？同样的思想，Twitter 将流的中间状态转换抽象为 Bolt。Bolt 可以消费任意数量的输入流——只要将流导向该 Bolt，它也可以发送新的流给其他 Bolt 使用。这样一来，只要打开特定的 Spout（管口）再将 Spout 中流出的 Tuple 导向特定的 Bolt，Bolt 会对导入的流做处理，然后导向其他 Bolt 或者目的地。

可以把 Spout 比作一个一个的水龙头，把 Stream 比作水龙头流出的水。每个水龙头中流出的水是不同的，想拿到哪种水就拧开哪个水龙头，然后使用管道将水龙头的水导向到一个水处理器（Bolt），水处理器处理后再使用管道导向另一个处理器或者存入容器中。图 8-11 所示为 Storm 中 Spout、Bolt 与 Tuple 的关系示意图。

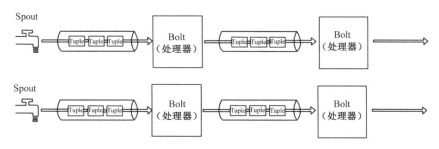

图 8-11　Storm 中 Spout、Bolt 与 Tuple 的关系示意图

为了增大水处理效率，我们很自然就想到在同个水源处接上多个水龙头并使用多个水处理器，这样就可以提高效率。Storm 就是这样设计的，看到图 8-12 就明白了。

对应上文的介绍，可以很容易理解这幅图，这是一张有向无环图（Directed Acyclic Graph，DAG），Storm 将这个图抽象为 Topology，即计算拓扑（拓扑结构也是有向无环的），或简称拓扑。拓扑是 Storm 中最高层次的一个概念，它可以被提交到 Storm 集群执行，一个拓扑就是一个流转换图，图中每个节点是一个 Spout 或者 Bolt（Spout 和 Bolt 都称为 Storm 拓扑的组件（Component）），图中的边表示 Bolt 订阅了哪些流，当 Spout 或者 Bolt 以元组方式发送流时，它就发送元组到每个订阅了该流的 Bolt（这就意味着不需要手工拉管道，只要预先订阅，Spout 就会将流发至适当 Bolt）。

为了利用 Storm 进行实时流计算，需要设计一个拓扑图，并实现其中的 Bolt 处理细节，Storm 中拓扑定义仅仅是一些 Thrift 结构体（Thrift 是一个软件框架，用来进行可扩展且跨语言的服务的开发。它结合了功能强大的软件堆栈和代码生成引擎，以构建在 C++、Java、Python、PHP、Perl、Haskell、C#等编程语言间无缝结合的、高效的服务。可以参阅 Apache 的 Thrift 官网（http://thrift.apache.org/）

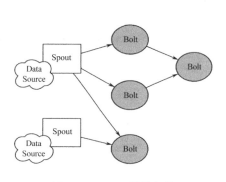

图 8-12　Storm 计算拓扑

来进一步了解 Thrift 的相关知识），这样就可以使用其他语言来创建和提交拓扑。

Storm 则将 Stream 中的元素抽象为 Tuple，一个 Tuple 就是一个值列表（Value List），list 中的每个 Value 都有一个 name，并且该 Value 可以是基本类型、字符类型、字节数组等，当然也可以是其他可序列化的类型。

拓扑的每个组件节点（比如图 8-12 中的 Spout 和 Bolt 节点）都要说明它所发射出的元组中所包含的字段的 name，其他节点只需要订阅该 name 就可以接收并处理对应的 Tuple。

至此，Storm 的核心实时处理思想就基本讲解完了，不过既然 Storm 要能发挥实时处理的能力，它就必须具备良好的架构设计和部署设计，下面介绍 Storm 的集群部署设计。

2．Storm 集群

Storm 的集群表面上看和 Hadoop 的集群非常相似。但是在 Hadoop 上面运行的是 MapReduce 的 Job，而在 Storm 上运行的是 Topology。它们是不一样的，其中一个关键的区别是，一个 MapReduce Job 最终会结束，而一个 Topology 会永远运行（除非显式地杀掉（kill）它）。

1）Storm 集群结构

在 Storm 的集群中有两种节点：控制节点（Master Node）和工作节点（Worker Node）。控制节点上会运行一个被称为 Nimbus 的后台守护程序，它的作用类似于 Hadoop 中的 JobTracker。Nimbus 负责在集群中分发代码，给集群中的机器分配工作，并且监控它们的状态。

图 8-13 所示为 Storm 集群框架，每一个工作节点上运行一个名为 Supervisor 的后台守护进程（类似于 Hadoop 中 Datanode 节点上的 TaskTracker），用于监听分配给它那台机器的工作，并根据需要启动或关闭工作进程。每一个工作进程执行一个 Topology（类似于 Job）的一个子集（任务 Task，它可以是一个 Bolt 或 Spout 实例，详见后面的解释）。一个运行的 Topology 由运行在很多机器上的很多工作进程 Worker 组成。

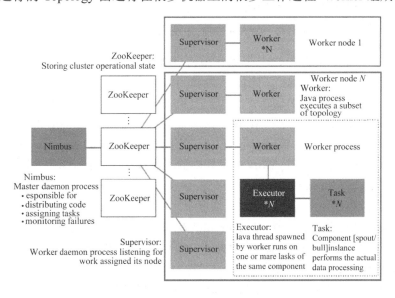

图 8-13　Storm 集群框架

Storm 使用 ZooKeeper 来协调整个集群，但是要注意的是，Storm 并不用 ZooKeeper 来传递消息。所以，ZooKeeper 上的负载是非常小的，对于 Storm 集群来说，单个节点的 ZooKeeper 在大多数情况下都已经足够了。但是如果要部署大一点的 Storm 集群，则需要的 ZooKeeper 要大一点，即部署 ZooKeeper 集群。除此之外，Nimbus 后台程序和 Supervisor 后台程序是快速失效和无状态的。所有的状态保持在 ZooKeeper 中或者是本地磁盘中，这意味着可以关闭其中的几个 Nimbus 或者 Supervisor，而它们会再次启动——就像什么事情都没有发生过一样，这个设计使得 Storm 集群具有非常好的稳定性（Stability）。

2）Storm 集群中 Worker、Executor 和 Task 之间的关系

如图 8-13 所示，在 Storm 集群的一个工作节点（如 Worker Node N）上存在多个 Worker、Executor 和 Task 等软件实体，下面结合图 8-14 简要介绍这三者之间的关系。

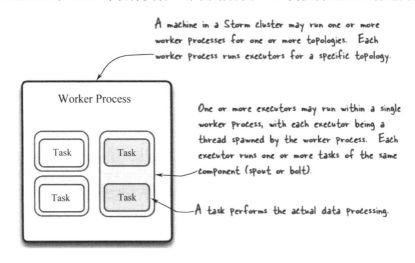

图 8-14　Worker 进程、Executor 与 Task 关系

首先，在 Storm 集群中，一个工作节点（Worker Node）上可以运行一个或多个 Worker 进程（Worker Process），比如图 8-13 中的工作节点 N 就运行了两个 Worker 进程。Worker 进程是运行在工作节点上面，且被 Supervisor 守护进程创建的用来工作的 Java 虚拟机（JVM）进程。每个 Worker 进程对应一个给定 Topology 的全部执行任务的一个子集。反过来说，一个 Worker 进程中不会运行属于不同的 Topology 的执行任务。

Executor 可以理解成一个 Worker 进程中的工作线程（Thread）。一个 Executor 中只能运行隶属于同一个 Storm Component（Spout 或 Bolt）的 task。一个 Worker 进程中可以有一个或多个 Executor 线程。在默认情况下，一个 Executor 运行一个 task。当然，为了提高并发度和执行效率，一个 Worker 进程也可以启动多个 Executor 线程来执行一个 Storm Topology 的某个 Component。因此，一个运行中的 Topology 就是由集群中多台物理机上的多个 Worker 进程组成的。

Task 是 Spout 和 Bolt 中具体要做的事情，也就是最终运行 Spout 或 Bolt 中代码的单元。一个 Executor 可以负责一个或多个 task。每个 Component（Spout 或 Bolt）的并发

度（Parallelism）就是这个 Component 对应的 task 数量。同时，task 也是各个节点之间进行分组或分区（Grouping 或 Partition）的单位。

Topology 启动后，一个 Component（Spout 或 Bolt）的 task 数目是固定不变的，但该 Component 使用的 Executor 线程数可以动态调整（例如，一个 Executor 线程可以执行该 Component 的一个或多个 task 实例）。这意味着，对于一个 Component，存在这样的条件：#threads <= #tasks（线程数小于或等于 task 数目）。默认情况下 task 的数目等于 Executor 线程数目，即一个 Executor 线程只运行一个 task。

为了进一步理解三者之间的关系，看一下 Storm 拓扑的并发度，该术语是用来描述所谓的 Parallelism hint 的，这代表一个组件的初始的 Executor（线程）的数量。图 8-15 所示为 Storm 拓扑内并发度示意图。这个拓扑包含 3 个组件：一个名为 Blue Spout 的 Spout 组件，两个分别名为 Green Bolt 和 Yellow Bolt 的 Bolt 组件。Blue Spout 发送它的输出到 Green Bolt，Green Bolt 又把它的输出发到 Yellow Bolt。

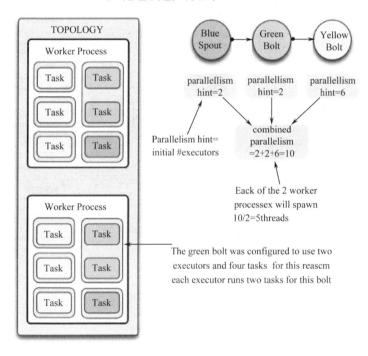

图 8-15　Storm 拓扑内并发度示意图

在图 8-15 中，共有两个 Worker 进程，其中 Blue Spout 启用了两个 Executor，每个 Executor 启用 1 个 Task；Green Bolt 启用了两个 Executor，每个 Executor 启用两个 Task；Yellow Bolt 启用了 6 个 Executor，每个 Executor 启用 1 个 task。所以，三个组件的并发度加起来是 10，就是说该拓扑共有 10 个 Executor，每个 Worker 产生 10/2 = 5 条线程。

在 Storm 中，可以通过下述代码实现上面的并发度配置。

```
01.   Config conf = new Config();
02.   conf.setNumWorkers(2); // use two worker processes
```

```
03.    topologyBuilder.setSpout("blue-spout", new BlueSpout(), 2); // set parallelism hint to 2
04.    topologyBuilder.setBolt("green-bolt", new GreenBolt(), 2)
05.              .setNumTasks(4)
06.              .shuffleGrouping("blue-spout");
07.    topologyBuilder.setBolt("yellow-bolt", new YellowBolt(), 6).shuffleGrouping("green-bolt");
08.    StormSubmitter.submitTopology("mytopology", conf, topologyBuilder.createTopology());
```

Storm 有一个不错的特性，可以在不需要重启集群或拓扑的情况下，动态地增加或减少 Worker 进程和 Executor 的数量，这种行为称为 Rebalancing。

3）Storm 集群的工作流程

Nimbus 和 Supervisor 都能快速失效，而且还是无状态的，这使得它们十分健壮，两者的协调工作是由 Apache ZooKeeper 来完成的。基于这样的架构设计，Storm 集群的工作流程如图 8-16 所示。

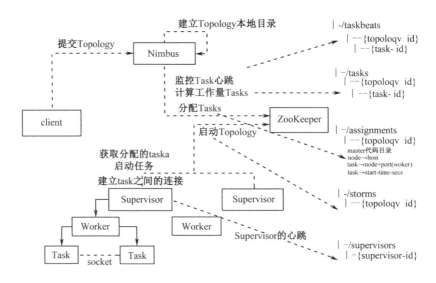

图 8-16　Storm 集群工作流程

（1）拓扑提交：客户端提交 Topology 到 Nimbus。

（2）Task 任务分配：Nimbus 会针对该拓扑建立本地的目录，并根据 Topology 配置计算 Task 数目，然后分配 Task。

（3）Assignment 节点创建：接下来，Nimbus 会在 ZooKeeper 上建立 Assignments 节点，用来存储 Task 任务与 Supervisor 机器节点中 Worker 之间的对应关系。Nimbus 还会在 ZooKeeper 上创建 Taskbeats 节点来监控 Task 的心跳。

（4）拓扑启动：Nimbus 会通知 Supervisor 启动 Topology。

（5）Task 任务启动：收到通知后，Supervisor 会到 ZooKeeper 上获取分配的 Tasks，启动多个 Worker 来执行 Task。每个 Worker 生成一个或多个 Task（一个 task 就是一个线程），并根据 Topology 信息初始化建立 Task 之间的连接；Task 之间的连接是通过 ZeroMQ 管理的。

最后，整个拓扑运行起来。

3. Storm 关键技术介绍

1）计算拓扑（Topology）

在 Storm 中，一个运行的实时应用程序，其处理逻辑会分到不同的组件上去执行，按照流程并基于组件之间的消息流动关系，这些组件之间会逻辑地连接在一起，形成一个有向无环图（Directed Acyclic Graph，DAG），该 DAG 就称为该实时应用程序的 Storm 计算拓扑（Topology），如图 8-17 所示是一个简单的 Topology 图，实线箭头表示 Tuple 消息的流向，长方形表示拓扑中的组件，圆圈表示组件中的 Task。

Storm 拓扑包括两类组件（Components），分别是 Spout 和 Bolt。

Spout 是 Storm Topology 中的消息生产者，也就是消息源。一般来说，消息源会从一个外部数据源读取数据并且向 Topology 中发出消息：Tuple。Spout 可以是可靠的也可以是不可靠的。如果这个 Tuple 没有被 Storm 成功处理，可靠的消息源 Spouts 可以重新发射一个 Tuple，但是不可靠的消息源 Spouts 一旦发出一个 Tuple，就不能重发了。根据需要，Spout 可以发射多条消息流 Stream 给下游的 Bolt（如图 8-17 中的 Spout 发射多条数据流，分别给下游的 Bolt A 和 Bolt C）。

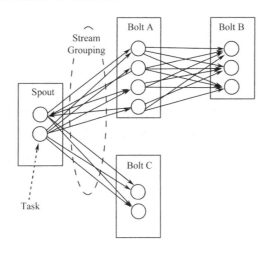

图 8-17 含有 Stream Grouping 的 Storm 拓扑示意图

Storm 中，所有的消息处理逻辑都被封装在 Bolts 中。Bolts 可以做很多事情：过滤数据、聚合数据、查询数据库，等等。Bolts 可以进行消息流的传递。复杂的消息流处理往往需要很多步骤，从而也就需要经过很多 Bolts。比如，算出一堆图片中被转发最多的图片就至少需要两步：第一步算出每个图片的转发数量。第二步找出转发最多的那 top-10 个图片（如果要把这个过程做得更具有扩展性，可能需要更多的步骤）。

在 Storm 拓扑中，每个 Bolt 接收什么数据流是由 Stream Grouping 定义的。Stream Grouping 定义了一个 stream 应该如何分配数据给 Bolts 及 Bolt 上的 Tasks（比如图 8-17 中 Spout/Bolt 组件中的○，每个○代表一个 Task）。Storm 中有如下 7 种类型的 Stream Grouping。

（1）Shuffle Grouping：随机分组，随机（一般通过 hash 取模的方式实现）派发 stream 中的 Tuple，保证每个 Bolt 接收到的 Tuple 数目大致相同。

（2）Fields Grouping：按字段分组，如按 userid 来分组，具有同样 userid 的 Tuple 会被分到相同的 Bolts 中的一个 Task，而不同的 userid 则会被分配到不同的 bolts 中的 task。

（3）All Grouping：广播发送，对于每一个 Tuple，所有的 bolts 都会收到。

（4）Global Grouping：全局分组，这个 Tuple 被分配到 Storm 中的一个 Bolt 的其中一个 Task。再具体一点就是分配给 id 值最低的那个 task。

（5）Non Grouping：不分组，这个分组的意思是 stream 不关心到底谁会收到它的 tuple。目前这种分组和 Shuffle grouping 的效果是一样的，有一点不同的是 Storm 会把这个 Bolt 放到这个 Bolt 的订阅者同一个线程中去执行。

（6）Direct Grouping：直接分组，这是一种比较特别的分组方法，用这种分组意味着消息的发送者指定由消息接收者的哪个 Task 处理这个消息。只有被声明为 Direct Stream 的消息流可以声明这种分组方法，而且这种消息 tuple 必须使用 emitDirect 方法来发射。消息处理者可以通过 TopologyContext 来获取处理它的消息的 Task 的 id（OutputCollector.emit 方法也会返回 Task 的 id）。

（7）Local or shuffle Grouping：如果目标 Bolt 有一个或者多个 Task 在同一个工作进程中，Tuple 将会被随机发送给这些 Tasks。否则，和普通的 Shuffle Grouping 行为一致。

2）消息传递

在 0.9 版本之前，Storm 采用的是 ZeroMQ（简写为 ZMQ）消息机制，0.9 版本之后采用的是 Netty 消息机制[11]。作为工作在传输层的一个消息处理队列库，ZMQ 支持在多个线程、内核和主机之间弹性伸缩，使得 Socket 编程更加简单、简洁，性能更高。但是 ZMQ 是用 C 语言而非 Java 实现的，对 Storm 来说就是一个实现了 $N:M$ 通信关系的黑盒子，内存管理不受 Storm 控制，也无法通过-Xmx 参数来调节 Storm 的内存使用情况，无法了解有多少消息被 buffer 了但是还未发送出去。因此，为了解决 ZMQ 在 Storm 应用中暴露的问题，Yahoo 的 Andy Feng 实现了一个基于 Netty 的纯 Java 的消息传输机制，并嵌入到了 0.9 及以后的 Storm 版本中。

虽然消息传输机制是可以被替换的，但是为了要实现一个可用的消息传输层，还是需要满足以下两个条件。

（1）消息发送方可以在连接建立之前发送消息，而不需要等连接建立起来，因为这时候消息接收方可能还没有运行起来。因此，这就需要在消息传输的 Client 端有一个 buffer，在连接没有建立之前把要发送的消息 buffer 起来。

（2）在传输层，消息"最多只能发送一次"，因为在 Storm 层面有 ACK 机制来保证没有被发送成功的消息会被重发，如果传输层面自己再重发，会导致消息被发多次。

从上面的第二条来看，Storm 自己实现了可靠的消息传递机制，而 Netty 仅在传输层实现 $N:M$ 的消息传递。Storm 可靠的消息传递其含义就是 Storm 可以确保 Spout 发送出来的每个消息都会被完整地处理（Fully Processed）。下面阐述一下 Storm 是如何实现消息的完整处理的。

一个 Tuple 消息从 Spout 发送出来之后，会被后续的 Bolt 处理。在处理该 Tuple 的过程中，Bolt 会产生新的消息，这些消息称为原来那个消息的"派生消息"，而 Spout 发出的那个消息称为"根消息"。派生消息被传递到后续 Bolt 处理后，还可能会产生新的派生消息，这样，在 Tuple 的处理过程中，可能会基于此根消息产生成百上千的派生消息。这个根消息及其派生消息在逻辑上会形成一个"消息树"（Tuple tree）——确切地说，应该会形成一个有向无环图（Directed Acyclic Graph，DAG）。

下面思考一下流式计算中常见的那个"单词统计"的例子。

Storm 任务从数据源（Kestrel queue）每次读取一个完整的英文句子；然后将这个句子分解为独立的单词；最后，实时输出每个单词及它出现过的次数。

本例中，每个从 Spout 发送出来的消息（每个英文句子）都会触发很多消息被创建，那些从句子中分隔出来的单词就是被创建出来的新消息。

这些消息构成一个树状结构，我们称之为"Tuple tree"，如图 8-18 所示。

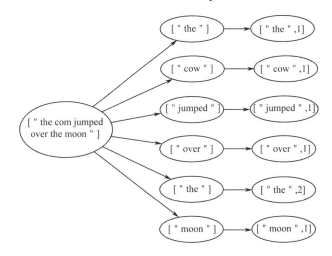

图 8-18　Tuple tree 示意图

只有当 Tuple tree 上的所有节点（消息）都被成功处理后，Storm 才认为该 Tuple 被完全处理。在什么条件下，Storm 才会认为一个从 Spout 发送出来的消息被完整处理呢？答案就是下面的两个条件被同时满足：

（1）Tuple tree 不再生长。

（2）树中的任何消息被标识为"已处理"。

否则，如果 Tuple tree 上任何一节点失败，或者在指定的时间内，一个消息派生出来的 Tuple tree 未被完全处理成功，都被看做该 Tuple fail，失败的 Tuple 会被重发。这个超时值可以通过任务级参数 Config.TOPOLOGY_MESSAGE_TIMEOUT_SECS 进行配置，其默认值为 30 秒。

另一个问题是，如何让 Storm 知道 Tuple 树不再增长或其上的节点都被处理完了呢？为此我们需要做两件事情：

（1）无论何时在 Tuple tree 中创建了一个新的节点，需要明确通知 Storm。

（2）当处理完一个单独的消息时，需要告诉 Storm 这棵 Tuple tree 的变化状态。

通过上面的两步，Storm 就可以检测到一个 Tuple tree 何时被完全处理了，并且会调用相关的 ack 或 fail 方法。Storm 提供了简单明了的方法来完成上述两步。

对于 Spout 产生的每一个 Tuple 来说，Storm 拓扑都有一组具体的"acker"任务（tasks）用来跟踪由 Tuple 派生出来的 tuple tree 上的 Tuples。当发现一个 Tuple tree 上的所有 Tuples 被完全处理后，它就向创建这个根消息的 Spout 任务发送一个 Tuples 被完全处理的信号。那么，"acker"任务是如何跟踪 Tuple tree 上的消息的呢？

Spout 每发送一个 Tuple 消息，都会给这个消息提供一个 Message ID，用来标识这个消息。当该消息传递给后续的 Bolt 处理并派生出一个消息时，对应 Tuple tree 中的根消息的 Message id 就复制到这个新消息中。当这个消息被应答时，它就把关于 Tuple tree 变化的信息发送给跟踪这棵树的 acker。例如，它会告诉 acker：本消息已经处理完毕，但是我派生出了一些新的消息，帮忙跟踪一下吧。

图 8-19 所示为 Tuple tree 中节点的处理示意图。假设消息 D 和 E 是由消息 C 派生出来的，这里演示了消息 C 被应答时，Tuple tree 是如何变化的。

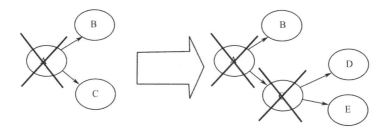

图 8-19　Tuple tree 中节点的处理示意图

因为在 C 被从树中移除的同时，D 和 E 会被加入到 Tuple tree 中，因此，Tuple tree 不会被过早地认为已完全处理（Tuple tree 还在不断长大）。为 Tuple tree 中指定的节点增加一个新的节点，我们称为锚定（Anchoring），比如在图 8-19 中，我们把 D 和 E 锚定到 C。

锚定是在发送消息的同时进行的。当派生消息处理失败后，Storm 会将被锚定的消息重发一遍。当然，一个输出消息可以被锚定在一个或者多个输入消息上，这在做 join 或聚合的时候是很有用的。一个被多重锚定的消息处理失败，会导致与之关联的多个 Tpout 消息被重新发送。

关于 Storm 如何跟踪 Tuple tree，再深入探讨一下。前面说过系统中可以有任意个数的 acker，那么，每当一个消息被创建或应答的时候，它怎么知道应该通知哪个 acker 呢？

系统使用一种哈希算法来根据 Spout 消息的 Message id 确定由哪个 acker 跟踪此消息派生出来的 Tuple tree。因为每个消息都知道与之对应的根消息的 Message id，因此，它知道应该与哪个 acker 通信。

当 Spout 发送一个消息的时候，它就通知对应的 acker 一个新的根消息产生了，这时 acker 就会创建一个新的 Tuple tree。当 acker 发现这棵树被完全处理之后，它会通知对应的 Spout 任务。

Tuple 是如何被跟踪的呢？系统中有成千上万的消息，如果为每个 Spout 发送的消息都构建一棵树的话，很快内存就会耗尽。所以，必须采用不同的策略来跟踪每个消息。由于使用了新的跟踪算法，Storm 只需要固定的内存（大约 20B）就可以跟踪一棵树。这个算法是 Storm 正确运行的核心，也是 Storm 最大的突破。

Acker 任务保存了 Spout 消息 id 到一对值的映射。第一个值就是 Spout 的任务 id，通过这个 id，acker 就知道消息处理完成时该通知哪个 Spout 任务。第二个值是一个 64 bit 的数字，我们称为"ack val"，它是树中所有消息的随机 id 的异或结果。ack val 表示了整棵树的状态，无论这棵树多大，只需要这个固定大小的数字就可以跟踪整棵树。当消息被创建和被应答的时候都会有相同的消息 id 发送过来做"异或"。

每当 acker 发现一棵树的 ack val 值为 0 的时候，它就知道这棵树已经被完全处理了。因为消息的随机 ID 是一个 64 bit 的值，因此，ack val 在树处理完之前被置为 0 的概率非常小。假设每秒发送一万个消息，从概率上说，至少需要 50000000 年才会有机会发生一次错误。即使如此，也只有在这个消息确实处理失败的情况下才会有数据的丢失。

3）高可用性

"高可用性"（High Availability）通常是指一个系统经过专门的设计之后，减少了停工时间，从而保持其服务的高度可用性。Storm 提供了如下三个级别的高可用性措施。

（1）数据级别——Tuple 消息传递：利用前面讲述的 Tuple 消息传递过程中的 ACK 机制保证数据被处理。

（2）进程级别——Worker 进程失效：每个 Worker 进程中包含数个 Bolt（或 Spout）任务。Supervisor 负责监控这些任务，当 Worker 失败后，Supervisor 会尝试在本机重启它。

（3）在组件级别——Supervisor 节点失效：Supervisor 是无状态的，因此，Supervisor 的失败不会影响当前正在运行的任务，只要及时将它重新启动即可。Supervisor 不是自举的，需要外部监控来及时重启。

除了上述三个级别的失效处理机制外，Nimbus 节点失效怎么办呢？

Supervisor 进程和 Nimbus 进程需要用 Daemon 程序（如 monit）来启动，失效时自动重新启动。因为它们在进程内都不保存状态，状态都保存在本地文件和 ZooKeeper，因此，进程可以随便杀掉。如果 Nimbus 进程所在的机器都直接宕机了，需要在其他机器上重新启动，Storm 目前没有内嵌该功能，需要自己写脚本来实现。

即使 Nimbus 进程不在了，也只是不能部署新任务，有节点失效时不能重新分配而已，不影响已有的线程。同样，如果 Supervisor 进程失效，不影响已存在的 Worker 进程。而且 ZooKeeper 本身已经是按至少三台部署的 HA 架构了。

目前 Storm 官方或许是出于 Nimbus 宕机对集群影响不大的考虑，并不支持 Nimbus 高可用性。关于 Nimbus 的重要性，在拓扑任务开始阶段，负责将任务提交到集群，后期负责拓扑任务的管理，如任务查看、终止等操作。在通常情况下，Nimbus 的任务压力并不会很大，在自然情况下不会出现宕机的情况。即使 Nimbus 宕机重启，对执行中的任务也没有影响。

8.3.3 Storm 部署

本节将详细介绍如何搭建一个 Storm 集群。安装步骤如下：

（1）搭建 ZooKeeper 集群。

（2）安装 Storm 依赖库。

（3）下载并解压 Storm 发布版本。

（4）修改 storm.yaml 配置文件。

（5）启动 Storm 各个后台进程。

1. 搭建 ZooKeeper 集群

Storm 使用 ZooKeeper 来协调整个集群的工作，由于 ZooKeeper 并不用于消息传递，所以，Storm 给 ZooKeeper 带来的压力相当低。大多数情况下，单个节点的 ZooKeeper 集群足够胜任，不过为了确保故障恢复或者部署大规模 Storm 集群，可能需要更大规模节点的 ZooKeeper 集群（对于 ZooKeeper 集群，官方推荐的最小节点数为 3 个）。在 ZooKeeper 集群的每台机器上完成以下安装部署步骤：

（1）下载安装 Java JDK，官方下载链接为 http://java.sun.com/javase/downloads/ index. jsp，JDK 版本为 JDK 6 或以上。

（2）根据 ZooKeeper 集群的负载情况，合理设置 Java 堆大小，尽可能避免发生 swap，导致 ZooKeeper 性能下降。保守起见，4GB 内存的机器可以为 ZooKeeper 分配 3GB 最大堆空间。

（3）下载后解压安装 ZooKeeper 包，官方下载链接为 http://hadoop.apache.org/zookeeper/ releases.html。

（4）根据 ZooKeeper 集群节点情况，在 conf 目录下创建 ZooKeeper 配置文件 zoo.cfg，代码如下：

```
tickTime=2000
dataDir=/var/zookeeper/
clientPort=2181
initLimit=5
syncLimit=2
server.1=zoo1:2888:3888
server.2=zoo2:2888:3888
server.3=zoo3:2888:3888
```

其中，dataDir 指定 ZooKeeper 的数据文件目录；server.id=host:port:port，id 是为每个 ZooKeeper 节点的编号，保存在 dataDir 目录下的 myid 文件中，zoo1~zoo3 表示各个 ZooKeeper 节点的 hostname，第一个 port 是用于连接 leader 的端口，第二个 port 是用于 leader 选举的端口。

（5）在 dataDir 目录下创建 myid 文件，文件中只包含一行，且内容为该节点对应的 server.id 中的 id 编号。

（6）启动 ZooKeeper 服务，代码如下：

```
java -cp zookeeper.jar:lib/log4j-1.2.15.jar:conf \ org.apache.zookeeper.server.quorum.QuorumPeerMain
zoo.cfg
```

或者

```
bin/zkServer.sh start
```

（7）通过 ZooKeeper 客户端测试服务是否可用，代码如下：

```
java -cp zookeeper.jar:src/java/lib/log4j-1.2.15.jar:conf:src/java/lib/jline-0.9.94.jar \ org.apache.
zookeeper.ZooKeeperMain -server 127.0.0.1:2181
```

或者

```
bin/zkCli.sh -server 127.0.0.1:2181
```

注意事项：

（1）由于 ZooKeeper 是快速失败（fail-fast)的，且遇到任何错误情况，进程均会退出，因此，最好能通过监控程序将 ZooKeeper 管理起来，保证 ZooKeeper 退出后能被自动重启。

（2）ZooKeeper 运行过程中会在 dataDir 目录下生成很多日志和快照文件，而 ZooKeeper 运行进程并不负责定期清理合并这些文件，导致占用大量磁盘空间，因此，需要通过 cron 等方式定期清除没用的日志和快照文件。具体命令格式如下：java -cp zookeeper.jar:log4j.jar:conf org.apache.zookeeper.server.PurgeTxnLog <dataDir> <snapDir> -n <count>

2. 安装 Storm 依赖库

接下来，需要在 Nimbus 和 Supervisor 机器上安装 Storm 的依赖库，具体如下：

- ZeroMQ 2.1.7——请勿使用 2.1.10 版本，因为该版本的一些严重 bug 会导致 Storm 集群运行时出现奇怪的问题。少数用户在 2.1.7 版本会遇到"IllegalArgument Exception"异常，此时降为 2.1.4 版本可修复这一问题。
- JZMQ。
- Java 6。
- Python 2.6.6。
- unzip。

以上依赖库的版本是经过 Storm 测试的，Storm 并不能保证在其他版本的 Java 或 Python 库下可运行。

1）安装 ZMQ 2.1.7

下载后编译安装 ZMQ：

```
wget http://download.zeromq.org/zeromq-2.1.7.tar.gz
tar -xzf zeromq-2.1.7.tar.gz
cd zeromq-2.1.7
./configure
make
sudo make install
```

如果安装过程报错 uuid 找不到，则通过如下包安装 uuid 库：

```
sudo yum install e2fsprogsl
sudo yum install e2fsprogs-devel
```

2）安装 JZMQ

下载后编译安装 JZMQ：

```
git clone https://github.com/nathanmarz/jzmq.git
cd jzmq
./autogen.sh
./configure
make
sudo make install
```

为了保证 JZMQ 正常工作，可能需要完成以下配置：

- 正确设置 JAVA_HOME 环境变量。
- 安装 Java 开发包。
- 升级 autoconf。

3）安装 Java 6

- 下载并安装 JDK 6。
- 配置 JAVA_HOME 环境变量。
- 运行 Java、Javac 命令，测试 Java 正常安装。

4）安装 Python 2.6.6

（1）下载 Python 2.6.6：

```
wget http://www.python.org/ftp/python/2.6.6/Python-2.6.6.tar.bz2
```

（2）编译安装 Python 2.6.6：

```
tar –jxvf Python-2.6.6.tar.bz2
cd Python-2.6.6
./configure
make
make install
```

（3）测试 Python 2.6.6：

```
python -V
Python 2.6.6
```

5）安装 unzip

（1）如果使用 RedHat 系列 Linux 系统，则可以执行以下命令安装 unzip：

```
yum install unzip
```

（2）如果使用 Debian 系列 Linux 系统，则可以执行以下命令安装 unzip：

```
apt-get install unzip
```

3. 下载并解压 Storm 发布版本

下一步，需要在 Nimbus 和 Supervisor 机器上安装 Storm 发行版本。

（1）下载 Storm 发行版本，推荐使用 Storm0.8.1：

```
wget https://github.com/downloads/nathanmarz/storm/storm-0.8.1.zip
```

（2）解压到安装目录下：

```
unzip storm-0.8.1.zip
```

4．修改 storm.yaml 配置文件

Storm 发行版本解压目录下有一个 conf/storm.yaml 文件，用于配置 Storm。conf/storm.yaml 中的配置选项将覆盖 defaults.yaml 中的默认配置。以下配置选项是必须在 conf/storm.yaml 中进行配置的。

（1）**storm.zookeeper.servers:** Storm 集群使用的 ZooKeeper 集群地址，其格式如下：

```
storm.zookeeper.servers:
- "111.222.333.444"
- "555.666.777.888"
```

如果 Zookeeper 集群使用的不是默认端口，那么还需要 **storm.zookeeper.port** 选项。

（2）**storm.local.dir:** Nimbus 和 Supervisor 进程用于存储少量状态，如 jars、confs 等本地磁盘目录，需要提前创建该目录并给以足够的访问权限。然后在 storm.yaml 中配置该目录，例如：

```
storm.local.dir: "/home/admin/storm/workdir"
```

（3）**java.library.path:** Storm 使用的本地库（ZMQ 和 JZMQ）加载路径，默认为"/usr/local/lib:/opt/local/lib:/usr/lib"，一般来说，ZMQ 和 JZMQ 默认安装在/usr/local/lib 下，因此，不需要配置。

（4）**nimbus.host:** Storm 集群 Nimbus 机器地址，各个 Supervisor 工作节点需要知道哪个机器是 Nimbus，以便下载 Topologies 的 jars、confs 等文件，例如：

```
nimbus.host: "111.222.333.444"
```

（5）**supervisor.slots.ports:** 对于每个 Supervisor 工作节点，需要配置该工作节点可以运行的 Worker 数量。每个 Worker 占用一个单独的端口用于接收消息，该配置选项即用于定义哪些端口是可被 Worker 使用的。默认情况下，每个节点上可运行 4 个 Workers，分别在 6700、6701、6702 和 6703 端口，例如：

```
supervisor.slots.ports:
- 6700
- 6701
- 6702
- 6703
```

5．启动 Storm 各个后台进程

最后一步，启动 Storm 的所有后台进程。和 ZooKeeper 一样，Storm 也是快速失败（fail-fast)的系统，这样 Storm 才能在任意时刻被停止，并且当进程重启后被正确地恢复执行。这也是为什么 Storm 不在进程内保存状态的原因，即使 Nimbus 或 Supervisors 被重启，运行中的 Topologies 不会受到影响。

以下是启动 Storm 各个后台进程的方式。

（1）Nimbus: 在 Storm 主控节点上运行"bin/storm nimbus >/dev/null 2>&1 &"启动 Nimbus 后台程序，并放到后台执行。

（2）Supervisor: 在 Storm 各个工作节点上运行"bin/storm supervisor >/dev/null 2>&1 &"启动 Supervisor 后台程序，并放到后台执行。

（3）UI：在 Storm 主控节点上运行"bin/storm ui >/dev/null 2>&1 &"启动 UI 后台程序，并放到后台执行，启动后可以通过 http://{nimbus host}:8080 观察集群的 Worker 资源使用情况、Topologies 的运行状态等信息。

注意事项：

① 启动 Storm 后台进程时，需要对 conf/storm.yaml 配置文件中设置的 storm.local.dir 目录具有写权限。

② Storm 后台进程被启动后，将在 Storm 安装部署目录下的 logs/子目录下生成各个进程的日志文件。

③ 经测试，Storm UI 必须和 Storm Nimbus 部署在同一台机器上，否则 UI 无法正常工作，因为 UI 进程会检查本机是否存在 Nimbus 链接。

④ 为了方便使用，可以将 bin/storm 加入到系统环境变量中。

至此，Storm 集群已经部署、配置完毕，可以向集群提交拓扑运行了。

6. 向集群提交任务

（1）启动 Storm Topology：

```
storm jar allmycode.jar org.me.MyTopology arg1 arg2 arg3
```

其中，allmycode.jar 是包含 Topology 实现代码的 jar 包，org.me.MyTopology 的 main 方法是 Topology 的入口，arg1、arg2 和 arg3 为 org.me.MyTopology 执行时需要传入的参数。

（2）停止 Storm Topology：

```
storm kill {toponame}
```

其中，{toponame} 为 Topology 提交到 Storm 集群时指定的 Topology 任务名称。

8.3.4 案例：Maven 环境下的 Storm 编程

本节以一个简单的例子来讲解如何开发 Storm 应用程序。

1. 创建 maven 工程

在 eclipse 下创建 maven 工程。

```
▽ 🗁 storm-example
  ▷ 🗁 src/main/java
  ▷ 🗁 src/test/java
  ▷ 🗁 JRE System Library [J2SE-1.5]
  ▷ 🗁 Maven Dependencies
  ▷ 🗁 src
    🗁 target
    🗁 pom.xml
```

2. 修改 pom.xm 添加依赖包

使用 maven-assembly-plugin 插件将工程依赖的 jar 都一起打包。

将 storm 的 <scope> 设置为 provided，主要是因为只有编译时需要 storm 包，当在 storm 集群运行时就不要将它一起打包了。

```
01.  <project  xmlns="http://maven.apache.org/POM/4.0.0"  xmlns:xsi="http://www.w3.org/2001/XML
Schema-instance"
```

```
02. xsi:schemaLocation="http://maven.apache.org/POM/4.0.0 http://maven.apache.org/xsd/maven-4.0.0.
xsd">
03. <modelVersion>4.0.0</modelVersion>
04.
05. <groupId>com.test</groupId>
06. <artifactId>storm-example</artifactId>
07. <version>0.0.1-SNAPSHOT</version>
08. <packaging>jar</packaging>
09.
10. <name>storm-example</name>
11. <url>http://maven.apache.org</url>
12.
13. <properties>
14. <project.build.sourceEncoding>UTF-8</project.build.sourceEncoding>
15. </properties>
16.
17. <dependencies>
18.   <dependency>
19.     <groupId>org.apache.storm</groupId>
20.     <artifactId>storm-core</artifactId>
21.     <version>0.9.2-incubating</version>
22.     <scope>provided</scope>
23.   </dependency>
24. </dependencies>
25.
26. <build>
27. <plugins>
28. <plugin>
29.     <artifactId>maven-assembly-plugin</artifactId>
30.     <version>2.4</version>
31.     <configuration>
32.       <descriptorRefs>
33.         <descriptorRef>jar-with-dependencies</descriptorRef>
34.       </descriptorRefs>
35.     </configuration>
36.     <executions>
37.       <execution>
38.         <id>make-assembly</id>
39.         <phase>package</phase>
40.         <goals>
41.           <goal>single</goal>
42.         </goals>
43.       </execution>
44.     </executions>
```

243

```
45.    </plugin>
46.    </plugins>
47. </build>
48. </project>
```

3. 编写 Topology

（1）编写 Spout。

```
01. import backtype.storm.spout.SpoutOutputCollector;
02. import backtype.storm.task.TopologyContext;
03. import backtype.storm.topology.OutputFieldsDeclarer;
04. import backtype.storm.topology.base.BaseRichSpout;
05. import backtype.storm.tuple.Fields;
06.    import backtype.storm.tuple.Values;
07.
08.    public class RandomSpout extends BaseRichSpout{
09.    private SpoutOutputCollector collector;
10.    private static String[] words = {"happy","excited","angry"};
11.
12.    /* (non-Javadoc)
13.    * @see  backtype.storm.spout.ISpout#open(java.util.Map,  backtype.storm.task.TopologyContext,
backtype.storm.spout.SpoutOutputCollector)
14.    */
15.    public void open(Map arg0, TopologyContext arg1, SpoutOutputCollector arg2) {
16.        // TODO Auto-generated method stub
17.        this.collector = arg2;
18.    }
19.
20.    /* (non-Javadoc)
21.    * @see backtype.storm.spout.ISpout#nextTuple()
22.    */
23.    public void nextTuple() {
24.        // TODO Auto-generated method stub
25.        String word = words[new Random().nextInt(words.length)];
26.        collector.emit(new Values(word));
27.    }
28.
29.    /* (non-Javadoc)
```

（2）编写 Bolt。

```
01. import backtype.storm.topology.BasicOutputCollector;
02. import backtype.storm.topology.OutputFieldsDeclarer;
03. import backtype.storm.topology.base.BaseBasicBolt;
04. import backtype.storm.tuple.Tuple;
05.
06. public class SenqueceBolt extends BaseBasicBolt{
```

```
07.    /* (non-Javadoc)
08.     * @see backtype.storm.topology.IBasicBolt#execute(backtype.storm.tuple.Tuple, backtype.storm.
topology.BasicOutputCollector)
09.     */
10.    public void execute(Tuple input, BasicOutputCollector collector) {
11.        // TODO Auto-generated method stub
12.        String word = (String) input.getValue(0);
13.        String out = "I'm " + word +  "!";
14.        System.out.println("out=" + out);
15.    }
16.
17.    /* (non-Javadoc)
18.     *    @see    backtype.storm.topology.IComponent#declareOutputFields(backtype.storm.topology.
OutputFieldsDeclarer)
19.     */
20.    public void declareOutputFields(OutputFieldsDeclarer declarer) {
21.        // TODO Auto-generated method stub
22.    }
23. }
```

（3）编写 Topology。

提供 cluster 和 Local 两种运行模式，这样就可以很方便地在本地运行 FirstTopo 来调试程序。

```
01. import backtype.storm.Config;
02. import backtype.storm.LocalCluster;
03. import backtype.storm.StormSubmitter;
04. import backtype.storm.topology.TopologyBuilder;
05. import backtype.storm.utils.Utils;
06.
07. public class FirstTopo {
08.
09.    public static void main(String[] args) throws Exception {
10.        TopologyBuilder builder = new TopologyBuilder();
11.        builder.setSpout("spout", new RandomSpout());
12.        builder.setBolt("bolt", new SenqueceBolt()).shuffleGrouping("spout");
13.        Config conf = new Config();
14.        conf.setDebug(false);
15.        if (args != null && args.length > 0) {
16.            conf.setNumWorkers(3);
17.            StormSubmitter.submitTopology(args[0], conf, builder.createTopology());
18.        } else {
19.
20.            LocalCluster cluster = new LocalCluster();
21.            cluster.submitTopology("firstTopo", conf, builder.createTopology());
```

```
22.            Utils.sleep(100000);
23.            cluster.killTopology("firstTopo");
24.            cluster.shutdown();
25.        }
26.    }
27. }
```

（4）运行结果。本地运行时，在 Eclipse 中的输出如下：

```
<terminated> FirstTopo [Java Application] /usr/java/jdk1.
out=I'm happy!
out=I'm angry!
out=I'm happy!
out=I'm angry!
out=I'm angry!
out=I'm happy!
out=I'm excited!
out=I'm happy!
out=I'm angry!
out=I'm happy!
out=I'm happy!
out=I'm angry!
out=I'm happy!
out=I'm happy!
out=I'm happy!
```

8.4 Spark Streaming 平台

提到 Spark Streaming[12, 13]，不得不说一下 BDAS（Berkeley Data Analytics Stack），这是伯克利大学提出的关于数据分析的软件栈。从它的视角来看，目前的大数据处理可以分为如下三个类型。

- 复杂的批量数据处理（Batch Data Processing）：通常的时间跨度为数十分钟到数小时。
- 基于历史数据的交互式查询（Interactive Query）：通常的时间跨度为数十秒到数分钟。
- 基于实时数据流的数据处理（Streaming Data Processing）：通常的时间跨度为数百毫秒到数秒。

目前已有很多相对成熟的开源软件来处理以上三种情景，可以利用 MapReduce 来进行批量数据处理，可以用 Impala 来进行交互式查询，对于流式数据处理，可以采用 Storm。对于大多数互联网公司来说，一般都会同时遇到以上三种情景，在使用的过程中这些公司可能会遇到如下不便：

- 三种情景的输入输出数据无法无缝共享，需要进行格式相互转换。
- 每一个开源软件都需要一个开发和维护团队，提高了成本。
- 在同一个集群中对各个系统协调资源分配比较困难。

BDAS 就是以 Spark 为基础的一套软件栈，利用基于内存的通用计算模型将以上三种情景一网打尽，同时支持 Batch、Interactive、Streaming 的处理，且兼容支持 HDFS 和 S3 等分布式文件系统，可以部署在 YARN 和 Mesos 等流行的集群资源管理器之上。BDAS 的构架如图 8-20 所示，其中 Spark 可以替代 MapReduce 进行批处理，利用其基于内存的特点，特别擅长迭代式和交互式数据处理；Shark 处理大规模数据的 SQL 查询，兼容 Hive 的 HQL。本节要重点介绍的 Spark Streaming，在整个 BDAS 中进行大规模流式处理[14]。

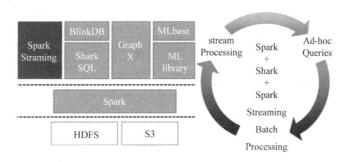

图 8-20　BDAS 的构架

8.4.1　Spark Streaming 简介

Spark Streaming 是构建在 Spark 上的 Stream 数据处理框架，基本原理是将 Stream 数据分成小的时间片段（几秒），以类似 Batch 批量处理的方式来处理这小部分数据。Spark Streaming 构建在 Spark 上，一方面是因为 Spark 的低延迟执行引擎（100ms+）可以用于实时计算；另一方面相比基于 Record 的其他处理框架（如 Storm），RDD 数据集更容易做高效的容错处理。此外，小批量处理的方式使得它可以同时兼容批量和实时数据处理的逻辑和算法。方便了一些需要历史数据和实时数据联合分析的特定应用场合。

Spark Streaming 属于 Spark 的核心 API，支持高吞吐量、支持容错的实时流数据处理，可以接受来自 Kafka、Flume、Twitter、ZeroMQ 和 TCP Socket 的数据源，使用简单的 API 函数，比如 map、reduce、join、window 等操作，还可以直接使用内置的机器学习算法、图算法包来处理数据。图 8-21 所示为 Spark Streaming 概念图。

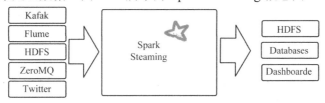

图 8-21　Spark Streaming 概念图

图 8-22 所示为 Spark Streaming 的流处理，Spark Streaming 接收到实时数据后，给数据分批次，然后传给 Spark Engine 处理，最后生成该批次的结果。

图 8-22　Spark Streaming 的流处理

Spark Streaming 支持的数据流叫 DStream（Discretized Stream，离散化数据流），直接支持 Kafka、Flume 的数据源。DStream 是一种连续的 RDDs。

与 Storm 等其他的流计算框架比较起来，Spark Streaming 的优势如下：

- 能运行在 100 多个（100+）的节点上，并达到秒级延迟。
- 使用基于内存的 Spark 作为执行引擎，具有高效和容错的特性。
- 能集成 Spark 的批处理和交互查询。
- 为实现复杂的算法提供和批处理类似的简单接口。

8.4.2　Spark Streaming 原理

Spark Streaming 的基本原理是将输入数据流以时间片（秒级）为单位进行拆分，然后以类似批处理的方式处理每个时间片数据，其基本原理如图 8-23 所示。

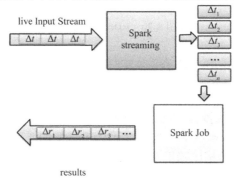

图 8-23　Spark Streaming 处理流程

首先，Spark Streaming 把实时输入数据流以时间片 Δt（如 1 秒）为单位切分成块（DStream Discretized Stream）。Spark Streaming 会把对 DStream 的 Transformation 操作变为针对 Spark 中对 RDD 的 Transformation 操作，即将每块数据作为一个 RDD，然后使用 RDD 操作处理每一小块数据。每个块都会生成一个 Spark Job 处理，最终结果也返回多块。

1. 容错性

对于流式计算来说，容错性至关重要。首先，要明确一下 Spark 中 RDD 的容错机制。每一个 RDD 都是一个不可变的分布式可重算的数据集，其记录着确定性的操作继承关系（lineage），所以，只要输入数据是可容错的，那么任意一个 RDD 的分区（Partition）出错或不可用，都是可以利用原始输入数据通过转换操作而重新计算出来。

对于 Spark Streaming 来说，其 RDD 的传承关系如图 8-24 所示，图中的每一个椭圆形表示一个 RDD，椭圆形中的每个圆形代表一个 RDD 中的一个 Partition，图中的每一列的多个 RDD 表示一个 DStream（图中有 3 个 DStream），而每一行最后一个 RDD 则表示每一个 Batch Size 所产生的中间结果 RDD。可以看到图中的每一个 RDD 都是通过 lineage 相连接的，由于 Spark Streaming 输入数据可以来自磁盘，例如，HDFS（多份复本）或是来自网络的数据流（Spark Streaming 会将网络输入数据的每一个数据流复制两份到其他的机器）都能保证容错性，所以，RDD 中任意的 Partition 出错，都可以并行地在其他机器上将缺失的 Partition 计算出来。这个容错恢复方式比连续计算模型（如

Storm）的效率更高。

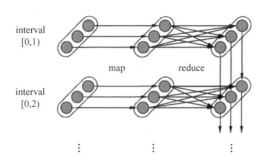

图 8-24　Spark Streaming 中 RDD 的 lineage 关系图

2．实时性

对于实时性的讨论，会牵涉流式处理框架的应用场景。Spark Streaming 将流式计算分解成多个 Spark Job，对于每一段数据的处理都会经过 Spark DAG 图分解，以及 Spark 的任务集的调度过程。对于目前版本的 Spark Streaming 而言，其最小的 Batch Size 的选取在 0.5～2 秒（Storm 目前最小的延迟是 100 毫秒左右），所以，Spark Streaming 能够满足除对实时性要求非常高（如高频实时交易）之外的所有流式准实时计算场景。

3．扩展性与吞吐量

Spark 目前在 EC^2 上已能够线性扩展到 100 个节点（每个节点 4Core），可以以数秒的延迟处理 6GB/s 的数据量（60M records/s），其吞吐量也比流行的 Storm 高 2～5 倍，图 8-25 所示是 Berkeley 利用 WordCount 和 Grep 两个用例所做的测试，在 Grep 这个测试中，Spark Streaming 中的每个节点的吞吐量是 670k records/s，而 Storm 是 115k records/s。

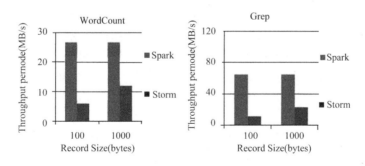

图 8-25　Spark Streaming 与 Storm 吞吐量

8.4.3　案例：集群环境下的 Spark Streaming 编程

1．Spark Streaming 编程概述

Spark Streaming 的编程和 Spark 的编程如出一辙，对于编程的理解也非常类似。对于 Spark 来说，编程就是对于 RDD 的操作；而对于 Spark Streaming 来说，就是对 DStream 的操作。下面将通过一个大家熟悉的 WordCount 的例子来说明 Spark Streaming

中的输入操作、转换操作和输出操作。

1）Spark Streaming 初始化

在开始进行 DStream 操作之前，需要对 Spark Streaming 进行初始化，生成 StreamingContext。参数中比较重要的是第一个和第三个，第一个参数是指定 Spark Streaming 运行的集群地址，第三个参数是指定 Spark Streaming 运行时的 batch 窗口大小。在这个例子中就是将 1 秒的输入数据进行一次 Spark Job 处理。

```
val ssc = new StreamingContext("Spark://…","WordCount",Seconds(1),[Homes],[Jars])
```

2）Spark Streaming 的输入操作

目前 Spark Streaming 已支持了丰富的输入接口，大致分为两类：一类是磁盘输入，如以 batch size 作为时间间隔监控 HDFS 文件系统的某个目录，将目录中内容的变化作为 Spark Streaming 的输入；另一类是网络流的方式，目前支持 Kafka、Flume、Twitter 和 TCP Socket。在 WordCount 例子中，假定通过网络 Socket 作为输入流，监听某个特定的端口，最后得出输入 DStream（lines）。

```
val lines = ssc.socketTextStream("localhost",8888)
```

3）Spark Streaming 的转换操作

与 Spark RDD 的操作极为类似，Spark Streaming 也就是通过转换操作将一个或多个 DStream 转换成新的 DStream。常用的操作包括 map、filter、flatmap 和 join，以及需要进行 shuffle 操作的 groupByKey/reduceByKey 等。在 WordCount 例子中，首先需要将 DStream（lines）切分成单词，然后将相同单词的数量进行叠加，最终得到的 wordCounts 就是每一个 batch size 的（单词，数量）中间结果。

```
val words = lines.flatMap(_.split(""))
val wordCounts = words.map(x => (x, 1)).reduceByKey(_ + _)
```

另外，Spark Streaming 有特定的窗口操作，窗口操作涉及两个参数：一个是滑动窗口的宽度（Window Duration）；另一个是窗口滑动的频率（Slide Duration），这两个参数必须是 batch size 的倍数。例如，以过去 5 秒为一个输入窗口，每 1 秒统计一下 WordCount，将过去 5 秒的每一秒的 WordCount 都进行统计，然后进行叠加，得出这个窗口中的单词统计。

```
val wordCounts = words.map(x => (x, 1)).reduceByKeyAndWindow(_ + _, Seconds(5s),
seconds(1))
```

但上面这种方式还不够高效。如果我们以增量的方式来计算就更加高效，例如，计算 $t+4$ 秒这个时刻过去 5 秒窗口的 WordCount，那么可以将 $t+3$ 时刻过去 5 秒的统计量加上[$t+3$，$t+4$]的统计量，再减去[$t-2$，$t-1$]的统计量（见图 8-26），这种方法可以复用中间三秒的统计量，提高统计的效率。

```
val wordCounts = words.map(x =>(x, 1)).reduceByKeyAndWindow(_ + _, _ - _,Seconds(5s), seconds(1))
```

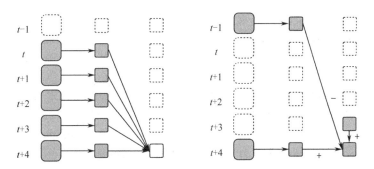

图 8-26 Spark Streaming 中滑动窗口的叠加处理和增量处理

4）Spark Streaming 的输出操作

对于输出操作，Spark 提供了将数据打印到屏幕及输入到文件中。在 WordCount 中将 DStream wordCounts 输入到 HDFS 文件中。

```
wordCounts = saveAsHadoopFiles("WordCount")
```

5）Spark Streaming 启动

经过上述操作，Spark Streaming 还没有进行工作，还需要调用 Start 操作，Spark Streaming 才开始监听相应的端口，然后收取数据，并进行统计。

```
ssc.start()
```

2. Spark Streaming 编程举例

```
01.    val ssc = new StreamingContext(sparkConf, Seconds(1));
02.    // 获得一个 DStream 负责连接 监听端口:地址
03.    val lines = ssc.socketTextStream(serverIP, serverPort);
04.    // 对每一行数据执行 Split 操作
05.    val words = lines.flatMap(_.split(" "));
06.    // 统计 word 的数量
07.    val pairs = words.map(word => (word, 1));
08.    val wordCounts = pairs.reduceByKey(_ + _);
09.    // 输出结果
10.    wordCounts.print();
11.    ssc.start();        // 开始
12.    ssc.awaitTermination(); // 计算完毕退出
```

（1）首先实例化一个 StreamingContext。

（2）调用 StreamingContext 的 socketTextStream。

（3）对获得的 DStream 进行处理。

（4）调用 StreamingContext 是 start 方法，然后等待。

接下来分析 StreamingContext 的 socketTextStream 方法。

```
01.    def socketTextStream(
02.        hostname: String,
03.        port: Int,
04.        storageLevel: StorageLevel = StorageLevel.MEMORY_AND_DISK_SER_2
```

251

```
05.        ): ReceiverInputDStream[String] = {
06.            socketStream[String](hostname, port, SocketReceiver.bytesToLines, storageLevel)
07.    }
```

（1）StoageLevel 是 StorageLevel.MEMORY_AND_DISK_SER_2.

（2）使用 SocketReceiver 的 bytesToLines 把输入流转换成可遍历的数据。

继续看 socketStream 方法，它直接"new"了一个新的 DStream 对象：

```
01.        new SocketInputDStream[T](this, hostname, port, converter, storageLevel)
```

继续深入挖掘 SocketInputDStream，追述一下它的继承关系，SocketInputDStream>>
ReceiverInputDStream>>InputDStream>>DStream。

具体实现 ReceiverInputDStream 的类有好几个，基本上都是从网络端来数据的。

它实现了 ReceiverInputDStream 的 getReceiver 方法，实例化了一个 SocketReceiver 来接收数据。

SocketReceiver 的 onStart 方法中调用了 receive 方法，处理代码如下：

```
01.        socket = new Socket(host, port)
02.            val iterator = bytesToObjects(socket.getInputStream())
03.            while(!isStopped && iterator.hasNext) {
04.                store(iterator.next)
05.            }
```

（1）new 了一个 Socket 来结束数据，用 bytesToLines 方法把 InputStream 转换成一行一行字符串。

（2）把每一行数据用 store 方法保存起来，store 方法是从 SocketReceiver 的父类 Receiver 继承而来，内部实现如下：

```
01.        def store(dataItem: T) {
02.            executor.pushSingle(dataItem)
03.    }
```

Executor 是 ReceiverSupervisor 类型，Receiver 的操作都是由它来处理的。这里先不深究，后面再介绍 pushSingle 的实现。到这里我们知道 lines 的类型是 SocketInputDStream，然后是对一系列的转换：flatMap、map、reduceByKey、print 等，这些方法都不是 RDD 方法，而是 DStream 独有的。

讲到上面这几个方法后，我们开始转入 DStream 独有方法的讲解，flatMap、map、reduceByKey、print 方法都涉及 DStream 的转换，这和 RDD 的转换是类似的。我们讲一下 reduceByKey 和 print。和 RDD 一样，reduceByKey 方法也是调用 rdd 的 combineByKey 方法实现的，我们接着看一下它的实现。

```
01.        override def compute(validTime: Time): Option[RDD[(K,C)]]  {
02.            parent.getOrCompute(validTime) match {
03.            case Some(rdd) => Some(rdd.combineByKey[C](createCombiner, mergeValue,
04.                                                    mergeCombiner, partitioner, mapSideCombine))
05.            case None => None
06.        }
07.    }
```

在 compute 阶段，对通过 Time 获得的 rdd 进行 reduceByKey 操作。接下来的 print 方法也是一个转换：

```
01.    new ForEachDStream(this, context.sparkContext.clean(foreachFunc)).register()
```

打印前十个，超过 10 个打印 "..."。需要注意 register 方法。

```
02.    ssc.graph.addOutputStream(this)
```

它会把代码插入到当前的 DStream 添加到 outputStreams 里面，后面输出的时候如果没有 outputStream 就不会有输出，这个需要记住！

1）启动过程分析

接下来，需要编写启动 task 相关的代码，ssc.start()方法。

start 方法的代码如下：

```
01.    def start(): Unit = synchronized {
02.        // 接受到 JobSchedulerEvent 就处理事件
03.        eventActor = ssc.env.actorSystem.actorOf(Props(new Actor {
04.          def receive = {
05.            case event: JobSchedulerEvent => processEvent(event)
06.          }
07.        }), "JobScheduler")
08.
09.        listenerBus.start()
10.        receiverTracker = new ReceiverTracker(ssc)
11.        receiverTracker.start()
12.        jobGenerator.start()
13.    }
```

（1）启动了一个 Actor 来处理 JobScheduler 的 JobStarted、JobCompleted、ErrorReported 事件。

（2）启动 StreamingListenerBus 作为监听器。

（3）启动 ReceiverTracker。

（4）启动 JobGenerator。

ReceiverTracker 的 start 方法如下：

```
01.    def start() = synchronized {if (!receiverInputStreams.isEmpty) {
02.        actor = ssc.env.actorSystem.actorOf(Props(new ReceiverTrackerActor), "ReceiverTracker")
03.        receiverExecutor.start()
04.      }
05.    }
```

（1）首先判断 receiverInputStreams 不能为空，那么 receiverInputStreams 是在什么时候赋值的呢？答案在 SocketInputDStream 的父类 InputDStream 当中，当实例为 InputDStream 时，会在 DStreamGraph 中添加 InputStream。

```
01.    abstract class InputDStream[T: ClassTag] (@transient ssc_ : StreamingContext) extends
DStream[T](ssc_) {
02.        ssc.graph.addInputStream(this)
03.        //....
04.      }
```

（2）实例化 ReceiverTrackerActor，它负责 RegisterReceiver（注册 Receiver）、AddBlock、ReportError（报告错误）、DeregisterReceiver（注销 Receiver）等事件的处理。

（3）启动 receiverExecutor（实际类是 ReceiverLauncher），它主要负责启动 Receiver。在 ssc.start()方法中，调用了 startReceivers 方法。

```
01.    private def startReceivers() {
02.            // 对应着上面的那个例子，getReceiver 方法获得的是 SocketReceiver
03.            val receivers = receiverInputStreams.map(nis => {
04.             val rcvr = nis.getReceiver()
05.             rcvr.setReceiverId(nis.id)
06.             rcvr
07.            })
08.
09.        // 查看是否所有 receivers 都有优先选择机会，这需要重写 Receiver 的 preferredLocation，
目前只有 FlumeReceiver 重写了
10.            val hasLocationPreferences = receivers.map(_.preferredLocation.isDefined).reduce(_ && _)
11.
12.            // 创建一个并行 receiver 集合的 RDD，把它们分散到各个 worker 节点上
13.            val tempRDD = if (hasLocationPreferences) {
14.              val receiversWithPreferences = receivers.map(r => (r, Seq(r.preferredLocation.get)))
15.              ssc.sc.makeRDD[Receiver[_]](receiversWithPreferences)
16.            } else {
17.              ssc.sc.makeRDD(receivers, receivers.size)
18.            }
19.
20.            // 在 worker 节点上启动 Receiver 的方法，遍历所有 Receiver，然后启动
21.            val startReceiver = (iterator: Iterator[Receiver[_]]) => {
22.              if (!iterator.hasNext) {
23.                throw new SparkException("Could not start receiver as object not found.")
24.              }
25.              val receiver = iterator.next()
26.              val executor = new ReceiverSupervisorImpl(receiver, SparkEnv.get)
27.              executor.start()
28.              executor.awaitTermination()
29.            }
30.            // 运行这个重复的作业来确保所有的 slave 都已经注册了，避免所有的 receivers 都到
一个节点上
31.            if (!ssc.sparkContext.isLocal) {
32.              ssc.sparkContext.makeRDD(1 to 50, 50).map(x => (x, 1)).reduceByKey(_ + _, 20).collect()
33.            }
34.
35.            // 把 receivers 分发出去，启动
36.            ssc.sparkContext.runJob(tempRDD, startReceiver)
37.        }
```

（1）遍历 receiverInputStreams 获取所有的 Receiver。

（2）查看这些 Receiver 是否全都有优先选择机器。

（3）SparkContext 的 makeRDD 方法把所有的 Receiver 都包装到了 ParallelCollectionRDD 里面，并行度是 Receiver 的数量。

（4）提交作业，启动所有 Receiver。

Spark 写得实在是太巧妙了，居然可以把 Receiver 包装在 RDD 中，当做数据来处理。启动 Receiver 时，首先会 new 一个 ReceiverSupervisorImpl，然后再调用 start 方法，做下面三件事情：

- 启动 BlockGenerator。
- 调用 Receiver 的 OnStart 方法，开始接收数据，并把数据写入到 ReceiverSupervisor。
- 调用 onReceiverStart 方法，发送 RegisterReceiver 消息给 driver 报告自己启动了。

2）保存接收到的数据

前面说到的 SocketReceiver 会调用 ReceiverSupervisor 的 pushSingle 方法把接收到的数据保存起来。

```
01.    // 这是 ReceiverSupervisorImpl 的方法
02.    def pushSingle(data: Any) {
03.      blockGenerator += (data)
04.    }
05.    // 这是 BlockGenerator 的方法
06.    def += (data: Any): Unit = synchronized {
07.      currentBuffer += data
08.    }
```

它的 start 方法如下：

```
01.    def start() {
02.      blockIntervalTimer.start()
03.      blockPushingThread.start()
04.    }
```

该方法启动了一个定时器 RecurringTimer 和一个执行 keepPushingBlocks 方法的线程。

首先，看一下 RecurringTimer 的实现：

```
01.    while (!stopped) {
02.      clock.waitTillTime(nextTime)
03.      callback(nextTime)
04.      prevTime = nextTime
05.      nextTime += period
06.    }
```

每隔一段时间就执行 callback 函数，callback 函数是 new 的时候传进来的，是 BlockGenerator 的 updateCurrentBuffer 方法。

```
01.    private def updateCurrentBuffer(time: Long): Unit = synchronized {
02.       try {
03.          val newBlockBuffer = currentBuffer
04.          currentBuffer = new ArrayBuffer[Any]
05.          if (newBlockBuffer.size > 0) {
06.             val blockId = StreamBlockId(receiverId, time - blockInterval)
07.             val newBlock = new Block(blockId, newBlockBuffer)
08.             blocksForPushing.put(newBlock)
09.          }
10.       } catch {case t: Throwable =>
11.             reportError("Error in block updating thread", t)
12.       }
13.    }
```

updateCurrentBuffer 方法 new 了一个 Block 出来，然后把它添加到 blocksForPushing 的 ArrayBlockingQueue 队列中。此处，有两个参数需要大家注意：

```
01.    spark.streaming.blockInterval    默认值是 200
02.    spark.streaming.blockQueueSize  默认值是 10
```

这是前面提到的间隔时间和队列的长度，间隔时间默认是 200 毫秒，队列最多能容纳 10 个 Block，多了就要阻塞了。接下来看一下 BlockGenerator 另外启动的那个线程执行的 keepPushingBlocks 方法到底在干什么。

```
01.    private def keepPushingBlocks() {
02.          while(!stopped) {
03.          Option(blocksForPushing.poll(100, TimeUnit.MILLISECONDS)) match {
04.          case Some(block) => pushBlock(block)
05.          case None =>
06.       }
07.    }
08.       // ...退出之前把剩下的也输出去了
09.    }
```

该方法会不停地从 blocksForPushing 中获取 block，然后调用 pushBlock 方法将 block 压入缓存。此处的 keepPushingBlock 方法就是实例化 BlockGenerator 时，从 ReceiverSupervisorImpl 传进来的 BlockGeneratorListener 的。

```
01.    private val blockGenerator = new BlockGenerator(new BlockGeneratorListener {
02.       def onError(message: String, throwable: Throwable) {
03.        reportError(message, throwable)
04.       }
05.
06.       def onPushBlock(blockId: StreamBlockId, arrayBuffer: ArrayBuffer[_]) {
07.        pushArrayBuffer(arrayBuffer, None, Some(blockId))
08.       }
09.    }, streamId, env.conf)
```

（1）reportError，通过 actor 向 driver 发送错误报告消息 ReportError。

（2）调用 pushArrayBuffer 保存数据。

下面是 pushArrayBuffer 方法：

```
01.    def pushArrayBuffer(arrayBuffer: ArrayBuffer[_], optionalMetadata: Option[Any],
02.    optionalBlockId: Option[StreamBlockId]) {
03.        val blockId = optionalBlockId.getOrElse(nextBlockId)
04.        val time = System.currentTimeMillis
05.        blockManager.put(blockId, arrayBuffer.asInstanceOf[ArrayBuffer[Any]],
06.                        storageLevel, tellMaster = true)
07.        reportPushedBlock(blockId, arrayBuffer.size, optionalMetadata)
08.    }
```

（1）把 Block 保存到 BlockManager 当中，序列化方式为之前提到的 StorageLevel.MEMORY_AND_DISK_SER_2（内存不够就写入到硬盘，并且在 2 个节点上保存的方式）。

（2）调用 reportPushedBlock 给 driver 发送 AddBlock 消息，报告新添加的 Block，ReceiverTracker 收到消息之后更新内部的 receivedBlockInfo 映射关系。

（3）处理接收到的数据，前面只讲了数据的接收和保存，那么数据是怎么处理的呢？

之前一直讲 ReceiverTracker，而忽略了之前的 JobScheduler 的 start 方法中最后启动的 JobGenerator。

```
01.    def start(): Unit = synchronized {
02.        eventActor = ssc.env.actorSystem.actorOf(Props(new Actor {
03.            def receive = {
04.                case event: JobGeneratorEvent => processEvent(event)
05.            }
06.        }), "JobGenerator")
07.        if (ssc.isCheckpointPresent) {
08.            restart()
09.        } else {
10.            startFirstTime()
11.        }
12.    }
```

（1）启动一个 actor 处理 JobGeneratorEvent 事件。

（2）如果已经有 CheckPoint 了，就接着上次的记录进行处理（对应于 CheckPoint 方法），否则就是第一次启动（对应于 startFirstTime 方法）。

考虑到 CheckPoint 方法有点复杂，先介绍一下 startFirstTime 方法。

```
01.    private def startFirstTime() {
02.        val startTime = new Time(timer.getStartTime())
03.        graph.start(startTime - graph.batchDuration)
04.        timer.start(startTime.milliseconds)
05.    }
```

（1）timer.getStartTime 计算出来下一个周期的到期时间，计算公式为

(math.floor(clock.currentTime.toDouble / period) + 1).toLong * period，以当前的时间/

除以间隔时间，再用 math.floor 求出它的上一个整数（上一个周期的到期时间点），加上 1，再乘以周期就等于下一个周期的到期时间。

（2）启动 DStreamGraph，启动时间=startTime - graph.batchDuration。

（3）启动定时期 timer，timer 的定义如下：

```
01.    private val timer = new RecurringTimer(clock, ssc.graph.batchDuration.milliseconds,
02.        longTime => eventActor ! GenerateJobs(new Time(longTime)), "JobGenerator")
```

由此可见，DStreamGraph 的间隔时间就是 timer 的间隔时间，启动时间要设置成比 timer 早一个时间间隔。每隔一段时间，timer 会给 eventActor 发送 GenerateJobs 消息，processEvent 会处理这些信息。

```
01.    private def processEvent(event: JobGeneratorEvent) {
02.      event match {
03.        case GenerateJobs(time) => generateJobs(time)
04.        case ClearMetadata(time) => clearMetadata(time)
05.        case DoCheckpoint(time) => doCheckpoint(time)
06.        case ClearCheckpointData(time) => clearCheckpointData(time)
07.      }
08.    }
```

下面是 generateJobs 方法。

```
01.    private def generateJobs(time: Time) {
02.      SparkEnv.set(ssc.env)
03.      Try(graph.generateJobs(time)) match {
04.        case Success(jobs) =>
05.          val receivedBlockInfo = graph.getReceiverInputStreams.map { stream =>
06.            val streamId = stream.id
07.            val receivedBlockInfo = stream.getReceivedBlockInfo(time)
08.            (streamId, receivedBlockInfo)
09.          }.toMap
10.          jobScheduler.submitJobSet(JobSet(time, jobs, receivedBlockInfo))
11.        case Failure(e) =>
12.          jobScheduler.reportError("Error generating jobs for time " + time, e)
13.      }
14.      eventActor ! DoCheckpoint(time)
15.    }
```

（1）DStreamGraph 生成 jobs。

（2）从 stream 那里获取接收到的 Block 信息。

（3）调用 submitJobSet 方法提交作业。

（4）提交完作业之后，做一个 CheckPoint。

先看 DStreamGraph 是怎么生成的 jobs。

```
01.    def generateJobs(time: Time): Seq[Job] = {
02.      val jobs = this.synchronized {
03.        outputStreams.flatMap(outputStream => outputStream.generateJob(time))
04.      }
```

```
05.                    jobs
06.                }
```

在这个例子中，outputStreams 对象是在前面描述的 print 方法中添加并返回的。下面继续看 DStream 的 generateJob。

```
01.    private[streaming] def generateJob(time: Time): Option[Job] = {
02.        getOrCompute(time) match {
03.            case Some(rdd) => {
04.                val jobFunc = () => {
05.                    val emptyFunc = { (iterator: Iterator[T]) => {} }
06.                    context.sparkContext.runJob(rdd, emptyFunc)
07.                }
08.                Some(new Job(time, jobFunc))
09.            }
10.            case None => None
11.        }
12.    }
```

（1）调用 getOrCompute 方法获取 RDD。

（2）接着会 new 一个方法来提交这个作业。但在调试时却发现，它什么都没做，而是直接跳转返回的，它应该是 ForEachDStream 类型，所以我们应该看该类型的 generateJob 方法。

```
01.    override def generateJob(time: Time): Option[Job] = {
02.        parent.getOrCompute(time) match {
03.            case Some(rdd) =>
04.                val jobFunc = () => {
05.                    foreachFunc(rdd, time)
06.                }
07.                Some(new Job(time, jobFunc))
08.            case None => None
09.        }
10.    }
```

这里请大家注意，不要被这块代码吓倒了。我们看看这个 RDD 是怎么得到的吧。

```
01.    private[streaming] def getOrCompute(time: Time): Option[RDD[T]] = {
02.        // If this DStream was not initialized (i.e., zeroTime not set), then do it
03.        // If RDD was already generated, then retrieve it from HashMap
04.        generatedRDDs.get(time) match {
05.        // 这个 RDD 已经被生成过了，直接用就是了
06.        case Some(oldRDD) => Some(oldRDD)
07.            // 还没生成过，就调用 compte 函数生成一个
08.        case None => {
09.            if (isTimeValid(time)) {
10.                compute(time) match {
11.                    case Some(newRDD) =>
12.                        // 设置保存的级别
```

```
13.            if (storageLevel != StorageLevel.NONE) {
14.              newRDD.persist(storageLevel)
15.            }
16.                // 如果现在需要，就做 CheckPoint
17.            if (checkpointDuration != null && (time - zeroTime).isMultipleOf(checkpointDuration)){
18.              newRDD.checkpoint()
19.            }
20.                // 添加到 generatedRDDs 里面去，可以再次利用
21.            generatedRDDs.put(time, newRDD)
22.            Some(newRDD)
23.          case None ->
24.            None
25.        }
26.      } else {
27.        None
28.      }
29.    }
30.   }
31. }
```

从上面的方法可以看出来，它是通过每个 DStream 自己实现的 compute 函数获取 RDD 的。我们找到 SocketInputDStream，却没有发现 compute 函数的实现，原来是继承了在父类 ReceiverInputDStream 的 compute 函数。

```
01.   override def compute(validTime: Time): Option[RDD[T]] = {
02.       // 如果出现了时间比 startTime 早的话，就返回一个空的 RDD，因为这个很可能是
master 挂了之后的错误恢复
03.       if (validTime >= graph.startTime) {
04.         val blockInfo = ssc.scheduler.receiverTracker.getReceivedBlockInfo(id)
05.         receivedBlockInfo(validTime) = blockInfo
06.         val blockIds = blockInfo.map(_.blockId.asInstanceOf[BlockId])
07.         Some(new BlockRDD[T](ssc.sc, blockIds))
08.       } else {
09.         Some(new BlockRDD[T](ssc.sc, Array[BlockId]()))
10.       }
11.   }
```

通过 DStream 的 id 把 receiverTracker 接收到的 block 信息（BlockInfo）全部取出来，并记录到 receivedBlockInfo 的 HashMap 里面，随后就把 RDD 返回了。RDD 里面存放的是 Block 的 id 集合。

现在就可以回到之前 JobGenerator 的 generateJobs 方法，我们就清楚它这句是提交的什么了。

```
01.   jobScheduler.submitJobSet(JobSet(time, jobs, receivedBlockInfo))
```

JobSet 是记录 Job 的完成情况的，直接看 submitJobSet 方法吧。

```
01.   def submitJobSet(jobSet: JobSet) {
02.     if (jobSet.jobs.isEmpty) {
```

```
03.        } else {
04.          jobSets.put(jobSet.time, jobSet)
05.          jobSet.jobs.foreach(job => jobExecutor.execute(new JobHandler(job)))
06.        }
07.    }
```

遍历 jobSet 中的所有 jobs，通过 jobExecutor 线程池提交。看一下 JobHandler 就知道了。

```
01.    private class JobHandler(job: Job) extends Runnable {
02.      def run() {
03.        eventActor ! JobStarted(job)
04.        job.run()
05.        eventActor ! JobCompleted(job)
06.      }
07.    }
```

（1）通知 eventActor 处理 JobStarted 事件。
（2）运行 job。
（3）通知 eventActor 处理 JobCompleted 事件。
（4）这里的重点是 job.run，事件处理只是更新相关的 job 信息。

```
01.    def run() {
02.        result = Try(func())
03.      }
```

在遍历 BlockRDD 时，会在 compute 函数中获取 Block（详见前面的 BlockRDD 介绍），然后对这个 RDD 结果进行打印。

习题

1. 流式计算的数据有哪些特点？
2. 什么是动态计算拓扑？
3. 流式计算的消息传递基本策略有哪几种，分别有什么特点？
4. 流式计算的高可用技术包括哪些？
5. 流式计算的故障恢复策略有哪几种？
6. 流式计算的语义保障有哪几种，分别是什么含义？
7. Storm 组件之间传递 tuple 消息时，是如何保证消息的可靠传输的？
8. 简述 Storm 集群中 Worker、Executor 和 Task 之间的关系。
9. 查阅相关资料，实例演示 Storm 环境部署。
10. 简述 Spark Streaming 实时流处理的原理。
11. Spark Streaming 中继承关系是什么？它的作用是什么？
12. 查阅相关资料，实例演示集群环境下的 Spark Streaming 编程。

参考文献

[1] http://www.csdn.net/article/2014-08-04/2821018. 2014.

[2] http://blog.csdn.net/guoery/article/details/8504257. 2013.

[3] 孟小峰, 慈祥. 大数据管理: 概念, 技术与挑战[J]. 计算机研究与发展, 2015, 50(1): 146-169.

[4] 孙大为, 张广艳, 郑纬民. 大数据流式计算: 关键技术及系统实例[J]. 软件学报, 2014(4): 839-862.

[5] Neumeyer Leonardo, Robbins Bruce, Nair Anish, et al. S4: Distributed stream computing platform[C]. in Data Mining Workshops (ICDMW), 2010 IEEE International Conference on: IEEE, 2010: 170-177.

[6] http://incubator.apache.org/s4/. 2015.

[7] 马建刚, 黄涛, 汪锦岭, 等. 面向大规模分布式计算发布订阅系统核心技术[J]. 软件学报, 2006, 17(1): 134-147.

[8] 崔星灿, 禹晓辉, 洋刘, 等. 分布式流处理技术综述[J]. 计算机研究与发展, 2015, 52(2): 318-332.

[9] http://blog.csdn.net/idontwantobe/article/details/25938511. 2014.

[10] http://storm.apache.org/. 2015.

[11] 李明, 王晓. Storm 源码分析[M]. 北京: 人民邮电出版社, 2014.

[12] http://developer.51cto.com/art/201401/427606_2.htm. 2014.

[13] http://spark.apache.org/. 2015.

[14] 高彦杰. Spark 大数据处理: 技术、应用与性能优化[M]. 北京: 机械工业出版社, 2014.

第9章 大数据应用托管平台 Docker

2013 年，美国 DotCloud 公司推出了一款基于 Linux 内核容器技术的产品——Docker。这款基于开源项目的产品在 2015 年就已经风靡全球，得到了诸如 Google、Red Hat、IBM、微软、AWS、Pivotal 等知名互联网和云计算公司的大力支持与合作。Docker 以其轻便的计算、敏捷的发布、简易的管理特性，在美国已经获得了众多企业的广泛尝试和生产使用[1]。2016 年，谈到大数据或云计算，Docker 已是必不可少的一个话题。在业界，Docker 技术也成为各个云计算厂商（如谷歌云计算[2]、亚马逊 AWS[3]、阿里云[4]等）的兵家必争之地。

然而，作为一项新技术，Docker 的稳定性如何？Docker 有哪些缺点和不足？基于 Docker 的大规模生产系统应该如何搭建？Docker 在大数据领域能发挥何种特长？这些问题还缺乏教科书式的答案。本章旨在通过提炼、归纳 Docker 在工业界的使用情况，延伸出 Docker 容器的核心设计理念和使用方法，并通过研究分析如何利用 Docker 来搭建大规模、大数据计算系统的方案和案例，起到抛砖引玉的作用。

9.1 Docker 技术简介

为了将 Docker 这项新技术的优势最大限度地发挥到大规模、大数据计算中，我们必须先了解 Docker 技术的本质、优势和使用方法。知其然，还要知其所以然，这样才能举一反三，充分挖掘 Docker 和容器技术的精髓，并创造性地应用到未来的分布式计算场景中。本节介绍 Docker 的前生、今世和未来，从开发者的角度介绍 Docker 的原理，并从使用者的角度介绍 Docker 的使用流程，帮助读者对 Docker 建立感性的认识。

9.1.1 Docker 是什么

2013 年，DotCloud 公司在 github 上推出了 Docker 开源项目，旨在为软件提供运行时的封装，以及资源分割和调度的基本单元。Docker 容器的本质是宿主机上的进程，通过一些 Linux 内核 API 的调用来实现操作系统级"虚拟化"。为了更好地了解 Docker，下面简要介绍一下 Docker 的内核原理。

1. 资源隔离

Docker 通过对应用程序的封装，实现了操作系统虚拟化，具体来说，一个运行在 Docker 中的应用程序无法看到宿主机上其他程序的运行状况、使用的文件、网络通信情况等。具体来说，Docker 实现了 5 种封装。

（1）文件系统挂载点的隔离：Docker 通过 Linux 内核的 mount namespace，使得不同 mount namespace 中的文件系统的根目录挂载在宿主机上的不同位置。

（2）PID 隔离：Docker 利用 PID namespace 对进程实现 PID 的重新标号，两个不同 namespace 下的进程可以有同样的 PID。每个 namespace 会根据自己的计数程序为 namespace 中的进程进行命名。

（3）网络隔离：Docker 通过 network namespace 技术提供了关于网络资源的隔离，包括网络设备、IP 协议栈、防火墙、/prod/net 目录等。Docker 通过创建虚拟 veth pair 的方式实现跨容器、主机与容器之间的通信。

（4）主机名和域名的隔离：通过使用 UTS（UNIX Time-sharing System）namespace，Docker 实现了主机名和域名的隔离。因此，每个 Docker 容器在运行时会有不同的主机名和域名，在网络上以一个独立的节点来存在，而不是宿主机上的进程。

（5）IPC 的隔离：IPC 的资源包括信号量、共享内存和消息队列等，在同一个 IPC namespace 下的进程彼此可见，但是一个 IPC namespace 下的进程是看不到其他 namespace 下的 IPC。

2．资源分配与配额

通过使用 namespace，Docker 将容器进行隔离，使得每一个容器认为自己运行在一个单独的主机上。除此以外，Docker 利用 Linux 内核中的 cgroups（control groups）技术来限制在不同容器间的资源分配。具体来说，一个控制组（control group）就是一些进程的集合，这些进程都会被同样的资源分配策略所限制。这些控制组会组成一个树形结构，子控制组会继承父控制组的策略约束。cgroups 提供如下功能：

（1）资源限制。cgroups 可以对某个控制组或容器来设定内存使用上限。

（2）优先级控制。cgoups 可以为不同的控制组来分配优先级，使用 CPU 或者硬盘 I/O。

（3）资源统计。cgroups 可以用来测量和监测系统的资源使用量。

（4）控制。cgroups 可以用来对容器和任务进行冻结、启停等。

3．网络模型

大数据、大计算的分布式系统需要不同组件之间相互通信来协同作战，因此，基于 Docker 构建的大数据系统依赖 Docker 底层的网络通信模块。在 Docker 1.9 版本以前，Docker 的网络模型较为简单：Docker 会自动在宿主机上生成默认名为 docker0 的网桥，然后为每一个运行的容器创建一个 vetch pair，并通过在宿主机上运行 proxy 和修改 iptables 的规则来实现和控制容器与容器、容器与宿主机及容器与外界的通信。

由于 Docker 的网络隔离特性，在默认情况下，每一个容器都运行在自己独立的网络空间里。需要在容器运行时或定义镜像规范时进行特殊的配置，才能使容器内部应用监听的端口同时暴露在宿主机上。在这个过程中，通过端口映射，可将容器内部网络命名空间中的应用程序监听端口（如 80）映射为宿主机上的任意（还未被占用的）端口（如 80 或 8080 等）。

从 Docker 1.9 开始，Docker 引入了更灵活的、可定制化的网络模块。例如，除了 Docker 自定义的、连接所有容器的网桥 docker0，用户可以通过命令行生成新的网桥，同时指定哪个容器与哪个网桥相连接，从而可以更细粒度地进行容器间链接控制。此外，Docker 还自带了 Overlay 网络模型，可以很好地与 Docker Swarm 工具（一种分布式 Docker 管理工具，具体请参见后续章节）整合。

9.1.2　Docker 的架构和流程

在了解了 Docker 的工作原理后，下面介绍 Docker 的系统架构和基于 Docker 进行开发、发布和计算的工作流程。

1．Docker 的系统架构简介

Docker 系统主要由 Docker daemon、Docker client、Docker registry、Docker 镜像、和 Docker 容器组成，如图 9-1 所示。

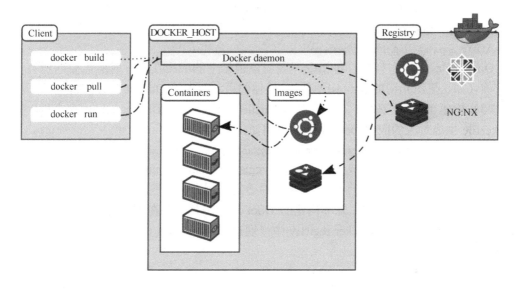

图 9-1　Docker 系统架构[5]

（1）Docker daemon：Docker daemon 运行在每个宿主机中，负责对宿主机上的每一个容器、镜像进行管理。

（2）Docker client：Docker client 体现为一个命令行工具，用户与宿主机上的 Docker daemon 及远程的 Docker registry 进行交互的主要入口。

（3）Docker 镜像：一个 Docker 镜像是一个只读的模板（如 ubuntu 镜像、python 镜像、tomcat 镜像等），它类似于传统的一个软件安装文件。通过 Docker 镜像可以产生出具体的、运行的 Docker 容器。

（4）Docker registry：Docker registry 提供了存储和分发 Docker 镜像的仓库和服务。Docker 官方提供一个公开的镜像仓库，企业可以根据自己的需求搭建私有的、本地化的镜像仓库。新开发的 Docker 镜像可以发布并存储到指定的 Docker registry 中，供其他的用户或机器"下载"使用。

（5）Docker 容器：Docker 容器为应用程序的运行提供了一个载体，它包含了一个应用程序在运行时所需的所有环境。每一个 Docker 容器都是由一个 Docker 镜像生成

的，被 Docker daemon 所管理（启动、停止、删除等）。

2．Docker 的基本使用流程

下面通过一个简单的开发、发布和运行 Java Web 应用的例子，来简要介绍基于 Docker 的工作流程。

（1）应用程序开发：开发者基于任意的语言开发应用逻辑，其结果是一个可以交付的代码或者二进制文件。以 Java 为例，以编译后生成的 WAR 包作为交付单元。

（2）书写 Dockerfile：在围绕 Docker 所设定的工作流程中，应用程序将不再直接运行在宿主机上，而是通过 Docker 进行封装，运行在 Docker 容器中（而 Docker 容器直接运行在宿主机上）。这个封装（或 Docker 化）的过程一般是通过书写 Dockerfile 来完成。以 Java Web 应用为例，一个简单的 Dockerfile 的内容如下：

```
FROM jetty:latest
ADD ../app.war    /var/lib/jetty/webapps/
```

Dockerfile 是一系列的打包指令，表明该镜像中的应用在运行时所需要的所有环境和依赖（如这里所指明的 jetty 中间件）。具体的语法可参见 Docker 官方文档[6]。

（3）构建 Docker 镜像：在有了 Dockerfile 之后，利用 Docker client 命令行，根据 Dockerfile 生成对应的应用 Docker 镜像。例如：

```
docker build –t my-registry.domain.com/username/app:v1 .
```

运行上述命令后，会生成一个名为 my-registry.domain.com/username/app:v1 的 Docker 镜像，并存储在本地。具体的 docker client 命令行使用方法可参见 Docker 官方文档[6]。

（4）发布 Docker 镜像：除非构建的 Docker 应用只需要在本地运行，一般情况下需要将 Docker 镜像上传到 Docker registry 中（通过 Docker push 命令），便于其在其他地方下载和运行。例如：

```
docker push my-registry.domain.com/username/app:v1
```

（5）下载并运行 Docker 镜像：在目标机器上，通过 docker run 命令可以下载 Docker 镜像到本地并将其运行。此时所构建的一个 Docker 镜像将会衍生出一个活跃的 Docker 容器。Docker run 命令有非常多的参数来控制容器运行时的状态，具体可参考 Docker 的官方文档[6]。例如：

```
docker run –d –P my-registry.domain.com/username/app:v1
```

9.2　Docker 的优势和局限

9.2.1　Docker 的优势

在了解了 Docker 的基本起源、工作原理和使用流程之后，下面来总结一下 Docker 能为大数据提供哪些便利，以及为何容器技术已经在工业界大数据处理中获得了成功使用（如谷歌和美国数据处理公司 BlueData[7]）。

1．Docker 的隔离性

由于 Docker 会对容器内运行的应用程序进行资源限制（cgroups）和众多隔离

（namespaces），可以利用 Docker 来将多个大数据框架（如 Hadoop 或 Spark 等）同其他业务运行在一起。

以谷歌为例，谷歌采用了容器技术来运行其内部的所有应用，包括谷歌搜索、地图、邮件、视频等业务[8]。而谷歌的大数据处理任务则以容器为载体，与众多面向用户的实时业务运行在同样的物理机器集群中。正是通过对每个容器应用所能使用的 CPU、内存资源和优先级进行设置，可以保证实时面向用户的业务可以拥有绝对高的优先级和资源配额，而批处理的大数据任务会利用实时业务的低潮期"见缝插针"，完成分析任务。这样极大地节省了底层物理资源的成本，提高资源使用率。

可以想象，如果没有面向容器的资源配额限制和容器间的隔离，如果将极耗物理资源的大数据业务与线上面向用户的业务运行在同样的物理主机或集群中，那么线上的业务无法得到足够的资源，必将在性能和稳定性上受到负面的影响[9]。

2．Docker 的轻便性

Docker 问世之前，使用虚拟化技术也可以实现应用程序的隔离，因此，将应用和业务都运行在虚拟机中也可以实现上述物理资源共享和细力度切分。然而，传统的虚拟化技术需要引入 Hypervisor 对虚拟机进行管理，同时在每一个虚拟机中需要包含整个 guest 操作系统（见图 9-2），使得虚拟化或者虚拟机本身对物理资源的损耗是明显的。

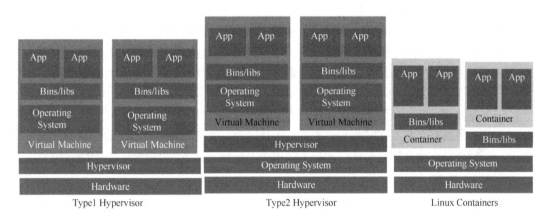

图 9-2　虚拟机与容器的架构对比

相比之下，Docker 无须使用 Hypervisor 层，而是原生态地调用 Linux 内核 API。同时，不同的 Docker 容器间共享宿主机的内核，无须为每个容器复制出一整套操作系统。这些特性使得 Docker 对宿主机内存、CPU 的损耗相比于传统的虚拟机有了极大的改进，使得更多的宿主机的资源可以更有效地用来服务于大数据分析业务。

3．Docker 的一致性

由于 Docker 将一个应用程序及它所需要的运行环境都"打包"封装到一个镜像或容器里，因此，Docker 化的应用程序在一处打包好，便可稳定、可靠地运行在任何地方（具有 3.10 Linux 内核版本的操作系统或主机上），而无须关心不同主机的操作系统和软件版本兼容性问题，也无须在不同的主机上都配置应用程序运行所需的环境。

这个特性使得原本较难配置的大数据处理框架（如 Hadoop、Spark 等）现在可以先 Docker 化，进而以 Docker 应用的形式快速部署在任何场景。因此可以想象，借助 Docker，用户可以先在本地的小规模机器集群中搭建好整个大数据框架，然后可以快速地部署在生产级系统设施或者公有云上。

此外，Docker 的镜像封装和基于 Registry 的发布流程，使得开发、测试、发布流程可以变得异常敏捷，这也极大地帮助了开发者快速开发迭代大数据应用逻辑。

4．Docker 的快速性

由于 Docker 容器的本质就是宿主机上的进程，因此，启动 Docker 容器的速度会是毫秒级（假设 Docker 镜像已经存在于本地）。相比之下，启动一个虚拟机则需要启动整个新的操作系统，其速度相比启动 Docker 则要慢若干量级。

这个特性使得大数据计算系统变得更加富有弹性和敏捷。对于实时大数据处理系统例如 Spark，当业务量或数据量变大时，Docker 使得秒级扩容或为可能：大数据调度管理系统可以快速在新的机器上启用新的计算实例来应对突发的计算任务。而由于传统的虚拟机启动慢、体积大（虚拟机的 snapshot），使得它的启动和传输都十分笨重。

9.2.2 Docker 的局限性

虽然 Docker 的上述特性为大数据处理带来了很多新的优势和使用场景，但是 Docker 的本质仅仅是应用程序的一种封装格式、运行载体，是宿主机上的一个进程。而在使用 Docker 来进行大规模大数据分析的时候不可避免会遇到如下几类问题：

（1）跨主机的 Docker 容器如何联合起来协同作战、统一调度来为大数据服务？

（2）基于 Docker 的应用和分布式框架是否安全？

（3）基于 Docker 的系统应该如何运维和管理？

这些问题的答案都不在 Docker 本身，而是需要一个 Docker 上层的分布式管理框架来解决。在后续章节会介绍这样的管理框架，本小节先来深入了解 Docker 自身的局限性。

1．安全隐患

Docker 是"操作系统级虚拟化"，宿主机上的不同容器都会在底层共享宿主机上的系统内核、网络设备、硬件驱动等。相比之下，传统的虚拟化技术是"硬件虚拟化"，不同的虚拟机受到底层 Hypervisor 的管理，各自拥有一套完整的硬件驱动、操作系统等，因此，理论上来讲提供更强的应用隔离性。下面列举出当前 Docker 的主要隔离漏洞和隐患。

（1）磁盘使用隔离：Docker 容器内部的存储是不持久的，它会随着容器的停止而消亡。为了解决这个问题，容器可以"外挂"使用宿主机的硬盘资源，而 Docker 对这个资源的隔离往往是缺失的。因此，一个恶意的或是未经仔细设计的容器应用有可能会通过过度侵噬宿主机的硬盘资源而影响宿主机上的其他应用程序。

（2）网络流量隔离：Docker 容器最终使用的是宿主机的网络设备，而 Docker 对于容器网络流量使用量的控制较为缺失。因此，一个容器中的应用可以通过过度使用宿主机的网络带宽来对宿主机上其他应用程序实现 Denial-of-Service 攻击，使得其他程序无法正常使用宿主机网络。

（3）用户权限问题：由于技术原因，Docker 在 1.9 版及以前尚未能够支持 user namespace，因此，容器中的 root 就是宿主机上的 root。一旦容器应用的漏洞被开采，就会发生"容器逃逸"现象，这时被攻破的容器就可以通过其内部的 root 权限对整个宿主机系统造成影响。

最后需要注意的是，Docker 作为一项年轻的技术，其发展是日新月异的。Docker 社区对安全问题也十分关注，很多新技术诸如 SELinux[10]、AppAmor[11]等也已经和 Docker 结合不断提高其安全性。此外，在大数据应用中，所有的系统一般都运行在企业内部的网络和集群中，因此，减小了在系统中运行恶意程序的概率。最后，Docker 可以与上层的管理系统如 Kubernetes[12]、Caicloud[13]等相结合，来补足其自身的安全机制。

2．分布式应用的容器化

Docker 的理念是"一进程一镜像"，将一个系统按照细粒度的功能切分成若干个模块（微服务），每一个模块对应一个 Docker 镜像（容器）。这样为系统开发带来了极大的灵活性，不同的模块可以用不同的技术栈实现，由不同的技术人员维护，可以独立地进行快速升级和发布。

然而这样的架构也带来了额外的问题，诸如不同的模块之间如何通信、如何相连。下面用 Reids 举例说明，Redis 是一个流行的基于内存的数据结构存储服务，常用来作为系统缓存。

3．运维体系的改变

Docker 对应用程序进行了一层封装，因此，会在不少方面打破原来的运维方式。我们以广为使用的开源数据缓存服务 Redis 集群为例，来列举一些在 Docker 化后管理 Redis 集群所需注意的事项，起到抛砖引玉的作用。

基于 Docker 的 Redis 组件的使用注意事项如下：

（1）Redis 容器的外部存储挂载：若 Redis 的 Persistence 模式被开启，Redis 会定期将内存中的数据在硬盘上进行存储（以 Redis 的 RDB 模式为例，会自动在本地硬盘上生成一个名为 dump.rdb 的文件）。如果没有挂载外部存储，这些数据在 docker 销毁后会消失。因此，如果需要数据持久化，必须通过使用外部存储挂载。

（2）Redis 不能运行在守护进程模式：Docker 的容器需要其中的主进程一直在前端运行，使用 daemonize 的模式会使得 container 在运行后立即退出。幸运的是，在 Redis 的配置文件中 daemonize 模式默认被关闭。如需运行 daemon 模式，应在 docker 层面通过-d 命令来进行。

（3）Redis 的日志文件目录置为空：Docker 的容器所产生的日志会被系统自动接收和管理；若应用程序还是按照传统方式直接写到文件中，该文件会被实际存储在 Docker 容器内。由于 Docker 容器内的数据并非持久化，该日志数据会在容器停止运行后消亡。

（4）Redis 的端口映射：Docker 的容器在运行时默认会将容器内的应用端口映射成一个随机的主机端口，但这样会打破一些 Redis 服务。例如，sentinel 需要根据默认端口规则（26379）来进行自动发现。因此，在 Docker 下运行 Redis 一定要使用-p port:port 的格式来明确使用默认的 Redis 端口规则。

9.3 基于 Docker 的大数据系统设计

在前面的章节中提到了 Docker 自身的局限性，也学习了一些具体的 Docker 在大数据场景中的应用案例。现在研究一下如何搭建一个分布式的 Docker 计算框架，来服 Docker 自身的技术局限，发挥其所长，为大数据分析所用。

9.3.1 分布式 Docker 网络环境的搭建

如前所述，Docker 的原生态网络通信是通过 NAT 和 Docker proxy 来实现的；利用端口映射和修改宿主机的 iptables 规则实现了不同容器间、容器与外界的互相访问。然而，这样的 NAT 方式（SNAT 和 DNAT）不仅影响效率，同时还使得容器内所看的自己的 IP 地址和外部所见的该容器 IP 地址不一致，阻碍了很多集群化功能的实现（如 Redis 集群、Elastic Search 集群的自动组播发现需要基于默认端口规则），使得一些现有的工具无法正常工作。例如，在一些自动服务注册和发现的应用中，容器中的应用在进行自动注册时只能看到自己内部的 IP 并将此 IP 注册，但是其他外部的模块却无法通过此 IP 来访问该容器应用。

然而，大数据系统由于数据量大、计算量大的特性，必然需要由多个主机组成的一个集群来完成计算分析任务。因此，基于 Docker 来搭建一个大数据分析系统的必要前提就是保证多个 Docker 的跨主机通信能够畅通无阻、保持高效。为了解决 Docker 原生态网络通信的上述问题，在云计算生态圈里涌现了一些优秀的分布式 Docker 网络配置和管理工具，如 flannel、weave、socketplane 等，其总体思想是基于物理网络在容器间构造一个 Overlay 网络。如前所述，从 Docker 的 1.9 版本开始，Docker 的网络部分自成一块（libnetwork），并支持复杂的 Overlay 模式。

Overlay 网络的总体思想是对原生态的网络数据包进行封装，这里又可分为在用户层进行封装（如 weave、flannel）和在内核层进行封装（如 sockplane）。下面分别以 flannel[14]为例进行讲解。

1．Flannel 的 Overlay 设计

Flannel 在每个节点（主机）上运行一个守护进程（flanneld）。这个守护进程负责为每一个节点分配一个子网段。该分配信息存储在 etcd 中（一种分布式存储方案）。同时，每个节点上的 Docker daemon 会从该子网段中为主机上运行的容器分配一个 IP 地址，如图 9-3 所示。因此，在容器中的应用所看到的 IP 地址和外部所看到的该容器的 IP 地址是一致的。

在转发报文时，Flannel 支持不同的后端策略，例如，主机网管模式、UDP 模式等。以 UDP 模式为例，flannel 形成了一个 Overlay 网络，通过 TUN 设备对每个 IP fragment 进行 UDP 包头封装，流程如图 9-3 所示。

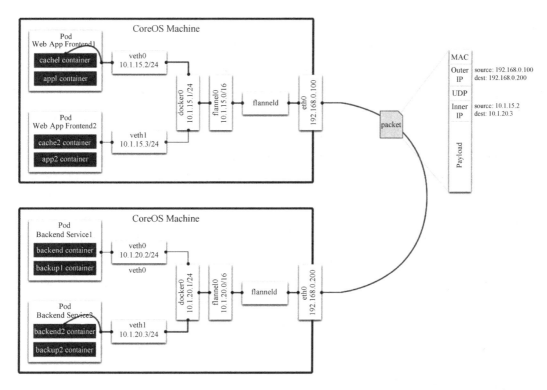

图 9-3　Flannel 的 Overlay 网络实现模式[14]

2. 容器 Overlay 网络系统设计原理

介绍了 Flannel 工具后，透过现象看本质，下面设计一个 Overlay 网络系统的原理和要点。

（1）ARP：在经典的物理网络中，当一个主机 S 访问另一个主机 D 的时候，S 发出的第一个报文就是一个 ARP 请求的广播报文，交换机会在同一个子网内广播这个报文给所有的子网内节点。如果 D 在同一个子网内，它会接收到这个请求并将做出回复，使得 S 和 D 可以后续进行通信。

在容器环境下，可以如实地把报文广播出去，并通过 spanning tree 等算法来避免广播回路。此外，还可以通过 IP 组播的功能来处理 ARP 请求和响应。最后，还可以基于 SDN 对全局的网络拓扑信息的把握，通过 SDN 控制器来实现 ARP 协议。

（2）IP 层互通：在解决了二层网络的通信问题后，还需要解决的就是容器与容器之间、容器与外网的互通。对于容器内的应用可以访问容器外的外网，一般可以采用 NAT 方式，使得容器最终使用物理宿主机的网关。为了保证容器能够对外提供服务，可以采用类似 Docker 的端口映射方式实现 DNAT，并通过将容器连接到负载均衡设备从而对外提供服务。

9.3.2　Docker 集群管理系统：Kubernetes

为了解决跨主机间 Docker 网络互通、协同工作等问题，Google 于 2014 年开始了

Kubernetes 开源项目[12]，并立刻获得了诸如 Redhat、Cisco、华为等大公司的支持和社区参与。我国还出现了以 Kubernetes 为技术基础的集群既服务大数据云平台（如 caicloud.io）[13]。Kubernetes 将多个主机和它们上面运行的 Docker 组成一个集群，并在一个集群内部提供了诸多机制用来进行应用部署、调度、更新、维护和伸缩。本节来学习和了解 Kubernetes 的设计模型和理念。

1. Kubernetes 的发展历史与核心功能

2000 年年初，谷歌开始使用容器技术，同时也意识到应用程序容器化后的核心瓶颈在于大规模的容器管理。谷歌因此在十年间研发了 Borg 集群管理系统，管理着谷歌内部近百个数据中心和逾百万台服务器。2014 年年初，随着云计算市场的火爆和 Docker 开源项目的兴起，谷歌决定将其"秘密武器"Borg 系统进行重新实现并开源，以此来吸引技术圈的认可和个人、企业开发者对于谷歌云计算的追捧。作为重要的里程碑，Kubernetes 在 2015 年 7 月实现了可付诸生产使用的 1.0 版本，至今已经积累了诸如美国高盛、eBay、华为等大批龙头企业用户。截至 2016 年 8 月，Kubernetes 在开源社区 github 中已经获得了超过 16000 个关注，成为容器集群管理领域最受欢迎的工具。

Kubernetes 提供了如下分布式系统所需的核心功能。

（1）动态任务调度。在一个 Kubernetes 集群内部，调度器会动态、自动、智能为不同的应用选择合适的机器来运行。调度算法会根据每个主机当前的物理资源情况来进行优化，实现物理资源利用率最大化，并保证各个主机的流量平均分配，不会造成局部热点。

（2）模块、服务间的自动服务发现。当多个应用如 Redis、Mongo、Nginx 等通过 Kubernetes 调度器自动部署在集群中运行时，Kubernetes 集群管理平台会自动为这些组件进行"服务注册"，冠以诸如"redis-cluster""mongo-cluster"等名称。其他应用（如 Java、Golang 等）如需访问 Redis 或 Mongo，只需要引用"redis-cluster"，"mongo-cluster"即可，而无须使用其真实 IP 地址。因此，在不同的环境切换时（如从测试到生产），以及随着主机的重启或更换而导致底层 IP 地址变化，应用程序也无须做任何修改就可做到无缝迁移，极大地减少了环境配置和人工操作带来的成本与风险。

（3）多副本负载均衡与弹性伸缩。为了应对互联网应用的突发和难以预测的用户流量，通过 Kubernetes 部署应用时可指定所需要的副本数量，例如，运行 10 个 Nginx 的实例。Kubernetes 平台会自动创建指定个数的应用实例，并且：

① 对应用进行实时监测，保证任何时候都有指定数量的实例在运行。如果由于主机故障导致两个 Nginx 实例失效，Kubernetes 会主动创建两个新的 Nginx 实例来保证高可用。

② 当其他服务需要访问 Nginx 时，无须直接绑定 10 个实例中的任何一个 IP 地址，而是可以通过上述服务名称（如"Nginx"）来访问。Kubernetes 平台会自动将请求按照一定的负载均衡策略转发到 10 个实例中的合适实例。

③ 用户还可以通过 Kubernetes 接口配置自动伸缩策略，例如，当 CPU 利用率超过 60% 时，自动将 Nginx 从 10 个实例扩展到 20 个实例。

（4）自我修复与故障应对。当应用程序出现故障时，Caicloud 会自动发现并在新的主机上重启应用。Caicloud 检测故障的方法可以针对业务和应用进行定制化，除了简单地检测应用是否在运行以外，还支持如下自定义的检测规则：

① HTTP 钩子：对于 Web 应用，检测其服务 URL 是否正常。

② 检测脚本：对于任意应用，通过定时在应用容器中运行自定义脚本进行检测。以 Redis 为例，可以通过 "redis-cli" 来进行自定义的数据检查。

③ TCP Socket：可以通过检测 TCP Socket 来判断应用是否健康。

（5）配置管理：一个复杂的生产系统中存在诸多配置，除了不同组件的 IP 地址、端口，还有应用程序的配置文件、中间件的配置文件等。Kubernetes 提供配置管理服务，实现应用与配置的分离。用户可以将不同环境下的 Jetty 配置文件、数据库密码、环境变量等配置放入每个集群内统一的配置服务中，并为每一个配置项取名字（如 "JETTY_CONFIG_FILE" "DB_PASSWORD" 等），而后应用可通过这些名字在运行时获取这些与环境相关的配置信息。

2．Kubernetes 的设计理念

（1）声明性设计：Kubernetes 采用了 "声明式"（declarative）而非 "祈使式"（imperative）的管理方法，让系统的配置和管理变得更简单、一致和可控。Kubernetes 的用户只需要通过高层的语言对于系统所要达到的效果进行描述，Kubernetes 系统自身则会读懂用户的需求并且保证用户的目标得以满足。

（2）追求简单化：吸取了 Google 从其内部工具 Borg 中获得的经验教训，Kubernetes 追求简单的 API 设计和系统架构，让用户和开发者可以更好地对系统进行深度理解并进行二次开发或定制。

（3）用标签代替层级：一个复杂的系统中存在诸多资源，这些资源之间往往存在错综复杂的关系。传统方法往往通过引入层级或树状结构来表示资源之间的相互关系，但是这种方法不灵活且实现复杂。Kubernetes 采用了标签的方式，用户或管理员可以灵活地为系统中的资源、组建（节点、容器等）打任意的 "标签"，而一个标签是一个 key:value 键值组，如 environment: production。Kubernetes 同时提供标签搜索的 API，让用户可以按照自己的需求通过标签对资源进行分组、筛选。

（4）可扩展、模块化：Kubernetes 秉承模块化设计理念，其中的众多核心模块都可以接口匹配的形式进行插拔、替换。例如，在不同的场景、业务流量下，可以使用不同的调度器和调度算法；在不同的网络环境下，可以采用不同的容器之间的互联方案；在不同的存储环境下，可以为应用容器提供不同的存储后端。

（5）以服务为中心：Kubernetes 奉行 "以服务为中心"，系统中的容器、应用被抽象为一个个 "服务"，后续的众多管理都是以服务为中心，并为服务管理提供了众多便利，如自动服务注册、服务发现等。

3．Kubernetes 的架构组成

一个 Kubernetes 集群主要包含集群节点和控制层组件两部分，其中主要的模块如下。

（1）Kubernetes 控制层：Kubernetes 控制面板包含众多组件，保证集群的节点之间形成一个有机的整体。控制层主要包含如下组件，这些组件既可以运行在同一个物理节

点上，也可以分布式地运行在多个节点上，实现高可用。

① etcd 存储：Kubernetes 采用开源的 etcd[15] 模块负责持久化存储集群中的控制状态和数据，如集群中的服务列表、任务调度状态等。由于集群中的核心数据都持久化存储在 etcd 中，其他的模块实现了"无状态化"，即因为故障重新启动后仍可以快速恢复到重启前的状态。同时，etcd 还提供 watch 功能，使得集群中的各个协作的组件可以在集群数据、状态发生更改时很快被通知到。

② API Server：Kubernetes 提供基于 HTTP 的 RESTFul API，这些 API 由 ApI Server 服务。Kubernetes API 提供简单的"增、删、改、查"CRUD（Create, Read, Update, Delete）接口，便于用户和 Kubenretes 自身的内部组件对系统状态进行查询和修改。同时 API Server 还负责系统的安全认证和准入机制把控。

③ 任务调度器 Scheduler：Kubenretes 实现了对任务的自动优化调度，而无须人工指定哪个应用运行在哪个节点上。Kubernetes 支持自定义的调度器 Scheduler，开发者可以根据不同的业务类型和场景编写最优的调度器，只要满足 Kubernetes 的 Scheduler 接口即可。

④ 控制器 Controller Manager：Kubernetes 中的 Controller Manager 用来管理众多的内部控制器，如节点控制器（Node Controller）、冗余控制器（Replication Controller）等。节点控制器负责管理 Kubernetes 中的节点健康，冗余控制器用来保证系统中的应用、服务的后台有足够数量的实例个数来支持高并发和高可用。

（2）集群节点：Kubernetes 的集群节点负责真正的运行容器应用并承载系统业务。每一个节点运行着 Docker，Docker 负责处理下载镜像，运行容器的细节。除此以外，集群节点还包含 Kubelet、Kubeproxy 等组件。

① Kubelet：kubelet 管理着 Pod 和它们的容器、镜像、数据卷等。

② Kubeproxy：每一个节点上运行着一个简单的网络代理和负载均衡器。这反映出定义在 Kubernetes API 中的每个节点的服务能做简单的 TCP 和 UDP 流转发（轮流的方式）到一组后端。服务的端点现在是通过 DNS 或者环境变量来发现的。

4．基于 Kubernetes 容器集群的大数据平台搭建

最后，以在 Kubenretes 上搭建一个有主从结构（Master-Slave）的 Spark 集群为例[16]，简要讲述 Kubernetes 的核心概念、运行高可用应用的基本方法，以及基于 Kubernetes 进行大数据平台的实践。

（1）为 Spark 应用创建命名空间 namespace：Kubernetes 通过命名空间，将底层的物理资源划分成若干个逻辑的"分区"，而后续所有的应用、容器都被部署在一个具体的命名空间。每个命名空间可以设置独立的资源配额，保证不同命名空间中的应用不会相互抢占资源。此外，命名空间对命名域实现了隔离，因此，两个不同命名空间中的应用可以起同样的名字。创建命名空间需要编写一个 yaml 文件，为 Spark 集群应用创建命名空间所需要的 namespace-spark-cluster.yaml 文件可参考如下代码：

```
apiVersion: v1
kind: Namespace
metadata:
```

```
      name: "spark-cluster"
      labels:
          name: "spark-cluster"
```

随后，可以通过如下命令来实际创建命名空间 （kubectl 是 Kubernetes 自带的命令行工具）：

```
kubectl create -f namespace-spark-cluster.yaml
```

（2）为 Spark Master 创建 Replication Controller：Kubernetes 最求高可用设计，通过 Replication Controller 来保证每个应用时时刻刻会有指定数量的副本在运行。例如，通过编写一个 Replication Controller 来运行一个 nginx 应用，就可以在 yaml 中指定 5 个默认副本。Kubernetes 会自动运行 5 个 nginx 副本，并在后期对每一个副本进行健康检查（可以支持自定义的检查策略）。当发现有副本不健康时，Kubernetes 会通过自动重启、迁移等方法，保证 nginx 会时刻有 5 个健康的副本在运行。Spark master 节点的 Replication Controller 的 spark-master-controller.yaml 可参考（"replicas: 1"指定一个副本）如下代码：

```
kind: ReplicationController
apiVersion: v1
metadata:
name: spark-master-controller
spec:
    replicas: 1
    selector:
      component: spark-master
    template:
      metadata:
        labels:
            component: spark-master
    spec:
        containers:
          - name: spark-master
            image: index.caicloud.io/spark:1.5.2_v1
            command: ["/start-master"]
            ports:
              - containerPort: 7077
              - containerPort: 8080
            resources:
                requests:
                  cpu: 100m
```

随后，可以通过如下命令来实际创建 Replication Controller：

```
kubectl create –f spark-master-controller.yaml
```

（3）为 Spark Master 创建 Service：Kubernetes 追求以服务为中心，并推荐为系统中的应用创建对应的 Service。以 nginx 应用为例，当通过 Replication Controller 创建了多个 nginx 的实例（容器）后，这些不同的实例可能运行在不同的节点上，并且随着故障和自动修复，其 IP 可能会动态变化。为了保证其他应用可以稳定地访问到 nginx 服务，可以通过编写 yaml 文件为 nginx 创建一个 Service，并指定该 Service 的名称（如 nginx-service）；此时，Kubernetes 会自动在其内部一个 DNS 系统中（基于 SkyDNS[17]和 etcd[12]实现）为其添加一个 A Record，名字就是"nginx-service"。随后，其他的应用可以通过 nginx-service 来自动寻址到 nginx 的一个实例（用户可以配置负载均衡策略）。

Spark master 节点的 spark-master-service.yaml 可参考如下：

```
kind: Service
apiVersion: v1
metadata:
name: spark-master
spec:
   ports:
      - port: 7077
         targetPort: 7077
      selector:
         component: spark-master
```

随后，可以通过如下命令来实际创建 Replication Controller：

```
kubectl create –f spark-master-service.yaml
```

（4）创建 Spark WebUI：如上所述，Service 会被映射到后端的实际容器应用上，而这个映射是通过 Kubernetes 的标签及 Service 的标签选择器实现的。例如，可以通过如下 spark-web-ui.yaml 来创建一个 WebUI 的 Service，而这个 Service 会通过 "selector: component: spark-master" 把 WebUI 的实际业务映射到 master 节点上。

```
kind: Service
apiVersion: v1
metadata:
    name: spark-webui
    namespace: spark-cluster
spec:
    ports:
       - port: 8080
          targetPort: 8080
       selector:
          component: spark-master
```

随后，可以通过如下命令来实际创建 Replication Controller：

```
kubectl create –f spark-web-ui.yaml
```

（5）创建 Spark Worker：最后，通过一个 Replication Controller 来建立 5 个 Spark Worker。其中，注意为每一个 Worker 节点设置了 CPU 和内存的配额，保证 Spark 的 Worker 应用不会过度抢占集群中其他应用的资源。

```
kind: ReplicationController
apiVersion: v1
metadata:
```

```
        name: spark-worker-controller
spec:
    replicas: 5
    selector:
        component: spark-worker
    template:
        metadata:
            labels:
                component: spark-worker
        spec:
            containers:
                - name: spark-worker
                  image: index.caicloud.io/spark:1.5.2_v1
                  command: ["/start-worker"]
                  ports:
                    - containerPort: 8081
                  resources:
                    requests:
                        cpu: 100m
```

随后，可以通过如下命令来实际创建 Replication Controller：

```
kubectl create -f spark-worker.yaml
```

至此，一个单 master、多 Worker 的 Spark 集群就配置完成了。

习题

1. 简述对 Docker 的理解。
2. Docker 能为大数据计算提供哪些便利？
3. 简述 Docker 的系统架构。
4. 简述 Docker 的基本使用流程。
5. 在大数据计算中 Docker 具备哪些优势？
6. Docker 有哪些自身局限性？
7. 当前 Docker 的主要隔离漏洞和隐患有哪些？
8. 基于 Docker 构建的大数据系统在运维时有哪些注意事项？
9. 简述分布式 Docker 网络环境的搭建。
10. 简述容器 Overlay 的网络系统设计原理。
11. Kubernetes 采用了哪些理念来满足基于 Docker 的大规模、大数据计算的场景？
12. 如何基于 Docker 和 Kubernetes 来构建一个 Hadoop 大数据系统？

参考文献

[1] https://www.docker.com/company.

[2] https://cloud.google.com/compute/docs/containers?hl=en.

[3] http://docs.aws.amazon.com/AmazonECS/latest/developerguide/Welcome.html.

[4] http://blog.aliyun.com/1924?spm=5176.383338.3.1.1CquzP.

[5] https://docs.docker.com/engine/introduction/understanding-docker.

[6] https://docs.docker.com.

[7] http://www.bluedata.com/article/bluedata-announces-support-for-hadoop-and-spark-on-docker-containers.

[8] Abhishek Verma, Luis Pedrosa, Madhukar R, et al. "Large-scale cluster management with Borg". Proceedings of the European Conference on Computer Systems, 2015.

[9] David Andersen, Hari Balakrishnan, Frans Kaashoek, et al. "Resillient Overlay Network", Proceedings of SOSP '01 Proceedings of the eighteenth ACM symposium on Operating systems principles.

[10] https://en.wikipedia.org/wiki/Security-Enhanced_Linux.

[11] https://en.wikipedia.org/wiki/AppArmor.

[12] http://kubernetes.io.

[13] https://caicloud.io.

[14] https://github.com/coreos/flannel.

[15] https://coreos.com/etcd.

[16] https://github.com/kubernetes/kubernetes/tree/master/examples/spark.